"十四五"时期国家重点出版物出版专项规划项目
先 进 制 造 理 论 研 究 与 工 程 技 术 系 列
黑 龙 江 省 精 品 图 书 出 版 工 程

伺服阀的自激振动现象及其流固耦合机理

李松晶　彭敬辉　张圣卓　著

哈尔滨工业大学出版社
HARBIN INSTITUTE OF TECHNOLOGY PRESS

内 容 简 介

本书主要介绍伺服阀自激振动产生机理的流固耦合研究理念及实现方法。全书共分 11 章,1～6 章介绍伺服阀自激振动的基本知识,前置级流场中瞬态气穴、压力脉动、瞬态液动力以及挡板振动的发生规律并揭示了其内在关系,7～11 章介绍考虑磁弹簧和射流力液压弹簧效应的衔铁组件多场耦合振动特性,并提出了一种有效的抑振措施。

本书可作为高等院校机械和能源动力等专业本科生及研究生的教材使用,也可供相关工程技术人员参考。

图书在版编目(CIP)数据

伺服阀的自激振动现象及其流固耦合机理/李松晶,
彭敬辉,张圣卓著. —哈尔滨:哈尔滨工业大学出版社,
2024.7

(先进制造理论研究与工程技术系列)
ISBN 978 - 7 - 5767 - 0982 - 7

Ⅰ.①伺… Ⅱ.①李… ②彭… ③张… Ⅲ.①伺服阀
—自激振动 Ⅳ.①TH134

中国国家版本馆 CIP 数据核字(2023)第 136779 号

策划编辑   张 荣
责任编辑   王晓丹   付中英
出版发行   哈尔滨工业大学出版社
社   址   哈尔滨市南岗区复华四道街 10 号   邮编 150006
传   真   0451 - 86414749
网   址   http://hitpress.hit.edu.cn
印   刷   辽宁新华印务有限公司
开   本   787 mm×1 092 mm   1/16   印张 16.25   字数 385 千字
版   次   2024 年 7 月第 1 版   2024 年 7 月第 1 次印刷
书   号   ISBN 978 - 7 - 5767 - 0982 - 7
定   价   68.00 元

(如因印装质量问题影响阅读,我社负责调换)

前　言

电液伺服技术是广泛应用于国防工业和现代化生产领域的重要驱动和控制技术。伺服阀作为电液伺服系统的核心元件,其工作稳定性对整个伺服系统的可靠运行具有至关重要的影响。自激振动引起的伺服阀稳定性和失效问题是国防、航空航天等领域高性能电液伺服系统的严重隐患之一。该自激振动的产生存在突发性和偶发性,目前仍难以预测和有效抑制。

本书针对伺服阀中的自激噪声、瞬态气穴和流致振动等现象进行研究与探讨,并试图从流固耦合角度揭示伺服阀自激噪声产生机理。书中所涉及的研究属于流体力学、结构力学和电磁学等领域和学科交叉的重要科学问题,不仅能够为伺服阀和电液伺服系统稳定性及可靠性的提高提供理论基础,而且能够为其他流体控制元件和系统中多场耦合稳定性问题的研究提供理论参考。目前,关于伺服阀自激振动产生机理的专著很少,而从事这方面研究的科研人员很多。作者希望通过此书,将伺服阀数学建模、多场耦合振动特性分析、瞬态流场仿真分析以及流固耦合分析和实验验证的经验及研究成果奉献给该领域研究的读者和研究生们,为使用先进的仿真分析和试验方法解决实际工程问题提供更多思路和借鉴。

全书共分 11 章,1～6 章介绍伺服阀自激振动的基本知识,前置级流场中瞬态气穴、压力脉动、瞬态液动力以及挡板振动的发生规律并揭示了其内在关系,7～11 章介绍考虑磁弹簧和射流力液压弹簧效应的衔铁组件多场耦合振动特性,并提出了一种有效的抑振措施。

本书仅从流固耦合作用角度探讨了伺服阀自激振动机理,由于作者水平有限,加之时间仓促,无法涵盖更多从伺服阀加工和制造工艺方面对自激振动抑制的探讨。书中疏漏之处在所难免,恳请广大读者批评指正。

作　者

2023 年 5 月

目　　录

第1章　绪　　论

电液伺服技术是广泛应用于航空航天、国防和现代化生产领域的重要驱动和传动技术,电液伺服新原理和新方法的研究,是目前提高电液伺服系统精度和稳定性的前沿和热门研究课题。作为连接电液伺服系统中液压与电气部分的桥梁,电液伺服阀可将微弱的电信号成比例放大为大功率的流量、压力信号,从而实现对各类负载的精确位置、速度、力控制。其工作性能对整个液压控制系统的动作具有至关重要的影响,是电液伺服系统不可或缺的重要组成部分。

由于结构设计和参数选择的不合理,伺服阀工作过程中极易产生一种高频自激噪声(单一频率,几千赫兹)。自激噪声发生时往往伴随力矩马达衔铁组件的高频谐振,使伺服阀的稳定性和控制效果受到严重影响,甚至导致弹簧管破裂、伺服阀失效。由于伺服阀内部存在着电磁、机械、流场等多个物理场的复杂作用机制,而传统伺服阀分析和设计方法多忽略其内部多物理场的耦合作用,目前仍无有效手段可成功预测并消除自激噪声这一难题。

力矩马达衔铁组件(主要包括衔铁、弹簧管、挡板以及反馈杆)是电液伺服阀射流流场的重要组成部分,挡板和反馈杆等部件的振动变形会严重影响流场的压力和流量特性。反之,射流流场中压力脉动的频率与衔铁组件固有频率耦合时亦会引发衔铁组件的强烈共振。因此,研究多物理场下衔铁组件的自激振动特性并提出有效的抑振措施,对于揭示伺服阀自激噪声的产生机理及改善伺服阀乃至整个液压伺服系统的工作性能具有十分重要的意义。伺服阀稳定性的提高,必将大大提高电液伺服系统工作的可靠性,从而进一步促进我国国民经济和现代化建设的进步和发展。

本书首先从前置级流场的不稳定性出发,对喷嘴挡板装置中的瞬态气穴现象及其引起的前置级流场压力脉动、挡板瞬态液动力以及挡板振动特性进行研究,明确其内在关系;其次,结合理论分析、数值仿真与实验验证建立多物理场下衔铁组件的有限元模型,系统研究空气中和射流流场中衔铁组件的自激振动特性;最后采取在力矩马达工作间隙添加磁流体的方法实现对衔铁组件自激振动的抑制,通过建立挤压模式下磁流体的阻尼力数学模型,结合仿真与实验研究了磁流体的抑振效果和抑振机理。本书将为研究伺服阀自激振荡产生机理及抑制措施提供理论基础。

1.1　伺服阀自激噪声的研究现状

电液伺服阀的自激噪声是国内外电液伺服阀行业长期以来普遍存在的一个难题。自激噪声的偶发性和突发性,使得该问题成为液压技术中颇具挑战性的难题。自20世纪50年代以来,国内外学者就不断地对电液伺服阀以及其他液压阀的自激噪声问题进行研究,但由于研究方法及测试手段的限制,至今仍未揭示伺服阀自激噪声产生的根源及有效抑制措施。目前有些生产厂家仍然采用筛选淘汰的方法试图降低伺服阀自激噪声的发生概率，但无法在设计阶段彻底抑制并消除自激噪声问题。

　　为增强阀控系统的稳定性并抑制流致阀体振动，Horst 设计了一种新型的带有移动阀座的液压阀。移动阀座通过黏性弹簧单元与阀的惯性单元相连，从而实现对液压阀自激振动的被动控制。作者通过稳定性分析，进一步得出了该新型液压阀的稳定性条件。Koichi 用实验和仿真的方法研究了蒸汽控制阀在非稳态流作用下的振动，瞬时流型的数值仿真结果如图 1.1 所示。当阀头小幅振动时，流场

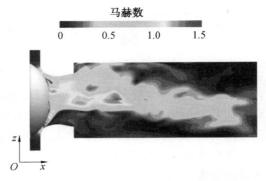

图 1.1　蒸汽控制阀中截面处马赫数分布

未与振动耦合，压力脉动信号呈现随机或脉冲波的形式，此时阀头的振动为受迫振动；当阀头振幅达到一定数值时，流场呈现周期振动并在阀头施加一种负阻尼力，此时阀头的振动为自激振动。Koichi 的研究结果显示侧流力相位比阀头振动位移滞后 $180° \sim 220°$，该相位差导致的负阻尼力是阀头产生自激振荡的关键因素。Porter 对管道系统中的不寻常振动进行了一系列研究，研究表明旁通阀中产生的流体压力脉动是这一问题的根源，并指出改变阀体的流道通径可以有效降低振动的发生。Asher 研究了避免控制阀中流致振动产生的方法，分析了流体激振的类型及产生原因，指出应采用先进的分析手段对阀及流体系统的结构加以改进，可避免流致振动的产生。Masanobu 采用多种传感器测量了传统截止阀的振动响应以确定气穴流的流致振动特性。结果表明：当空化系数为 $0.42 \sim 0.47$ 时，气穴现象产生；当空化系数超过 0.8 时，阀芯振动显著增强。测量结果显示流场力与阀芯应变之间的相位差为 40°，作者总结出截止阀中的振动为伴随气穴流的自激振荡，该振动系统是一种由流场力引起的负阻尼系统。

　　我国学者也对伺服阀自激噪声产生的根源进行了一系列研究。袁建光等对电液伺服阀在调试和整机匹配过程中出现的自激现象进行了统计、归纳，分析了自激产生的原因和条件，并提出抑制自激、提高伺服阀可靠性的相关措施和建议。其研究结果表明，伺服阀的自激现象主要集中于以下四种情形：① 前置级液压放大器及衔铁组件处于零位时，衔铁组件易出现自激振荡，自激强度与液压放大器两腔压力有关；② 前置液压级与功率级配调，即反馈杆小球嵌入滑阀阀芯槽中时，零位状态下衔铁组件与阀芯均可能发生自激；③ 力矩马达充磁完毕进行整阀调试与验收时，易发生衔铁组件的高频振荡并伴随刺耳噪声；④ 伺服阀装至液压伺服系统中进行部分温升较快的磨合实验时易出现自激，此时伺服阀电流信号中出现高频、大幅值干扰成分，伺服机构控制特性出现异常。自激噪声的频率与各种调试状态下衔铁组件的固有频率相接近。母东杰通过耦合自激振动实验测得两台喷嘴挡板式电液伺服阀高频自振时噪声信号的功率谱图如图 1.2 所示，可见两阀的自激噪声频率分别为 1 118.48 Hz 和 3 653.35 Hz。作者指出此两种噪声频率分别与衔铁组件机械固有频率和前置级液压放大器的液压固有频率接近。陈元章对偏转板式伺服阀的啸叫问题进行了计算流体力学（CFD）分析，发现流体在偏转板入射口处产生了一个明

显的狭长负压区,由此引起的气穴现象会在该区域产生局部压力冲击,继而引起衔铁组件的高频振荡。此外,啸叫实验显示衔铁组件高频振荡引发的空气振动是主要的啸叫源。陆向辉基于运动学方程和压力－流量方程建立了双喷嘴挡板式电液伺服阀的阀芯振动模型,研究了反馈杆刚度、阀芯质量等设计参数对伺服阀固有频率和阀芯振动幅值的影响。刘宝刚对轧钢伺服系统中出现的振荡故障进行了解析,分析了振荡产生的原因及危害,提出了预防和消除振荡的相关措施。谢玉东采用数值分析的方法研究了流固耦合对调节阀稳定性的影响,研究结果表明当考虑耦合时,阀芯组件的低阶固有频率值明显降低,同时压力脉动的幅值升高。流固耦合作用引起的非稳态液动力严重影响调节阀的控制精度。屠珊采用实验与数值分析相结合的方法研究了套筒调节阀产生流体激振的原因,并提出相应的抑制措施。此外,浙江大学、北京交通大学、兰州理工大学、华中科技大学的科研人员也对伺服阀的新原理、新工艺、新材料以及新的数学建模和测试方法进行了研究。

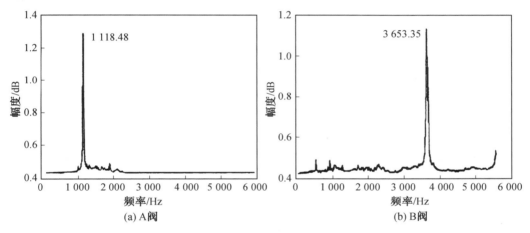

图 1.2　　高频自激噪声信号功率谱图

国内外学者对伺服阀自激噪声的研究成果表明,伺服阀高频自激噪声的来源主要包括如下几个方面:

(1)伺服阀可动部件(如衔铁组件)的自激振动产生的机械噪声;

(2)喷嘴挡板间射流流场中的剪切层振荡产生的流体噪声;

(3)喷嘴挡板间射流流场中的气穴现象所引发的流体噪声。

图 1.3 显示了双喷嘴挡板式伺服阀中的自激噪声来源分布。实践经验表明,伺服阀产生的自激噪声有时是上述噪声中的一种,但多数情况是机械噪声与流体噪声的混合。

目前,对伺服阀自激噪声产生机理的最合理解释:当气穴或剪切层振荡引起的射流流场中压力脉动的频率与衔铁组件固有频率耦合时,将引起衔铁组件的强烈共振,反过来衔铁组件的共振又加剧了流场的不稳定性,并进一步促进衔铁组件的振动,这种流固耦合作用机制最终导致了伺服阀自激噪声的产生。伺服阀内部的耦合作用机制同样会引发衔铁组件的高频自激振动,自激振动的频率即为衔铁组件的固有振动频率。但由于理论分析及测试手段的限制,衔铁组件的自激振动特性实际上尚未得到系统研究和论证。

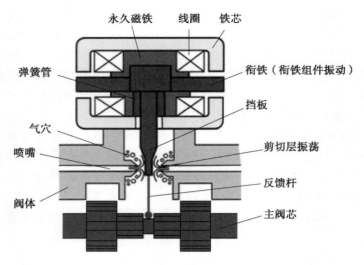

图 1.3　双喷嘴挡板式伺服阀中自激噪声来源分布

　　基于以上研究现状可以发现,虽然很多学者认为阀内流场中的气穴现象以及高频压力脉动是诱发伺服阀自激振荡的主要原因,但是目前关于伺服阀中瞬态气穴现象、气穴形态演变所诱发的流场压力脉动以及其他不稳定流致现象比较系统的研究还十分缺乏。此外,纵观国内外学者对伺服阀自激噪声的研究,多为从单一的流场或结构场入手,着重研究导致自激噪声的某一因素,而忽略了流场与结构场之间存在的相互作用,这对于自激噪声根本来源的揭示是缺乏说服力的。本书从多物理场耦合的角度研究伺服阀自激噪声的产生机理,具有创新性的指导意义。

1.2　喷嘴挡板前置级流场研究现状

　　喷嘴挡板前置级流场中的不稳定流动现象不仅会影响伺服阀的控制精度,还与伺服阀的自激振荡密切相关,因此国内外许多学者对前置级流场特性做了大量研究。2012 年 Mchenya 等人首先利用仿真的方法揭示了不同流动条件下喷嘴挡板前置级流场结构,给出了不同喷嘴入口压力下喷嘴截面的速度分布。研究表明,在喷嘴挡板前置级中,高压油液由喷嘴流出,在喷嘴挡板间隙处形成明显的射流流场,射流强度随着喷嘴入口压力的升高而升高。由于 Mchenya 的研究没有考虑流场局部低压区可能诱发的气穴现象,因此仿真所得的前置级流场分布并不能与实验结果完全吻合。

　　2013 年 Li 等人在 Mchenya 的研究结果上做了改进,使用混合两相流模型对喷嘴挡板前置级流场进行了数值计算,给出了不同流动条件下前置级流场结构以及气穴分布。同时,Li 等人还使用实验拍摄的方法对流场中的气穴现象进行了研究,仿真和实验结果如图 1.4 所示。

　　Aung 等人于 2014 年分别对喷嘴挡板前置级流场中不同位置处气穴的产生机理进行了分析,认为传统挡板的曲面结构和射流分离现象是诱发流场中气穴现象的主要原因。据此提出了一种新型的矩形挡板结构,该挡板对传统挡板的曲面结构进行了改进。Aung

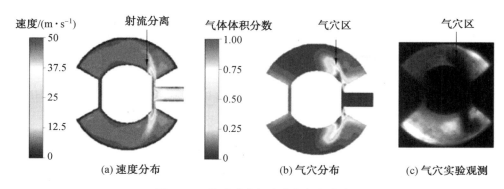

(a) 速度分布 (b) 气穴分布 (c) 气穴实验观测

图 1.4 单喷嘴流场速度与气穴分布

等人进一步从仿真和实验两方面对新型挡板结构做了研究,结果如图 1.5 所示,仿真和实验都验证了矩形挡板对于抑制喷嘴挡板前置级内部流场中气穴现象的有效性。

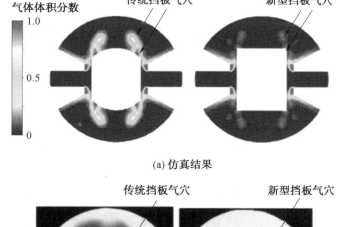

(a) 仿真结果

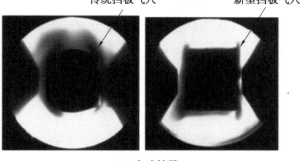

(b) 实验结果

图 1.5 不同形状挡板的气穴分布

  基于气穴现象本身的不稳定性,张圣卓和李松晶于 2015 年使用大涡模拟(LES)的方法对喷嘴挡板前置级流场中的瞬态气穴特性做了仿真研究,并使用高速摄像机拍摄了不同喷嘴入口压力下的气穴形态演变过程,与仿真计算结果做了对比。研究结果表明,挡板处气穴形态的演变呈现一定的规律性,具体表现为云气穴在挡板边缘周期性的生长、脱落、运动以及溃灭过程,如图 1.6、图 1.7 所示,而且气穴形态周期性的演变还会引起流场中的压力脉动现象。虽然使用数值仿真和实验观测相结合的方法可以对喷嘴挡板装置中的瞬态气穴特性进行分析,但是目前的研究主要集中于气穴形态演变的定性分析,关注不同流动条件下气穴生长、脱落以及溃灭所引起的形态变化,而对于瞬态气穴的定量分析则比较少,尤其缺乏精确的气穴形态演变的时域和频域相关分析方法。

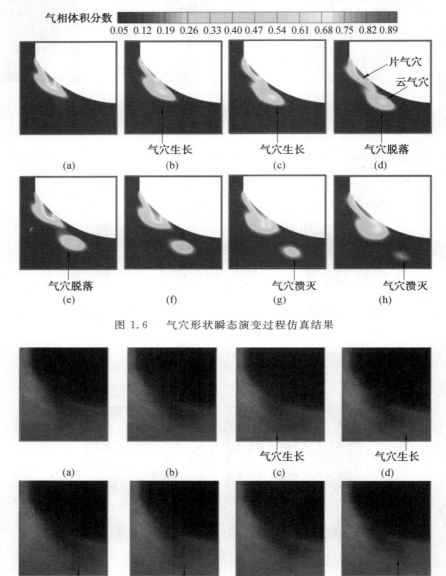

图 1.6　　气穴形状瞬态演变过程仿真结果

图 1.7　　气穴形状瞬态演变过程拍摄结果

1.3　气穴现象仿真及实验方法研究现状

气穴气泡作为流体机械中一种常见的物理现象,经常发生在各类液压泵和液压阀的入口处以及内部流场锐边引起的局部低压区附近。国内外众多学者对不同流体机械中的气穴现象做了大量的数值模拟,例如 2003 年 Coutier 对离心泵内部的气穴现象进行了仿真计算,分析了不同类型气穴现象在流场中的分布位置,如图 1.8 所示。Amromin 等人则对水轮机叶片周围的气穴现象进行了研究,分析了不同工况下的叶片气穴分布规律。同时,也有一些学者对锥形阀、溢流阀等流体元器件中的气穴现象进行了研究,绝大多数研究在处理湍流效应时都采用雷诺时均模型,关注气穴现象的静态分布。

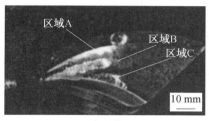
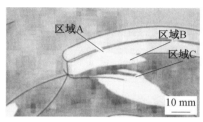

(a) 实验结果　　　　　　　　　　　　　(b) 仿真结果

图 1.8　离心泵叶片处气穴形态

近些年随着计算机技术的发展,基于大涡模拟(LES)的气穴仿真技术逐渐成熟,越来越多的科学家使用 LES 方法对空化流场中的气穴现象进行仿真计算。LES 的基本思想是使用一定的空间滤波器将湍流流场中的大尺度旋涡与小尺度旋涡分离,并且认为大尺度旋涡受边界条件支配呈现各向异性,所以对其进行直接求解;而小尺度旋涡受边界的影响较小,一定程度上呈现各向同性,可以建模求解。LES 独特的求解思路使其在计算瞬态流场时比传统的雷诺时均模型更有优势。因此,越来越多的科研工作者倾向于使用 LES 计算流场中瞬态气穴的变化规律。例如 2014 年黄彪等人利用 LES 方法对 Clark—Y 型水翼在空化数为 0.8、攻角为 8° 时诱发的瞬态气穴进行了数值模拟,如图 1.9 所示。研究表明,受逆压梯度的作用,机翼上表面极易形成反向射流,该射流贴着机翼上表面由机翼的后缘向前缘流动。在流动过程中,射流不断挤压和剪切附着在机翼表面的气穴,最终使气穴与机翼表面分离。该研究认为反向射流是造成各种形态气穴脱落的主要原因,该结论与其他学者的研究相一致。而且反向射流和气穴脱落过程还会在流场中诱发极其复杂的旋涡结构,造成机翼上表面不稳定的压力分布以及升力系数脉动现象。

与此同时,一些学者使用大涡模拟方法对其他领域的瞬态气穴现象也进行了大量研究。例如 2013 年 Salvador 等人利用大涡模拟的方法对柴油喷油器喷嘴中的瞬态气穴进行了仿真计算,分析了气穴现象对流场湍流结构的影响,结果如图 1.10 所示。研究表明,气穴在喷嘴入口处为整体分布,但是随着液体向下游流动,气穴在喷嘴下游逐渐开始分裂,最初分裂为明显的两部分,之后在下游演变为更加分散的结构。而且在气穴发生分裂的区域,涡度存在很多极值,说明气穴形态的动态变化与湍流旋涡流场结构之间存在较为明显的联系。目前,大涡模拟方法已经被越来越多地用于对不同类型流场中的瞬态气穴

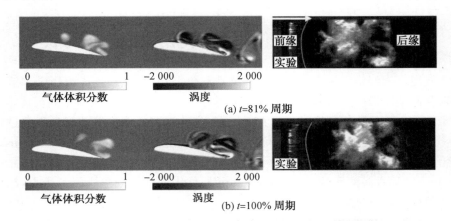

图 1.9　　不同时刻 Clark－Y 型水翼气穴仿真与实验对比

现象进行数值仿真计算,相比于传统的雷诺时均模型,大涡模拟独特的建模思路使其能够更加精确地对气穴形态演变的瞬态细节进行计算,得出与实验结果更加吻合的计算结果。

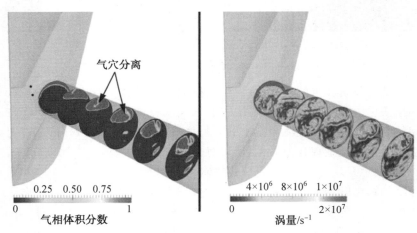

图 1.10　　柴油喷油器中的气穴与旋涡分布

　　同时,也有一批学者致力于使用实验的方法对流场中的气穴现象进行研究,即气穴形态的可视化研究。早期受实验技术的限制,气穴观测实验大都局限于宏观气穴形态的研究与定性分析。但是随着流场可视化技术的发展和高速摄影技术的成熟,研究者可以拍摄到气穴形态随时间演变的瞬态图像,并从中获得气穴形态随时间变化的各种细节。虽然高速摄影技术为研究者提供了研究动态气穴的另一种途径,但同时也带来了相关的问题。一般而言,使用高速摄影技术往往会得到大量的图片,尤其是气穴形态变化较快时,为了更好地分辨各个时刻气穴形态变化的细节,必须相应地提高相机的拍摄速率,这样往往导致最后得到的图片数量十分庞大,以至于依靠肉眼已经很难从图片中分析气穴形态的变化规律,必须使用特定的图像处理技术才能满足后处理要求。一般用于分析气穴形态的图像处理方法大致可以分为三类,分别为基于图像灰度值的分析方法、基于图像形态特征的分析方法以及混合分析方法。

其中基于图像灰度值的分析方法是指,对于每幅拍摄所得的气穴图像都首先转换为灰度图像,并根据特定的标准预先确立一个区分图像中气穴区域与非气穴区域的阈值,然后根据该阈值提取每幅图像中的气穴区域,计算气穴面积,分析气穴形态,并与其他时间的分析结果做比较。例如 2004 年刘双科等人利用高速摄像机对一种水翼翼型在超空化阶段的气穴形态进行了拍摄,拍摄速度为 4 500 帧/s。在对拍摄结果进行后处理时,作者首先分析了大量气穴实验照片的灰度等值线分布图,确立了气穴区域与非气穴区域之间的灰度分界阈值为 130,即图像中灰度值大于 130 的区域都认为是气穴区,反之灰度值小于 130 则为液相区,实验拍摄结果如图 1.11 所示。最后作者根据不同图像中气穴区域内的像素点数计算了气穴区域的大致面积,并且研究了机翼不同位置处的气穴面积变化规律。

 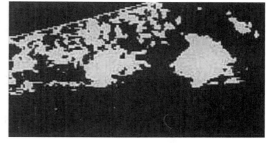

(a) 原始图像　　　　　　　　　　　　(b) 处理后的图像

图 1.11　　水翼翼型在超空化阶段的气穴拍摄图像

由于基于图像灰度值的分析方法是对图像的灰度直接进行分析判断,所以其具有概念直观、分析过程简单等优点,尤其适合对气穴面积进行估算。但是该方法同时也具有一些缺点,首先分析结果对实验的光照条件比较敏感,因为实验光线的强弱会直接影响拍摄图像的灰度值,因此每次改变实验光照条件必须相应地调整气穴判定阈值,而且在一次实验中要严格保持光照的稳定性;其次基于图像灰度值的处理方法忽略了气穴形态变化引起的图像差异,对于气穴面积相似但形态结构有所差异的气穴并不具有较高的分辨能力。基于以上缺点,一部分学者使用基于图像形态特征的分析方法。此类方法主要从气穴分布形态的角度出发,分析不同图片间气穴形态的变化规律。例如 2014 年 Danlos 等人利用本征正交分解的方法对一种文丘里管内的云气穴做了研究。其主要思想是利用一定的方法对每张图片进行降维,使用有限的维数表征原始图像。Danlos 等使用高速摄像机拍摄的文丘里管瞬态气穴分布如图 1.12 所示。

随后,作者使用本征正交分解法将一系列的瞬态气穴拍摄图像进行主成分分析,图 1.13 为瞬态气穴图像所包含的前四个主成分。可以看出,第一主成分主要描述气穴的宏观特性,其他主成分侧重描述气穴的脱落过程。这样,每一幅气穴图像就可以表示成有限的主成分分量之间的加权和,每个主成分的加权系数可以使用相关算法计算。最后,当每幅图片的主成分加权系数计算完毕之后,就可以针对某一主成分研究各幅图像的加权系数变化。作者给出了气穴图像第一主成分加权系数随时间的变化规律,如图 1.14(a) 所示,并对该系数做了频域分析[图 4.14(b)],找到了该加权系数变化的峰值频率约为 32 Hz。

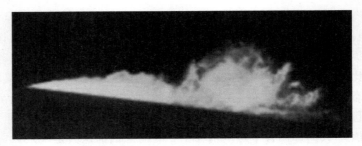

图 1.12　文丘里管气穴拍摄结果

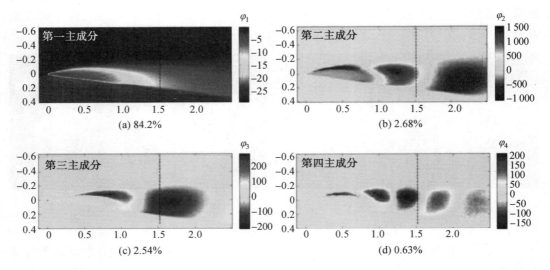

图 1.13　文丘里管瞬态气穴分布的前四个主成分

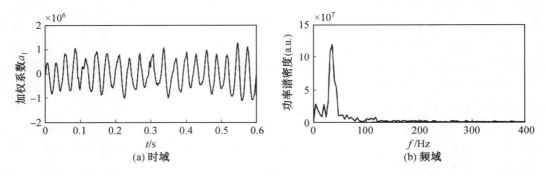

图 1.14　第一主成分加权系数的时域和频域计算结果

　　一般而言,使用本征正交分解法对气穴图像进行主成分提取时,会得到与图像数量相当的成分数,而且对于特定的图像,其加权系数呈衰减趋势。所以具体分析时,只取前边几个主成分进行研究,忽略其余主成分,这个过程也称降维。由于本征正交分解法的上述特点,研究者很难得到一个能够表征气穴形态随时间变化的定量分析参数,本征正交分解法计算而来的加权系数并不能代表图像整体,只是反映不同主成分的变化情况,缺乏明确的物理意义。

与基于图像灰度值的分析方法和基于图像形态特征的分析方法相比,第三种混合分析方法的基本思想是采用一定的数学方法,对一幅图像分别从亮度、对比度以及图像结构三个方面进行建模,综合考虑一幅图像的各个因素,对其进行分析,其中应用最广泛的是结构相似度检测法(SSIM)。SSIM 最初由王周等人提出,被广泛地应用于图像滤波和相似性检测领域,并取得了非常好的效果。SSIM 的基本目的是评价两幅图像的相似性,计算其相似性系数。SSIM 在分析每幅图像时,将图像的结构单独作为一个衡量指标,与亮度和对比度同时考虑。其中,图像结构之间的形似性用两幅图像之间的灰度协方差进行衡量,而亮度和对比度分别用两幅图像的灰度均值和方差进行衡量,而且在计算过程中可以根据不同图像的特性,改变三者在计算中的权重比例,分析过程十分灵活。目前 SSIM 已经被广泛应用于图像相似性识别、人脸检测、信号处理等众多领域。在瞬态气穴拍摄实验中,所得到的各种关于气穴形态的图像之间往往既存在由于气穴数量而引起的图像亮度、对比度差异,还存在气穴分布形态不同而引起的图像结构差异。由于 SSIM 与基于图像灰度值和基于图像形态特征的分析方法不同,它能够同时考虑引起图像差异的亮度、对比度以及图像形状特征,所以十分适用于瞬态气穴图像的检测与分析。

1.4　气穴流场中的压力脉动与不稳定液动力研究现状

当流场中存在瞬态气穴现象时,气穴形态随时间的演变、运动过程会诱发一系列其他的流场不稳定现象,例如复杂结构的旋涡流、速度脉动、压力脉动等。尤其是气穴现象诱发的流场压力脉动以及流场内部壁面受到的不稳定液动力,不仅会影响流体元件工作的稳定性,靠近气穴区域的壁面还会受到严重的汽蚀损坏。因此许多学者对瞬态气穴现象引起的流场压力脉动以及瞬态液动力做了大量研究。

在早期由于计算机技术的限制,关于气穴流场的瞬态压力与液动力研究大多是基于实验测量的,例如 1986 年 Hammitt 通过对文丘里管中的气穴流场进行实验研究得出其内部压力脉动与气泡体积变化有关。Leroux 等人在 2004 年对 NACA66 型机翼在水洞中产生的不稳定云气穴做了实验研究,并且通过在机翼表面不同位置处安装压力传感器,测量了由气穴形态演变而引发的机翼不同位置处的压力脉动,并对测量结果进行了时域和频域分析。结果表明,机翼前缘流场主要包含大尺度的气穴结构,相应的压力脉动主要以低频为主;而在机翼后缘,脱落的气穴发生溃灭,大尺度的气穴破裂为许多微小的气穴气泡,同时诱发了许多复杂结构的旋涡,相应的流场压力脉动以高频信号为主。Ausoni 等人于 2007 年对气穴流场中机翼受到的不稳定液动力做了实验研究,对比了机翼在固有频率附近以及远离固有频率时的振动特性。随着计算机技术的发展,越来越多受实验条件限制的气穴流动可以采用仿真的方法进行研究。2014 年黄彪等人对进行俯仰运动的 NACA66 型机翼周围的气穴流场进行了仿真研究,分别给出了机翼进行低频与高频运动时的流场结构与气穴分布,分析了机翼升力在不同情况下的变化情况。戴绍仕等人于 2014 年对不同条件下方腔流中的气穴现象做了仿真研究,如图 1.15 所示,并且从时域和频域两个方面分析了腔壁各个位置处瞬态气穴引起的压力脉动现象,如图 1.16 所示。

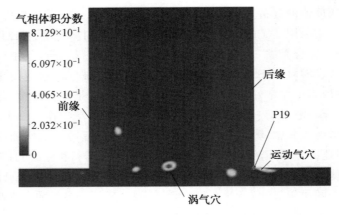

图 1.15　方腔气穴计算结果

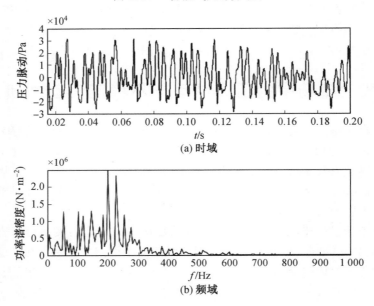

图 1.16　方腔 P19 点处压力脉动时域与频域计算结果

　　基于国内外文献综述可以发现,目前虽然有研究者指出喷嘴挡板前置级流场中的气穴现象以及压力脉动是引起伺服阀自激振荡的重要原因,但是仍然缺乏对于前置级流场中瞬态气穴现象及其诱发的流场压力脉动、挡板瞬态液动力等比较系统的研究。现有的绝大多数伺服阀前置级流场特性研究,往往局限于研究流场结构与气穴形态分布,而且以研究气穴静态分布为主,对于考虑气穴形态演变的瞬态分析较少,瞬态气穴定量分析方面的研究尤其缺乏。现在许多领域的瞬态气穴现象及其诱发的流场压力脉动、不稳定液动力已经得到了广泛的研究,其研究方法大多采用时域分析和频域分析相结合的思路,而在喷嘴挡板前置级中,关于瞬态气穴现象以及诱发的流场压力脉动、瞬态液动力脉动的研究还十分缺乏。

1.5 振动特性分析的研究现状

1.5.1 模态分析的研究概述

模态是描述机械结构振动特性的固有属性,每一阶模态均有其相对应的模态参数(如模态振型、阻尼比和固有频率等)。获取模态参数的过程即为模态分析,根据获取方法的不同又可将模态分析分为实验模态分析和计算模态分析。模态分析是研究结构振动特性、进行结构振动故障诊断和动力特性优化设计的重要手段,可看作系统辨识方法应用于振动领域的典型范例。

模态分析在工程振动领域中的应用始于 20 世纪 60 年代,这一技术作为结构动力学中的一种分析手段最先应用于汽车工业及航空、宇航等领域。到了七八十年代,由于信号处理理论、电子信息技术及相应实验设备的快速发展,模态分析辨识方法及测试手段逐步完善与成熟,模态分析技术逐渐渗透至船舶、化工、桥梁、机床、建筑等众多涉及振动问题的工程领域。自 90 年代,模态分析应用迎来繁荣时期。基于计算与实验模态分析两种基本方法,模态分析由最初的单一应用发展至多学科、多领域的综合应用,在振动特性分析、结构动力特性优化、声学分析、动载荷识别、健康监测等领域发展了诸多综合研究手段,使结构动力学分析与优化技术日渐成熟。

目前,实验模态分析技术已成为工程振动领域中解决实际工程问题的重要途径。激振方法的选择是实验模态分析的重要环节。根据激励信号的类型,可将激振方法分为宽频带激振和稳态正弦激振两种类型。作为一种经典测振方法,稳态正弦激振是模态分析技术发展之初所采用的主要激振手段。该方法由于信噪比高、可控性强,具有较高的测试精度,但同时亦有测试周期长、测试效率低等缺点。随着快速傅里叶变换技术的发展以及各种动态分析仪的出现与普及,宽频带激振技术得以提出和广泛使用。宽频带激励信号主要包括快速正弦扫频信号、阶跃信号、脉冲信号以及各种随机信号等。由于测试速度快、测试效率高等优点,宽频带激振技术迅速成为工程实践中所采用的主要激振手段。随着激振技术的发展,实验模态分析逐渐由最初的单点稳态正弦激振分析法发展为瞬态脉冲激振、随机激振、快速扫频激振等多点多次宽频激振方法。图 1.17 所示为采用锤击法的实验模态分析图。

模态参数识别是实验模态分析的核心环节,国内外模态分析领域众多学者均致力于模态参数辨识算法的提出与改进,发展了一系列成熟的参数辨识理论。目前应用较为广泛的模态辨识算法有频域法和时域法,单模态辨识法和多模态辨识法,单入单出、单入多出和多入多出法等。Caresta 提出了一种利用单点自由响应辨识边界条件及固有频率的方法,该方法无须已知结构刚度及所激发模态的阶次。Liao 提出了一种基于对数衰减法的时域模态参数辨识技术,该技术解决了传统辨识方法对小阻尼多自由度系统的局限性,当结合带通滤波法使用时使得高阶模态信息的辨识成为可能。Mucchi 采用集总参数建模法研究了碗形输送结构的弹性动力学特性,通过实验模态分析和工作模态分析的方法获得模态参数并验证了数学模型的有效性。Chakravarty 采用有限元分析与实验模态分

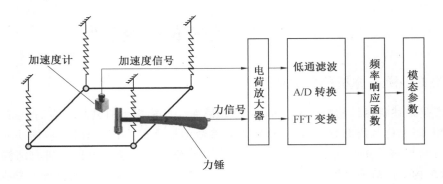

(a) 原理图

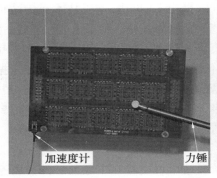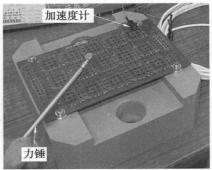

(b) 实物图

图 1.17　　采用锤击法的实验模态分析图

析相结合的方法研究了微型飞行器柔性膜机翼在不同预紧力下的模态特性,并分析了机翼几何尺寸及附加空气质量对固有频率的影响。在模态参数的辨识中,与固有频率、振型等模态参数相比,模态阻尼比往往很难获取较高的辨识精度,如何改进其辨识算法一直是工程领域亟须解决的难题之一。

直至 20 世纪七八十年代,我国工程界才逐渐接触到模态分析技术。但是近 40 年来,模态分析理论研究和工程应用在我国发展迅速,均已取得显著成果。上海交通大学的葛新波等基于 ANSYS Workbench 对大型砂矿船舱口盖进行了模态分析,为舱口盖的结构优化和破损部位预测提供了计算依据。浙江大学的朱佳斌采用有限元分析的方法对液压管路消波器进行了有预应力的模态分析,为消波器的结构改进提供了理论依据。南京航空航天大学的陈果采用理论分析、有限元仿真与实验验证相结合的方法研究了飞机中复杂载液管道系统的振动特性,利用锤击模态实验与有限元仿真结果验证了理论模型的有效性,分析了流速变化对管道系统模态频率的影响。江苏大学的李彤对考虑水压力作用的螺旋离心泵叶片进行了预应力下的模态分析,获取了叶片静应力分布特性及叶片变形随载荷频率的变化关系,为离心泵的安全校核和优化设计奠定了理论基础。

1.5.2　　流固耦合的研究概述

流固耦合力学作为一门新兴学科,由固体力学和流体力学交叉而成,主要研究流场力作用下固体的变形特性以及固体耦合面变形对流场静动态特性的影响。两相介质间的相互作用是流固耦合的重要特征,流场力使固体产生运动或变形,反之固体的动作又将改变流场的压力流量特性,使流场力在固体耦合面的分布和大小发生改变,这种互作机制最终催生了各种流固耦合现象。

　　目前国内外对流固耦合问题的研究方法主要分为弱耦合法(分区迭代法)和强耦合法(整体求解法)。其中,弱耦合法对求解域中的流体域和固体域独立求解,通过耦合面的交互作用实现两相介质控制方程在时间和空间的交替迭代;强耦合法则将流体域和固体域控制方程置于同一方程组内同步离散求解,该方法对高度瞬态流固耦合问题的求解较为有效。

　　随着工程应用和科学技术的发展,流固耦合研究吸引了学术界的广泛关注。在生物医学工程中,大批学者开始从流固耦合的角度研究生物力学中血流同血管、组织液同细胞组织等耦合问题。Ashkan 采用流固耦合的方法研究了腹部主动脉瘤中的螺旋血流对血液动力学的影响,所建立主动脉瘤的流固耦合模型如图 1.18 所示。Claudio 利用基于流固耦合分析的数值模拟方法研究了支架后冠状动脉的血液动力学特性,并获取了血管壁面的剪切应力。Hsu 结合浸入边界法和任意拉格朗日－欧拉法对人工心瓣进行了流固耦合分析,研究了动脉壁变形对流量和瓣膜运动的影响。

(a) 流体域　　　　　　　　　(b) 固体域　　　　　　　　　(c) 综合域

图 1.18　　主动脉瘤的流固耦合模型

　　圆柱的涡激振动是典型的双向流固耦合问题。Sarpkaya 对均匀流中圆柱涡激振动问题的研究成果进行了回顾和总结,详细讨论了流固耦合的作用和相应的分析手段,指出精确流固耦合模型的建立不可忽略振幅非线性变化对涡激力的影响。Williamson 的实验研究表明折减阻尼系数和质量比是决定圆柱涡激振动形态的关键参数,二者分别决定涡激共振的最大幅值和锁定区的大小。Stappenbelt 对低质量比的圆柱涡激振动响应进行了详细的实验研究,并与前人的研究进行了深入的对比。Pleczek 采用 CFD 求解程序对低雷诺数下圆柱的受迫振动和涡激振动进行数值模拟,获取了层流模式下圆柱体的横向位移及涡脱模式。其中,雷诺数为 100 时,单个周期内的圆柱尾迹涡量云图如图 1.19 所示。仿真结果与现有数值方法计算结果吻合良好。

　　液压系统中输液管道的固有频率与其内流体的脉动频率接近时极易引发强烈的管道耦合振动。管道振动将严重影响液压系统的安全,甚至导致灾难性事故的发生。采用流固耦合的方法研究输液管道振动问题已成为目前广泛采用且行之有效的途径。Keramat 和 Tijsseling 采用两种数值方法对同时考虑流固耦合效应和壁面黏弹性的输液直管中的水锤问题进行了仿真和分析,两种计算方法的结果均与实验结果较好吻合。Stefan 分别

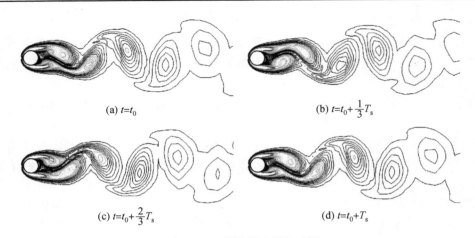

(a) $t=t_0$　　　　　　　　　　　　　(b) $t=t_0+\dfrac{1}{3}T_s$

(c) $t=t_0+\dfrac{2}{3}T_s$　　　　　　　　　　(d) $t=t_0+T_s$

图 1.19　　圆柱尾迹涡量云图

t— 时间；t_0— 旋涡开始形成的时间；T_s— 旋涡形成至脱落的周期

采用三维 CFD 模型和一维解析模型计算了考虑结构和液压阻尼效应的弯管水锤振动特性，并且比较了两种模型在压力和剪切速度计算方面的优缺点。Rocha 等通过求解一维流固耦合模型对充流管中瞬态流的流固耦合现象进行了研究。Hiremath 对射流管式电液伺服阀的动态特性进行了有限元分析，并利用流固耦合的方法研究了回复压对阀芯动态的影响。

　　我国的流固耦合研究起自 20 世纪 80 年代，在发动机、水轮机、流体管道、土木工程设计及流致振动机理等研究中均取得了突出成果。国内的刘君和徐春光等针对航天发动机高压补气系统中电磁阀颤振现象进行了流固耦合模拟研究，采用虚拟挡板动网格技术模拟了阀芯开闭过程，并基于新几何守恒律构建了高精度的流固耦合界面算法，通过数值模拟复现了故障中的颤振现象，分析了主阀位移与气体激振力的对应关系，指出电磁阀下游管道长度是决定主阀颤振状态的关键因素。王文全等针对建立的刚体和流体相互作用的浸入边界法数学模型，借助求解不可压缩 N－S 方程组的分步投影方法的思想来求解基于浸入边界法的耦合系统方程，并验证了数值计算结果的准确性和可靠性。西安交通大学的陈汝刚针对鼓泡弹性箔片动压止推气体轴承的结构，采用双向流固耦合模型，分析了顶层箔片的变形与压力场之间的相互作用。吕倩、尹明德等基于单向流固耦合分析技术，对液压变矩器进行了流场分析和强度分析，确定了叶片的变形情况和应力分布情况，为液力变矩器的高效运转提供了理论依据。

　　流固耦合理论经过多年的发展，虽已取得非常丰富的成果，但是由于流固两相间复杂的作用机制，研究者在求解流固耦合问题时往往基于过多假设或简化前提。尤其是对自由液面和流固耦合面处的动网格处理还亟须进一步完善，无论在理论上，还是在工程应用上都是不完备和不充分的。同其他学科一样，实验在流固耦合问题的研究中也是不可或缺的。由于流固耦合的复杂性，目前国内外在流固耦合方面的实验研究还很少，要真实模拟流体和固体的相互作用还存在很多问题。

1.6 磁流体及其阻尼特性研究现状

1.6.1 磁流体的研究概述

磁流体是一种多功能磁敏智能软材料，一般是由纳米级软磁性颗粒分散于不同的非磁性载液中制备而成的胶态悬浮液体。磁流体的组成如图 1.20 所示，由图可见其主要组成成分包括磁性颗粒、表面活性剂和载液。为具有更好的稳定性并改善颗粒集结与沉降问题，磁流体中磁性颗粒大小多在 10 nm 量级。每个纳米级颗粒均包含单一磁畴，在表面活性剂的包覆下由于布朗运动随机分散于载液中。磁流体的一大特点是其兼具液体流动性与固体磁性，具有显著的磁化特性、磁流变效应等性能。

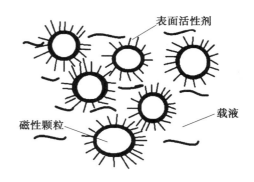

图 1.20 磁流体的组成

在磁场作用下磁流体表现出较大的黏度和饱和磁化强度，其流变特性可通过控制外加磁场强度实现快速、连续、可逆的改变，这一特性使得其在振动控制、汽车、航天等领域得到了越来越广泛的关注和应用。

无外加磁场时，磁流体内部磁性颗粒在载液中做无规则布朗运动，其磁矩方向呈随机分布，磁流体整体上未表现出磁化特性。存在外加磁场时，磁性颗粒磁矩在磁场力驱动下沿磁场方向偏转，磁性颗粒逐渐呈有序排列，磁流体表现出较大黏度和磁化强度。随着磁场强度增强，磁流体内部结构的有序化程度逐渐提高，并最终形成稳定的网状或链状结构。此时，即使磁场强度继续增强，磁性颗粒磁矩方向亦不再偏转，即磁流体达到磁化饱和状态。从宏观流变角度分析，磁流体在外磁场作用下形成的网状或链状结构使其表现出较强的宾厄姆流体行为。欲使磁流体沿垂直磁场方向运动，则需较大的剪切应力克服其内部稳定结构形成的结构阻力，即磁流体在外磁场中表现出较大屈服应力。屈服应力随磁场强度增加而增大并逐渐趋于某一稳定值。此外，磁流体的表观黏度在外加磁场前后亦呈现显著增强（几个数量级），即磁流体在外磁场中表现出较强的磁流变效应。其表观黏度大小取决于磁性颗粒浓度、载液成分、表面活性剂含量、磁场强度及磁场方向等因素。在不同含量配比下磁流体黏度随剪切速率改变也会呈现不同的变化规律，如剪切变稀或剪切增稠现象。

磁流体的研究始于 20 世纪 30 年代，以 Bitter F. 和 Elmore W. C. 等为代表的学者分别提出磁流体制备的想法，但由于条件所限当时并未研制出可供使用的磁流体。磁流体的首次成功应用始于 20 世纪 60 年代中期，美国国家航空航天局（NASA）利用磁流体解决了失重状态下运载火箭的燃料供给和宇航服可动部位的密封问题。此后，磁流体的基础和应用研究得到了极大的推动和发展。到 80 年代中叶，Rosensweig 的专著 *Ferrohydrodynamics* 的出版奠定了磁流体流体动力学和热力学的基础，磁流体开始作为一门独立科学而存在。随着科学技术的发展,磁流体的应用领域已逐渐推广到机械、医疗、航天、电子、冶金、化工、仪表、能源等众多领域。其中,磁流体最大量而成熟的应用是密封,其次在阻尼、润滑、研磨、生物磁学、热交换器、传感器、音响设备、光学仪器等方面亦得到广泛应用。目前,由于人们对磁流体所表现出的各种特殊性质的微观机理依然掌握不足,国内外众多学者对磁流体在基础理论和应用方面的研究仍然十分活跃。

1.6.2　磁流体阻尼特性的研究概述

由于其出色的黏磁特性,磁流体在阻尼器、制动器、离合器、缓冲器等方面得到了广泛的应用。磁流体的典型工作模式大致可以分为以下三种:由压力驱动的流动模式(也称阀模式)、直接剪切模式和挤压模式,如图 1.21 所示。基于流动模式、直接剪切模式以及二者的联合模式发展了众多的线性和旋转式磁流体阻尼器,对此两种模式下磁流体流变特性的理论研究则常常采用宾厄姆塑性(Bingham — plastic)模型和赫 — 巴(Herschel — Bulkley)模型。

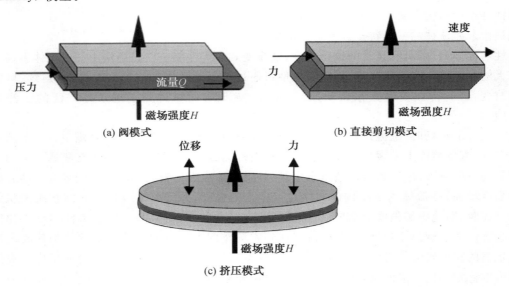

图 1.21　磁流体的工作模式

Dogruer 提出了一种放射状平板阀式磁流变阻尼器,该阻尼器可用于高机动性、多功能车辆的振动控制。同时,采用 Bingham—plastic 模型模拟了阻尼器的磁流变特性,通过对比仿真与测试所得不同工况下阻尼器的力 — 位移、力 — 速度特性,验证了仿真模型的有效性。Bae 针对一种工作于剪切模式的微型盘式磁流体刹车器的力矩特性进行了理论与实验研究,结果表明该刹车器在低速下具有更佳的刹车效果,同时分析了磁流体磁化强度对力矩特性的影响。Wang 设计了一种结合流动和剪切模式的混合式线性阻尼器,并介绍了该阻尼器的结构和工作原理。该阻尼器充分利用了设计空间,大大减少了磁流体用量,并可产生较大的可控阻尼力。Mohammadi 研究了磁流体在屈服区和未屈服区的流变特性。首先,采用流变仪分别测试了磁流体在振动模式下的频域特性和旋转模式下的时域特性。其次,分别采用开尔文 — 沃伊特(Kelvin — Voigt)模型和 Bingham—plastic

模型对磁流体的频域和时域流变特性建模。通过对比仿真与实验结果,作者指出磁流体本构模型的选取与外磁场与剪切速率有关。

Pinho 通过实验研究的方法分析了振动剪切模式下磁流体的黏磁特性随磁场强度、剪切应力和谐振频率的变化关系。Yamaguchi 采用自制圆锥盘流变仪研究了均匀磁场下磁流体的动态流变特性,分析了磁场强度与磁流体浓度对黏弹特性的影响,并通过理论建模定性解释了实验结果。Yao 等设计了一种新型磁流体阻尼器,该阻尼器利用机械振动使磁流体工作于流动模式。作者通过理论与实验结合的方法研究了此阻尼器的能量耗散特性。Yang 提出了一种考虑磁路优化的剪切—阀式磁流变阻尼器的简化设计方法,利用修正的宾厄姆平行板模型建立了考虑磁饱和效应的阻尼力预测模型。基于磁流体阻尼力特性实验,杨光提出了一种迟滞阻尼力模型以描述磁流体阻尼器的力学行为,并采用迭代摄动法分析了阻尼器的特征值谱,理论和实验结果均验证了阻尼器的减振效果。

相比另外两种工作模式,磁流体挤压模式的研究和应用起步较晚。施加挤压力前后磁流体内部粒子链结构变化如图 1.22 所示。由于内部粒子链结构呈现更为牢固稳定的体心立方结构,挤压模式下磁流体阻尼器在很小的行程范围内就可以产生很大的阻尼力。出于对更高屈服应力的需求,近年来挤压模式下磁流体的工作机理和应用研究逐渐成为学术界的热门课题。

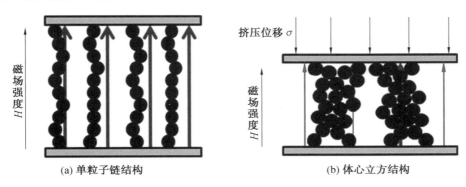

图 1.22 施加挤压力前后磁流体内部粒子链结构

Mazlan 研究了拉伸及压缩实验中磁流体的应力—应变关系,研究结果证明磁流体拉伸和压缩应力的变化与磁场强度有关,压缩应力明显高于拉伸应力,在准静态压缩和拉伸模式下的应力—应变曲线与动载荷下的曲线一致。Gong 研究了磁流体阻尼器在挤压式工况下的性能,其应用商业软件 Ansys 分析了阻尼器的磁场区域,建立了阻尼器的仿真数学模型,并采用 MTS809 测试阻尼器的性能。实验结果表明小的挤压式磁流变阻尼器可以产生很大的阻尼力,当幅值为 1.2 mm、频率为 1.0 Hz、电流为 2.0 A 时,阻尼力接近 6 kN,并可通过控制电流改变阻尼力的大小。Sun 通过实验和理论研究了磁流体在挤压和剪切两种模式下的区别,采用平行板流变仪和材料测试系统对磁流体在挤压和剪切两种模式下进行测试。其实验结果表明磁流体减震器在剪切模式下固有频率在 32 ~ 62 Hz 范围内,而在挤压模式下固有频率在 62 ~ 127 Hz 范围内,说明了磁流体减震器在挤压模式下比剪切模式有更大的频移范围。Xu 建立了在塑性区域描述磁流变塑性体压缩行为的挤压式流动方程,计算结果表明抗压屈服应力和抗拉屈服应力对磁场、粒子分布以及粒子浓度都很敏感。磁流变塑性体的振动挤压行为主要受磁场强度影响,而颗粒浓度影响较弱。

为避免传统宾厄姆模型描述挤压模式下磁流体本构关系时导致的"屈服面佯谬"现象,常用正则参数化模型、指数模型和双黏度模型分析磁流体的挤压流动特性。其中前两种模型多用于数值模拟,而双黏度模型可用于数学推导。Ayadi 采用双黏度模型对两平行圆盘间宾厄姆流体的流动特性进行了理论研究,挤压流内的双黏度区域划分如图 1.23 所示,作者依据润滑理论推导了挤压力的精确表达式。Farjoud 提出了一种基于指数模型和摄动理论的解析求解方法,该方法可在未知屈服面信息的情况下预测流场压力分布、剪切速率分布,以及挤压力大小。作者通过实验数据验证了模型的正确性,该模型可作为挤压式磁流变阻尼器设计的理论工具。然而,目前所得挤压流解析模型依然较为复杂,尤其是挤压力的解析表达式,还远未能直接描述挤压力的物理特性。

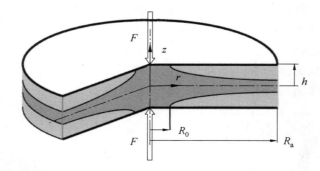

图 1.23　圆盘挤压流示意图

F— 挤压力;h— 挤压流高度的一半;R_a— 圆盘直径;R_0— 牛顿区与圆盘交点的径向坐标

第 2 章　喷嘴挡板前置级瞬态气穴评价参数与瞬态液动力数学模型

由于喷嘴挡板装置的特殊结构和实际工作情况,其内部流场往往具有进出口压差大、流速快以及剪切特性强等特点,而且某些工况下还会在流场的一些拐点或者锐边处发生气穴现象,这对于喷嘴挡板前置级的正常工作是十分有害的。

本章采用混合两相流模型和大涡模拟相结合的方法对喷嘴挡板装置内部的瞬态流场和气穴现象进行建模,提出前置级流场不同区域的气穴评价参数以及挡板表面液动力的计算方法。在此基础上,建立瞬态气穴评价参数以及瞬态液动力的分析方法,对每个参数分别进行时域和频域分析,为后续瞬态气穴和瞬态液动力的仿真分析提供理论依据。

2.1　考虑气穴现象的两相流流场控制方程

2.1.1　喷嘴挡板前置级的瞬态流场结构

典型的采用喷嘴挡板装置作为前置级的两级电液伺服阀结构原理如图 2.1 所示。从图中可以看出伺服阀大致包含三个部分:力矩马达、喷嘴挡板装置以及滑阀。其中喷嘴挡板装置位于力矩马达与滑阀之间,其主要作用是将力矩马达输出的微小电信号转换成滑阀的压力信号,实现功率放大作用。

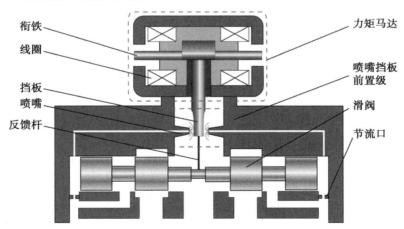

图 2.1　喷嘴挡板伺服阀结构原理图

当力矩马达的线圈没有工作电流时,力矩马达输出力矩为 0,挡板保持在零位,左右两个喷嘴与挡板之间的间隙相同,所以两侧喷嘴内部的油液压力相同。因为两侧喷嘴分别与滑阀的两端相连通,所以当挡板处于零位时,滑阀两端所受的压力也相同,滑阀处于静止状态。当给力矩马达的线圈施加一定的工作电流时,力矩马达输出与电流成正比的力矩,带动挡板向某一侧喷嘴转动,同时挡板下端通过反馈杆与滑阀相连,反馈杆的本质类似于弹簧,挡板的转动使反馈杆产生相应的变形量和变形力矩,该变形力矩与力矩马达力矩相平衡时挡板停止转动。挡板转动会导致一侧的喷嘴挡板间隙减小,喷嘴内部压力上升,而另一侧喷嘴内部压力由于过流面积的增大而下降。所以挡板的转动最终导致两侧喷嘴之间形成压力差,该压力差同时也施加在滑阀的两侧,迫使滑阀开始移动。由于滑阀与挡板之间通过反馈杆相连,滑阀的移动又会将挡板拉回至中位。当挡板回到零位以后滑阀两端的压力重新平衡,滑阀停止运动,维持一个固定的开口。所以,喷嘴挡板装置的主要工作原理是力矩马达通过改变挡板在两个喷嘴之间的相对位置来调节两侧喷嘴与挡板之间的过流面积,从而达到改变两侧喷嘴之间压力差的目的,最终实现滑阀阀芯的精确位移,控制滑阀的出口流量。

由于喷嘴挡板前置级的特殊结构,其内部流场特性较为复杂,不同位置的流动具有不同的性质,如图 2.2 所示。首先从喷嘴喷射到挡板表面的流动具有平板冲击射流的一些特征,因此与喷嘴出口正对的挡板两侧表面上存在明显的高压区。与传统平板射流不同的是,由于喷嘴挡板之间的间隙比较小,所以射流长度要小于一般的平板冲击射流。随后液体沿着挡板表面分别向两侧流动,到达挡板的曲面边缘处,由于逆压梯度的影响,边界层不会一直贴着挡板表面,而是会在曲面的某一点处发生分离,该点也被称为分离点。最后,由于从挡板分离的边界层是典型的剪切流动,具有很大的速度梯度,根据开尔文—亥姆霍兹不稳定性理论可知,这种形式的流动是不稳定的,不能在下游维持,因此该剪切流在挡板与外壁面之间的环形区域之内发展成为有限的尾迹流区。

同时,由于喷嘴挡板前置级的尺寸较小,当进出口压差较大时,在流场的一些壁面拐点处极易形成局部低压区,当压力低于液体饱和蒸气压时就会形成气穴现象。研究表明,喷嘴挡板前置级中经常发生气穴的区域有两处,一是挡板曲面和平面结合的拐点处,如图 2.2 中的深色区域,该处高速射流突然转折,容易形成局部低压区;其次,当尾迹流中的旋涡强度足够大时,旋涡中心也会形成局部低压区进而诱发气穴现象。由于气穴现象本身具有极强的不稳定性,气穴的发生、运动以及其溃灭过程是空化流场中典型的瞬态流动现象。

综上可知,喷嘴挡板前置级内部流场结构较为复杂,同时具有平板冲击射流、分离流、尾迹流的一些特征,这些流动本身都具有强烈的不稳定性与瞬时性。同时,流场的一些局部低压区还会诱发气穴现象,气穴在流场中从产生到溃灭的动态过程又会加剧流场的不稳定性,因此为了提高喷嘴挡板装置的工作性能,有必要采用瞬态研究的方法,对前置级流场中的瞬态气穴现象进行研究,分析其对于喷嘴挡板装置工作性能的影响。

2.1.2　基于大涡模拟的流场控制方程

由于喷嘴挡板装置内部流场具有较强的不稳定性与瞬时性,因此需要采用瞬态分析的方法对其进行研究,本书使用大涡模拟(LES)的方法对流场的湍流特性进行模拟。通常,湍流流场的建模思想分为三类,分别是雷诺时均应力模拟(RANS)、直接数值模拟

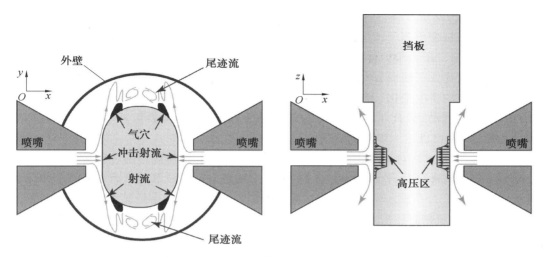

图 2.2　喷嘴挡板前置级的瞬态流场结构

(DNS) 以及大涡模拟 (LES)。RANS 将流场中的湍流脉动进行统计平均,只对平均之后的流场特性,湍流引起的流场脉动以雷诺应力的形式进行考虑,因此 RANS 会耗散掉流场中的一些瞬态现象,不利于捕捉流场的动态特性。DNS 方法的主要思想是利用极小的网格尺度和时间步长,在时间和空间上分辨所有尺度的旋涡运动,该方法虽然能够捕捉流场的全部细节,但是计算量大,耗时多,对计算机性能的依赖性大,目前只限于计算雷诺数较低的湍流流动,对于流场结构较为复杂的喷嘴挡板流场很难实现 DNS 计算。大涡模拟介于直接数值模拟和雷诺时均应力模拟之间,其主要思想是将湍流流动分解为大尺度的旋涡运动以及不可解尺度的旋涡运动,其中大尺度的旋涡运动使用直接数值模拟的方法予以求解,而不可解尺度的旋涡则使用建模的方法进行求解,也称亚格子模型。

　　LES 方法的主要理论依据是,对于雷诺数较高的湍流流动,绝大部分的湍流动能都包含于大尺度旋涡中,湍流动能由大尺度旋涡向小尺度旋涡输运,小尺度旋涡主要起能量耗散的作用。流场中的大尺度旋涡主要受流动边界的几何外形影响,因此对其使用直接模拟的方法可以直接获得流场的主要特征。与之相比,小尺度旋涡受流场边界形状的影响较小,在统计上具有某些普适的规律,在不同性质的流场中更适于采用建模的方法对其进行计算。研究表明 LES 方法能够捕捉到许多 RANS 方法不能计算的非稳态和含有气穴的瞬态流场现象,因此本书选择 LES 方法对喷嘴挡板前置级流场及其瞬态气穴现象进行数值模拟。

　　针对任意的流动问题,首先要建立流动控制方程。典型的描述流体微团运动的 N−S 方程组包括连续性方程和动量方程,下式为连续性方程,表示单位时间内控制体中的质量变化等于该时间内流入控制体的净质量,第一项为单位体积内质量随时间的变化率,第二项为单位体积的质量通量。

$$\frac{\partial \rho}{\partial t} + \frac{\partial (\rho u_i)}{\partial x_i} = 0 \tag{2.1}$$

$$\frac{\partial (\rho u_i)}{\partial t} + \frac{\partial (\rho u_i u_j)}{\partial x_j} = -\frac{\partial p}{\partial x_i} + \frac{\partial}{\partial x_j}\left(\mu \frac{\partial u_i}{\partial x_j}\right) + \rho g_i \tag{2.2}$$

式(2.2)为动量方程,是牛顿第二定律在流体力学中的具体体现,描述了单位时间内控制体中的动量变化等于该控制体受到的合力,等式左边,第一项为单位体积内动量随时间的变化率,第二项为单位体积的动量通量,等式右边分别是由压力、黏性力以及体积力引起的动量变化。一般而言对于高马赫数流动,必须考虑流体介质的可压缩性,即流动过程中流体介质的密度变化,而喷嘴挡板装置中的流体介质为液体,流场中最大马赫数小于0.3,属于低速流动,因此可以忽略流体介质的可压缩性,认为密度 ρ 等于常数,进而式(2.1)、式(2.2)可以进一步简化。

在采用 LES 方法对湍流流场进行求解之前,首先需要将流场中的各物理量分解为大尺度与小尺度两种分量,这一过程在 LES 方法中采用空间滤波器的概念来实现。本书使用盒式滤波器对 N−S 方程进行过滤。盒式滤波器是物理空间中最简单的各向同性滤波器,又被称为平顶帽滤波器,以一维盒式滤波器为例,其表达式为

$$g(x-\xi) = \frac{1}{L} f\left(\frac{L}{2} - |x-\xi|\right) \qquad (2.3)$$

式中　　L—— 滤波尺度;

　　　　$f(x)$—— 台阶函数,当 $x > 0$ 时,$f=1$,当 $x < 0$ 时,$f=0$。

该盒式滤波器的傅里叶变化形式为

$$G(kL) = \frac{\sin\dfrac{kL}{2}}{\dfrac{kL}{2}} \qquad (2.4)$$

其物理空间和谱空间的函数表达如图 2.3 所示。

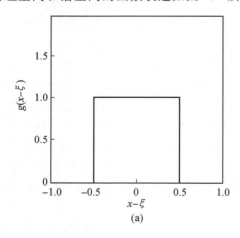
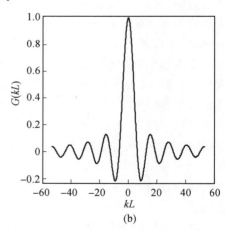

图 2.3　盒式滤波器的时域和频域特性

对于一般形式的 N−S 方程[式(2.1)和式(2.2)],假设流动为不可压缩流动,对其各项分别进行空间滤波并交换滤波与求导的顺序可以得到式(2.5)和式(2.6),式中上划线表示空间滤波过程。需要指出,只有对全空间内滤波函数和过滤尺度都保持不变的均匀滤波器,其滤波与求导过程才可以交换。

$$\frac{\partial \overline{u}_i}{\partial x_i} = 0 \qquad (2.5)$$

$$\frac{\partial \bar{u}_i}{\partial t} + \frac{\partial \overline{u_i u_j}}{\partial x_j} = -\frac{1}{\rho}\frac{\partial \bar{p}}{\partial x_i} + \nu \frac{\partial^2 \bar{u}_i}{\partial x_j \partial x_j} + \bar{g}_i \tag{2.6}$$

同时由于 $\overline{u_i u_j}$ 可以写成 $\bar{u}_i \bar{u}_j + (\overline{u_i u_j} - \bar{u}_i \bar{u}_j)$ 的形式,将 $\bar{u}_i \bar{u}_j - \overline{u_i u_j}$ 称为亚格子应力,即

$$\boldsymbol{\tau}_{ij} = -\overline{u_i u_j} + \bar{u}_i \bar{u}_j \tag{2.7}$$

与雷诺时均应力相似,LES 的亚格子应力是小尺度旋涡和大尺度旋涡之间能量输运的体现,要求解大尺度旋涡运动之前,必须构造合适的亚格子应力模型,实现方程组的封闭。目前常用的方法是采用涡黏性假设,将亚格子应力表示为

$$\boldsymbol{\tau}_{ij} - \frac{1}{3}\boldsymbol{\tau}_{kk}\boldsymbol{\delta}_{ij} = -2\mu_{\mathrm{t}}\bar{\boldsymbol{S}}_{ij} \tag{2.8}$$

式中的平均变形张量 $\bar{\boldsymbol{S}}_{ij}$ 为

$$\bar{\boldsymbol{S}}_{ij} = \frac{1}{2}\left(\frac{\partial \bar{u}_i}{\partial x_j} + \frac{\partial \bar{u}_j}{\partial x_i}\right) \tag{2.9}$$

对于式(2.8)中的湍流黏性系数 μ_{t},常用的计算方法有 Smagorinsky 模型、WALE 模型等。

在 Smagorinsky 模型中,μ_{t} 可以由如下表达式计算:

$$\mu_{\mathrm{t}} = \rho L_{\mathrm{S}}^2 |\bar{\boldsymbol{S}}_{ij}| \tag{2.10}$$

式中　L_{S}—— 亚格子应力的混合长度。

$$L_{\mathrm{S}} = \min(kd, C_{\mathrm{s}} V^{1/3}) \tag{2.11}$$

式中　k—— 卡门(Karman)常数;

　　　d—— 与最近壁面之间的距离;

　　　C_{s}——Smagorinsky 模型常数,一般取为 0.1;

　　　V—— 计算网格单元的体积。

相比 Smagorinsky 模型,WALE 模型考虑了由于湍流动能耗散效应引起的湍流结构的变化,能够更好地模拟由层流到湍流的转捩过程。在 WALE 模型中,湍流黏性系数 μ_{t} 的计算方法为

$$\mu_{\mathrm{t}} = \rho L_{\mathrm{S}}^2 \frac{(\boldsymbol{S}_{ij}^d \boldsymbol{S}_{ij}^d)^{3/2}}{(\bar{\boldsymbol{S}}_{ij}\bar{\boldsymbol{S}}_{ij})^{5/2} + (\boldsymbol{S}_{ij}^d \boldsymbol{S}_{ij}^d)^{5/4}} \tag{2.12}$$

式中,亚格子应力的混合长度 L_{S} 由下式计算:

$$L_{\mathrm{S}} = \min(kd, C_{\mathrm{w}} V^{1/3}) \tag{2.13}$$

式中　C_{w}—— WALE 常数,一般取 0.325,该值能够保证 WALE 模型在计算大多数湍流时得到良好的结果,其余参数的意义与 Smagorinsky 模型相同。

$\boldsymbol{S}_{ij}^d$ 的计算公式为

$$\boldsymbol{S}_{ij}^d = \frac{1}{2}(\bar{\boldsymbol{g}}_{ij}^2 + \bar{\boldsymbol{g}}_{ji}^2) - \frac{1}{3}\delta_{ij}\bar{\boldsymbol{g}}_{kk}^2, \quad \bar{\boldsymbol{g}}_{ji} = \frac{\partial \bar{u}_i}{\partial x_j} \tag{2.14}$$

同时,喷嘴挡板内部经常有气穴现象发生,因此需要使用两相流模型对流场进行研究,基于 LES 的混合两相流流场控制方程分别为

$$\frac{\partial \rho_{\mathrm{m}}}{\partial t} + \frac{\partial (\rho_{\mathrm{m}}\bar{u}_i)}{\partial x_i} = 0 \tag{2.15}$$

$$\frac{\partial(\rho_m \bar{u}_i)}{\partial t} + \frac{\partial(\rho_m \bar{u}_i \bar{u}_j)}{\partial x_j} = -\frac{\partial \bar{p}_m}{\partial x_i} + \frac{\partial}{\partial x_j}\left(\mu_m \frac{\partial \bar{u}_i}{\partial x_j}\right) + \rho_m \bar{g}_i - \frac{\partial \bar{\tau}_{ij}}{x_j} \qquad (2.16)$$

混合两相流控制方程中角标 m 代表混合相,例如 p_m 表示混合相压力,ρ_m 和 μ_m 分别表示混合相密度和混合相动力黏度,其计算表达式为

$$\mu_m = \alpha_v \mu_v + (1 - \alpha_v)\mu_1 \qquad (2.17)$$

$$\rho_m = \alpha_v \rho_v + (1 - \alpha_v)\rho_1 \qquad (2.18)$$

式中　　α_v——气相的体积分数;

　　　　μ_v, μ_1——气相和液相的动力黏度;

　　　　ρ_v, ρ_1——气相和液相的密度。

当流场中气穴现象产生或者溃灭时,引起的相变以及相间输运过程由 Schnerr—Sauer 气穴模型计算,因为该模型在复杂形状的多相流计算中较为稳定,并且收敛速度快,而且该模型可以与 LES 模型很好地兼容。在计算中忽略不同相间的滑移速度,即假设紧邻的液相与气相的运动速度相同。Schnerr—Sauer 模型表达式为

$$\frac{\partial}{\partial t}(\alpha_v \rho_v) + \frac{\partial}{\partial x_i}(\alpha_v \rho_v u_i) = R_e - R_c \qquad (2.19)$$

式中　　R_e, R_c——气相蒸发速率以及凝结速率,表达式为

$$R_e = \frac{\rho_v \rho_1}{\rho_m}\alpha_v(1 - \alpha_v)\frac{3}{R_B}\sqrt{\frac{2}{3}\frac{p_v - p_m}{\rho_1}}, \quad p_v \geqslant p_m \qquad (2.20)$$

$$R_c = \frac{\rho_v \rho_1}{\rho_m}\alpha_v(1 - \alpha_v)\frac{3}{R_B}\sqrt{\frac{2}{3}\frac{p_m - p_v}{\rho_1}}, \quad p_v < p_m \qquad (2.21)$$

式中　　p_v——饱和蒸气压;

　　　　R_B——气泡直径,它与气体体积分数和单位体积的气泡数量之间的关系为

$$R_B = \left(\frac{\alpha_v}{1 - \alpha_v}\frac{3}{4\pi}\frac{1}{n}\right)^{\frac{1}{3}} \qquad (2.22)$$

在 Schnerr—Sauer 模型中,默认单位体积内的气泡数量 n 为 10^{13},而且研究表明该值适用于类似喷嘴挡板内部形状复杂的空化流计算。

至此,滤波后的混合两相流 N—S 方程式(2.15)和式(2.16)与 WALE 模型、Schnerr—Sauer 模型共同构成了封闭方程组,可以用来求解喷嘴挡板内部的瞬态流场。

2.1.3　瞬态液动力数学模型

喷嘴挡板装置是通过挡板的精确运动来调节两侧喷嘴之间的压力差,从而实现伺服阀主阀芯的精确控制。因此,对挡板进行稳定、精确的控制是喷嘴挡板装置正常工作的前提。由前面的分析可知,喷嘴挡板前置级流场中存在结构复杂的瞬态流动,特别是流场中的瞬态气穴现象极大地加剧了流场的不稳定性。同时,靠近流场旋涡和气穴区域的部分挡板壁面由于受到不稳定流动的影响,其表面压力分布急剧变化,使得挡板受到不稳定液动力的影响,尤其是在挡板工作方向的瞬态液动力会极大地影响挡板工作的稳定性。为了提高喷嘴挡板装置的工作性能,必须对挡板所受到的液动力特性进行研究。

本节将首先从一般模型出发,推导空间任意形状壁面所受到的液动力。如图 2.4 所

示,在空间中任意壁面 S 上,ΔS 为任意的微元面积,PQR 为微元 ΔS 上的局部坐标系,R 为 ΔS 的法线方向,P 与 Q 为两个切线方向。对于黏性流动,ΔS 上同时受到正应力与切应力的作用,正应力表示为 τ_{RR},切应力分别表示为 τ_{RP} 和 τ_{PQ},其表达式分别为

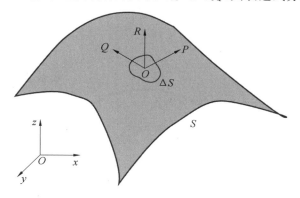

图 2.4　任意壁面液动力示意图

$$\tau_{RR} = -p + 2\mu \frac{\partial u_R}{\partial x_R} \tag{2.23}$$

$$\tau_{RP} = \mu \left(\frac{\partial u_R}{\partial x_P} + \frac{\partial u_P}{\partial x_R} \right) \tag{2.24}$$

$$\tau_{PQ} = \mu \left(\frac{\partial u_R}{\partial x_Q} + \frac{\partial u_Q}{\partial x_R} \right) \tag{2.25}$$

式中　　u_R——R 方向流速,m/s;

u_P——P 方向流速,m/s;

u_Q——Q 方向流速,m/s;

p——压力,Pa;

μ——流体的动力黏度,Pa·s。

将以上应力在笛卡儿坐标轴上投影并积分之后就可以分别得出整个曲面 S 在 x、y、z 轴上的瞬态液动力 $F_x(t)$、$F_y(t)$ 和 $F_z(t)$,其中任意一个方向 i 上的表达式为

$$F_i(t) = \iint_S (\tau_{RR} + \tau_{PQ} + \tau_{RP}) i \mathrm{d}s \tag{2.26}$$

上述计算中,考虑壁面曲率的影响,各速度的空间导数在壁面处的值都不为 0。在挡板结构中,部分壁面是空间平面结构,计算可以做进一步的简化。假设图 2.4 中壁面为法线平行于 R 轴的平面壁,则可以近似认为壁面处的 $\partial u_P / \partial x_R$ 和 $\partial u_Q / \partial x_R$ 远大于其他方向的速度梯度,将其他速度导数项忽略不计。

喷嘴挡板装置中,挡板表面受到的液动力主要可以分为两类:① 挡板在正对喷嘴出口的表面上受到冲击射流引起的冲击力,该冲击力方向与挡板工作时移动的方向一致,而且幅值较大,被称为主液动力,如图 2.5 所示。② 在挡板上下两端的曲面处,x 和 y 两个方向液动力分量都不为 0,曲面处液动力也称涡流力,其幅值与主液动力相比较小,主要由流场中不稳定旋涡流作用在挡板表面而引起。如果在流场结构完全对称而且挡板完美地处于流场中央时,挡板上所有的液动力可以完全抵消。但是实际流动中由于流场扰动,挡

板表面加工质量等因素影响,流场本身不可能完全对称。而且也不能保证挡板的安装位置完全处于流场中心,由挡板的偏移引起的流场不对称已经在一些研究中被提及。

　　综上所述,由于前置级流场具有很强的不稳定性,并且流场结构很难完全对称,而喷嘴挡板工作的核心原理是依靠挡板的微小位移使两个喷嘴产生压力差,所以一旦挡板受到不稳定液动力的作用使其发生位移变化,喷嘴挡板装置的工作性能以及整个伺服阀的性能都将受到影响。

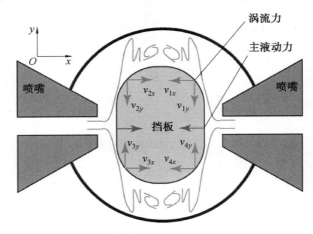

图 2.5　　挡板所受主液动力示意图

2.2　瞬态气穴评价参数

2.2.1　局部气穴分数

　　由上节内容可知,在混合两相流气穴模型中,流场中的气穴区域用气相体积分数 α_v 表示,相应的液相体积分数为 $1-\alpha_v$。在本节分析中,为了方便表示,省略角标 v,默认 α 即为气相体积分数,液相体积分数为 $1-\alpha$。显然,在包含气穴的瞬态流动中,气相体积分数是与位置和时间同时相关的场函数,可以表示为 $\alpha(\boldsymbol{x},t)$,其中 $\boldsymbol{x}$ 代表空间位置矢量,t 代表时间。当空间位置矢量固定为 $\boldsymbol{x}_p$ 时,$\alpha_p(\boldsymbol{x}_p,t)$ 可以表示 $\boldsymbol{x}_p$ 处的局部气穴分数。由于固定了空间位置,所以 α_p 仅是关于时间的函数。

　　在对流场进行数值求解时,流场中的物理量被储存在一些离散的空间点上,当计算某一点 P 处的气穴分数时,按点 P 的位置不同可以分为两种情况。

　　(1) 当点 P 位于某一计算单元内部时,以三角形单元为例,如图 2.6 所示,流场物理量一般储存于计算单元的中心点 O 处,为了简化计算过程,认为不论点 P 处于何种位置,只要该点位于计算单元的内部,其气穴分数值都等于点 O 的气穴分数值,记作 $\alpha_P(i,t)$,其中 i 表示

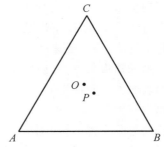

图 2.6　　计算点位于单元内部

该单元在整个网格系统中的序号。

（2）当所选取的空间点 P 位于相邻计算单元的边界或者节点处时，如图 2.7 和图 2.8 所示，点 P 的气穴分数取相邻单元中心气穴分数的代数平均值，即

$$\alpha_P(t) = \frac{1}{N}\sum_{n=1}^{N}\alpha_n(i,t) \tag{2.27}$$

式中　　α_n——与边界或者节点相邻的各个计算单元中心的气穴分数；

N——相邻计算单元的总数。

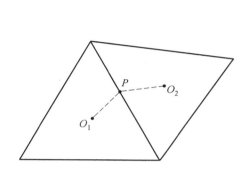

图 2.7　计算点位于相邻单元边上　　　　图 2.8　计算点位于相邻单元节点处

采用混合两相流的计算方法计算流场中的气穴现象时，气穴分数在整个计算域中为光滑渐变的分布，不存在奇点或者突变区域，而且大涡模拟要求的流场网格尺寸较小，因此对于计算点处于单元边界或者单元节点处的情况，使用平均计算的方法与空间插值的方法得到的计算结果区别并不大。

2.2.2　面平均气穴分数

由于局部气穴分数只反映流场中一点处的气相体积分数随时间的变化，在实际应用中该值的参考意义十分有限。实际流动中气穴在宏观形态上的变化包括发生、运动、溃灭等，瞬态气穴引起的流场其他参数的变化往往更受研究者关注。因此本书在对喷嘴挡板前置级瞬态气穴特性进行研究时，为了更好地对流场中的气穴进行定量分析，在局部气穴分数 α_P 的基础上，提出了面平均气穴分数 α_s 和体平均气穴分数 α_v。其中面平均气穴分数 α_s 主要用来关注流场中任意面上的气穴平均效应，其计算表达式为

$$\alpha_s(t) = \frac{1}{S}\iint_S \alpha(\boldsymbol{x},t)\mathrm{d}S \tag{2.28}$$

式中　　S——该面的总面积。

在数值计算的离散域中，积分运算退化为求和运算，其表达式为

$$\alpha_s(t) = \frac{1}{S}\sum_{i=1}^{N}\alpha(i,t)\Delta S \tag{2.29}$$

式中　　N——该表面所包含的所有面元数量；

$\alpha(i,t)$——第 i 个面元的气相体积分数，该值取微小面元所属的网格单元中心处的气相体积分数，其原理如图 2.9 所示。

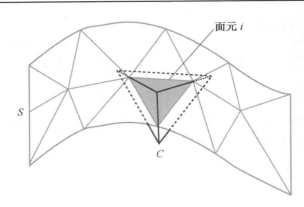

图 2.9　离散曲面积分计算示意图

在计算曲面 S 上的面平均气穴分数 α_s 时,曲面上的任意面元 i 是由曲面 S 与计算单元 C 相截而成,因此该面元 i 处的气相体积分数取该面元所属的网格单元 C 中心处的 α 值。

2.2.3　体平均气穴分数

与面平均气穴分数 α_s 的原理类似,针对三维流场中的所有气穴,可以建立体平均气穴评价参数 α_v。连续场中的体平均气穴分数表达式为

$$\alpha_v(t) = \frac{1}{V} \iiint_V \alpha(\boldsymbol{x}, t) \mathrm{d}V \tag{2.30}$$

式中　V——流场总体积。

离散域中体平均气穴分数表达式为

$$\alpha_v(t) = \frac{1}{V} \sum_{i=1}^{N} \alpha(i, t) \Delta V \tag{2.31}$$

式中　N——离散域中包含的网格单元个数,这里每个网格单元中气相体积分数也取该单元中心点处的值。

2.2.4　气穴评价参数的验证

前文针对流场中不同区域内的气穴现象,在局部气穴分数 α_p 的基础上分别提出了面平均气穴分数 α_s 和体平均气穴分数 α_v。本节主要利用 Leroux 等人的水翼气穴研究成果验证气穴评价参数的可靠性。Leroux 对 NACA66 型水翼周围的气穴现象进行了实验研究,通过在翼型的不同位置安装压力传感器测量了瞬态气穴诱发的机翼表面压力脉动,最后由不同位置处的压力脉动得出气穴形态的发展变化规律。研究表明,在来流速度为 10 m/s 的情况下,气穴周期性产生、脱落并且溃灭的频率大约为 8.1 Hz。本书采用二维数值模拟的方法对相同流动条件下的机翼瞬态气穴进行了研究,分别在机翼前缘、机翼中部以及机翼后缘附近选择了 3 个监测点 A、B、C,位置如图 2.10 所示。分别计算 3 个监测点处的局部气穴分数脉动以及流场整体的面平均气穴脉动,并且对比不同气穴评价参数的脉动频率,结果分别如图 2.11 和图 2.12 所示。从计算结果可以看出,3 个监测点处的局部气穴脉动频谱特性并不完全相同,前缘 A 点处峰值频率为 7.8 Hz,其频谱分布较为

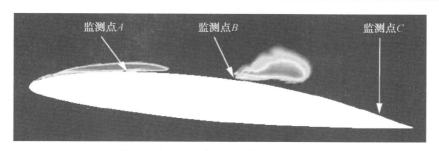

图 2.10　NACA66 型水翼以及监测点

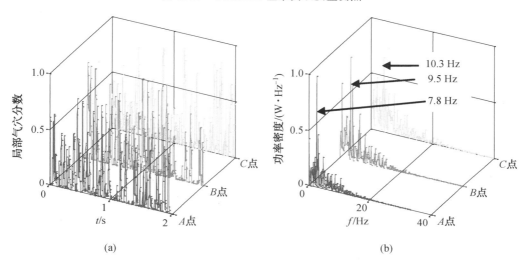

图 2.11　不同位置处的局部气穴脉动

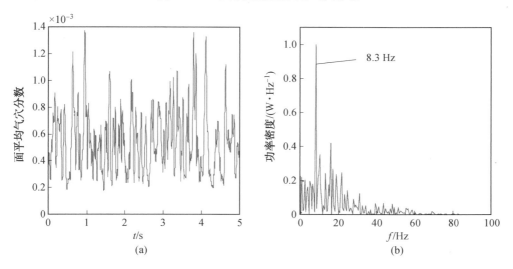

图 2.12　面平均气穴脉动

单一。随着流动向下游发展,机翼中部 B 点处以及后缘 C 点处的峰值频率分别为 9.5 Hz 和 10.3 Hz,尤其是 C 点处局部气穴脉动频谱中包含较多的高频成分,这是由于前缘脱落的气穴在下游发生溃灭,诱发了下游比较复杂的旋涡结构。从 3 个监测点的计算结果可以发现,局部气穴分数只能够反映流场某一处的瞬态特性,受特定流场气穴结构的影响,其计算结果各有不同,缺乏表征流场整体气穴的能力。而由于本例中使用了二维几何模型,所以面平均气穴分数反映了流场整体的气穴分布情况,从图 2.12 的计算结果可以看出,其峰值频率为 8.3 Hz,更加接近 Leroux 的研究结果,因此可以认为该参数更加适用于衡量气穴宏观形态的演变过程。

2.3　瞬态气穴评价参数和瞬态液动力的时域和频域分析方法

2.3.1　时域分析法

上一节介绍了 3 种气穴评价参数,即局部气穴分数 $\alpha_p(t)$、面平均气穴分数 $\alpha_s(t)$、体平均气穴分数 $\alpha_v(t)$,以及挡板表面受到的瞬态液动力 $F_l(t)$。由于前置级流场具有很强的不稳定性与瞬时性,所以这些参数都具有时间依赖性,是时间 t 的函数。本节首先在时域上分析各瞬态气穴评价参数和瞬态液动力,建立相应的时域分析方法。

一般而言,时域中的脉动信号按其时均值随时间的变化规律可以大致分为时域平稳信号和时域非平稳信号。时域平稳信号是指虽然信号本身是随时间变化的,但在取样时间足够长之后信号的均值与时间无关。对于该类型信号,在时域中,均值和幅值是两个重要的评价参数,二者都与时间无关。

在喷嘴挡板前置级中,虽然流场中的气穴具有极强的不稳定性,但由于流场的进出口边界条件都不随时间变化,而且气穴形态的演变,即从产生、运动到下游溃灭呈现一定的规律性,所以在采样时间 T 足够长之后,可以认为 3 种气穴评价参数以及挡板受到的瞬态液动力的时均值都是不随时间变化的。因此,本书在时域中选择从均值与幅值两个角度研究各个参数的动态特性,均值可以反映某一特定区域气穴的时均分布情况或者液动力整体水平,而幅值则表示该区域气穴不断形成与消失的脉动程度以及引起的液动力脉动强弱。

首先研究 3 种气穴评价参数的时均特性。在连续时间尺度上分别对 α_p、α_s 和 α_v 求时间平均,其表达式分别为

$$\overline{\alpha_p} = \frac{1}{T} \int_0^T \alpha(\boldsymbol{x}, t) \mathrm{d}t \tag{2.32}$$

$$\overline{\alpha_s} = \frac{1}{T} \frac{1}{S} \int_0^T \iint_S \alpha(\boldsymbol{x}, t) \mathrm{d}S \mathrm{d}t \tag{2.33}$$

$$\overline{\alpha_v} = \frac{1}{T} \frac{1}{V} \int_0^T \iiint_V \alpha(\boldsymbol{x}, t) \mathrm{d}V \mathrm{d}t \tag{2.34}$$

式中　　T—— 足够长的采样时间。

同时,在数值求解中,由于在时间尺度上也进行了离散,流动方程只在间隔为时间步长的有限时间点上进行求解,所以也需要把相应的气穴时均参数表达式中的积分运算修改为求和运算。

在研究气穴动态特性的幅值时,必须注意到由于流场的湍流性以及气穴运动的不规

律性,3 种气穴评价参数都具有时间脉动特性,而且没有稳定的最大值与最小值,脉动整体呈现极强的湍流不规则性。因此本书采用方差的思想度量气穴脉动值与均值之间的偏离程度,以此来描述各气穴评价参数的脉动幅值。在连续时间尺度上各气穴评价参数的方差为

$$D(\alpha_p) = \frac{1}{T} \int_0^T [\alpha(x,t) - \bar{\alpha}_p]^2 \, dt \qquad (2.35)$$

$$D(\alpha_s) = \frac{1}{T} \int_0^T [\alpha_s(t) - \bar{\alpha}_s]^2 \, dt \qquad (2.36)$$

$$D(\alpha_v) = \frac{1}{T} \int_0^T [\alpha_v(t) - \bar{\alpha}_v]^2 \, dt \qquad (2.37)$$

与气穴动态特性相同,液动力均值用来表示挡板壁面受瞬态液动力作用的时均效应(其中 T 仍然为足够长的采样时间),其表达式为

$$\bar{F}_i = \frac{1}{T} \int_0^T \iint_S (\boldsymbol{\tau}_{RR} + \boldsymbol{\tau}_{PQ} + \boldsymbol{\tau}_{RP}) \boldsymbol{i} \, dS \, dt \qquad (2.38)$$

在时域中,液动力值随时间的脉动也用方差衡量,表达式为

$$D(F_i) = \frac{1}{T} \int_0^T (F_i - \bar{F}_i)^2 \, dt \qquad (2.39)$$

2.3.2　频域分析法

上一节对不同区域的气穴评价参数以及挡板瞬态液动力参数做了时域分析,建立了每种参数均值与幅值的计算方法。本节将从频域研究的角度出发,将气穴脉动参数及瞬态液动力变换到频域空间,分析其频谱分布特性及变化规律。对于连续信号,首先需要将时域信号通过傅里叶变换转换到频域空间;而对于离散信号,需要用到离散傅里叶变换或者快速傅里叶变换。本书省略具体的频域变换步骤,假设任意一个时域上连续的信号 $x(t)$,其傅里叶变换结果为 $X(f)$。在进行频域分析时,首先关注的是频谱的峰值,即脉动信号中幅值最大的信号频率,用 $\mathrm{Max}(X)$ 表示,称为峰值频率。然而在一般的湍流流动中,旋涡结构的多尺度性和不规则性导致湍流脉动物理量往往包含众多的频率成分,频谱峰值只是众多信号中脉动幅值最大的一个。在主频率之外还有许多其他的频率成分,为了更好地理解和分析湍流物理量的频域特性,还需要对频谱分布的总体特性进行评价。本书使用均方根频率的方法来描述各气穴评价参数和瞬态液动力频谱分布的总体特性,用 $\mathrm{MSF}(X)$ 表示。

假设 3 种气穴评价参数经过傅里叶变换后得到的频谱分布分别为 $A_p(f)$、$A_s(f)$ 和 $A_v(f)$。各参数的峰值频率分别为 $\mathrm{Max}(A_p)$、$\mathrm{Max}(A_s)$ 和 $\mathrm{Max}(A_v)$。均方根频率的计算方法如下(其中 F_s 表示采样频率):

$$\mathrm{MSF}(A_p) = \left[\frac{\int_0^{F_s} f^2 A_p(f) \, df}{\int_0^{F_s} A_p(f) \, df} \right]^{\frac{1}{2}} \qquad (2.40)$$

$$\mathrm{MSF}(A_s) = \left[\frac{\int_0^{F_s} f^2 A_s(f) \, df}{\int_0^{F_s} A_s(f) \, df} \right]^{\frac{1}{2}} \qquad (2.41)$$

$$\mathrm{MSF}(A_v) = \left[\dfrac{\displaystyle\int_0^{F_s} f^2 A_v(f)\,\mathrm{d}f}{\displaystyle\int_0^{F_s} A_v(f)\,\mathrm{d}f}\right]^{\frac{1}{2}} \tag{2.42}$$

与气穴评价参数相同,假设 $G_i(f)$ 是挡板某一表面 i 方向所受瞬态液动力的傅里叶变换,则其脉动峰值频率为 $\mathrm{Max}(G_i)$,表示该瞬态液动力中脉动幅值最大成分的频率。而均方根频率的表达式如下(其中 F_s 仍为采样频率,均方根频率同样用来描述液动力脉动频谱的整体分布):

$$\mathrm{MSF}(G_i) = \left[\dfrac{\displaystyle\int_0^{F_s} f^2 G_i(f)\,\mathrm{d}f}{\displaystyle\int_0^{F_s} G_i(f)\,\mathrm{d}f}\right]^{\frac{1}{2}} \tag{2.43}$$

综上所述,本书对于不同的气穴评价参数,即局部气穴分数、面平均气穴分数、体平均气穴分数,以及挡板瞬态液动力的评价主要从时域和频域两方面进行,其中在时域上主要分析各参数的脉动均值与幅值,而在频域上则主要关注各参数的脉动峰值频率以及均方根频率。

2.4　本 章 小 结

本章首先介绍了喷嘴挡板装置的结构及工作原理,定性地分析了喷嘴挡板前置级瞬态流场结构,前置级流场中包含几种典型的不稳定流动现象,分别是喷嘴挡板间隙处的冲击射流,挡板边缘处的边界层分离流、环形区域内的尾迹流等,而且气穴现象的发生又会加剧流场的不稳定性。基于喷嘴挡板流场的特性,本章选用大涡模拟和混合两相流模型相结合的方法对前置级流场以及瞬态气穴现象进行研究,给出了挡板任意表面液动力的计算方法。其中,对瞬态气穴进行评价时,在局部气穴分数的基础上,提出了面平均气穴分数以及体平均气穴分数两种评价参数。最后,针对各个气穴评价参数与瞬态液动力,本章分别从时域和频域两个角度出发,对其进行了分析。其中时域分析主要研究各参数的均值与幅值,而频域分析则关注峰值频率和均方根频率两个参数。本章的研究为后续对含有气穴的喷嘴挡板内部流场的瞬态数值仿真提供了理论依据。

第 3 章　喷嘴挡板前置级瞬态气穴仿真研究

第 2 章分析了喷嘴挡板前置级流场的结构特性,通过比较不同湍流模型,确定大涡模拟(LES)在计算结构复杂的空化流场时比传统的雷诺时均应力模拟更有优势,因此本章主要利用 LES 方法对喷嘴挡板前置级流场中的瞬态气穴现象进行仿真研究。首先对不同流动条件下的前置级流场进行分析,明确流场中出现瞬态气穴现象的条件;其次分别对圆角挡板和直角挡板流场的瞬态气穴进行研究,针对不同的流动区域使用相应的气穴评价参数,即局部气穴分数、面平均气穴分数以及体平均气穴分数。对每种气穴评价参数分别从时域和频域两方面进行分析。最后,基于仿真计算结果,总结对比圆角挡板和直角挡板在不同流动条件下的瞬态气穴演变规律,为后续前置级流场压力脉动与挡板瞬态液动力研究提供理论参照。

3.1　不同流动条件下的前置级流场特性研究

3.1.1　流场三维几何模型的建立与前处理

本章选用 LES 模型对喷嘴挡板装置中的湍流结构进行建模仿真,虽然 LES 相比传统的 RANS 模型能更加精确地捕捉流场中不同尺度的旋涡结构并且计算流场中气穴形态的演变过程,但是 LES 对于计算网格的要求也远高于 RANS 模型,尤其要求较小的壁面边界层网格。因此,为了节省计算资源与计算时间,对喷嘴挡板内部流场进行仿真计算时,在保留流场特性的前提下需要选择尽可能小的计算域。

前置级三维流场模型如图 3.1 所示,由于喷嘴出口直径远小于喷嘴上游的过流截面,在喷嘴出口节流效应的作用下可以认为喷嘴内部为稳态流动。同时,流场中的不稳定高速射流以及气穴现象主要发生在喷嘴出口附近,在远离喷嘴出口的流场下游,液体流速明显下降,流动趋于稳定。因此,本章在选取计算域时,只考虑挡板所在的柱形区域,忽略喷嘴上游流场,流场的出口选在挡板末端与反馈杆的连接处,如图中虚线框所示。

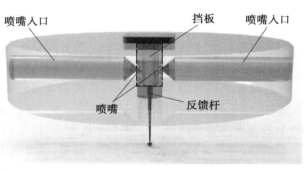

图 3.1　喷嘴挡板前置级三维流场模型

为了更加全面地对喷嘴挡板装置内部的瞬态气穴进行研究,本章在进行流场仿真时,选择了两种不同形状的挡板结构,分别为圆角挡板和直角挡板。其中圆角挡板目前被广泛地应用于两级喷嘴挡板伺服阀中,例如 SFL 型双喷嘴挡板伺服阀。与此同时,一些学者针对圆角挡板前置级流场结构与气穴分布提出了直角挡板结构,并采用数值仿真与实验观察的方法证明直角挡板可以在一定程度上抑制流场中的气穴现象。所以,本章将使用瞬态计算的方法,对两种挡板形状的瞬态流场和气穴分布分别进行研究。圆角挡板和直角挡板的结构参数如图 3.2 和表 3.1 所示。

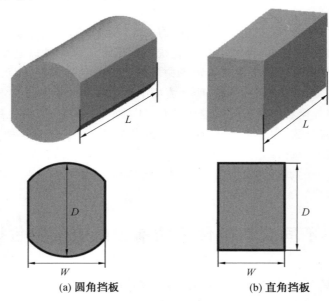

(a) 圆角挡板　　　　　　　　(b) 直角挡板

图 3.2　圆角挡板和直角挡板的结构参数

表 3.1　圆角挡板和直角挡板的结构参数　　　　　mm

挡板类型	D	W	L
圆角挡板	2.0	1.5	5.5
直角挡板	2.0	1.5	5.5

最终采用的圆角挡板和直角挡板的三维流场模型及其几何参数如图 3.3 和图 3.4 所示,其中图 3.3(b) 和图 3.4(b) 分别为圆角挡板和直角挡板流场在喷嘴中心面处的截面形状,模型几何尺寸由 SFL218 型喷嘴挡板伺服阀测绘而得。

在对流场进行仿真计算之前,首先应该对流场模型进行离散,即划分网格。由前述内容可知,无论是圆角挡板还是直角挡板,其三维流场模型都具有对称性,而且喷嘴挡板流场中的气穴主要集中于挡板的 4 个拐角处,因此为了更好地研究每个挡板拐角处的气穴动态特性,避免不同区域气穴的相互影响,本书在实际计算中仅考虑整体流场模型的 1/4 作为计算域,该计算域只包含唯一的挡板拐角。同时,对模型进行对称简化也可以大大节省计算资源,加快计算速度。本书利用 GAMBIT 2.4 软件进行模型的网格划分,网格类型为非结构网格,选择四面体网格单元和六面体网格单元相结合形式。四面体网格单元和六面体网格单元如图 3.5 所示。非结构网格更加适用于划分复杂形状的流场,便于控

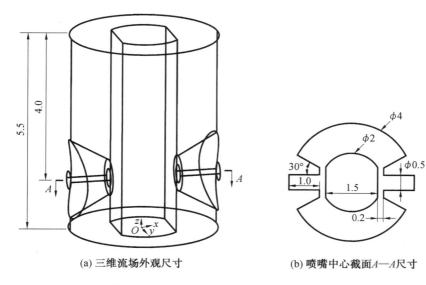

(a) 三维流场外观尺寸　　　　　　　　　(b) 喷嘴中心截面A—A尺寸

图 3.3　圆角挡板三维流场模型(单位:mm)

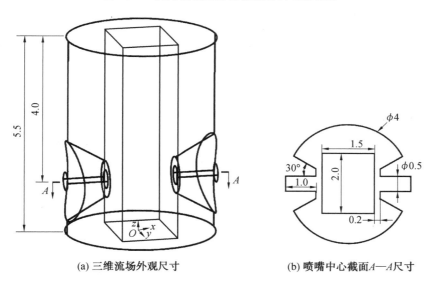

(a) 三维流场外观尺寸　　　　　　　　　(b) 喷嘴中心截面A—A尺寸

图 3.4　直角挡板三维流场模型(单位:mm)

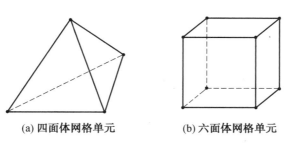

(a) 四面体网格单元　　　　　　　(b) 六面体网格单元

图 3.5　四面体网格单元和六面体网格单元

制网格大小和节点密度。

　　两种挡板最终生成的网格分别如图 3.6 和图 3.7 所示,在喷嘴挡板间隙处以及挡板壁面使用尺寸函数对网格进行了加密,以满足 LES 模型对于壁面网格的要求。圆角挡板和直角挡板模型的网格数分别为 240 251 和 232 825,其中最小尺寸单元都位于喷嘴挡板间隙处。最后使用网格扭曲度来衡量网格质量,网格扭曲度越小代表网格质量越高,本书生成的两种网格扭曲度均小于 0.7,满足计算要求。同时需要指出,在最终确定计算网格之前,必须对其进行独立性验证,本书网格独立性验证的细节在 3.1.2 节中给出。

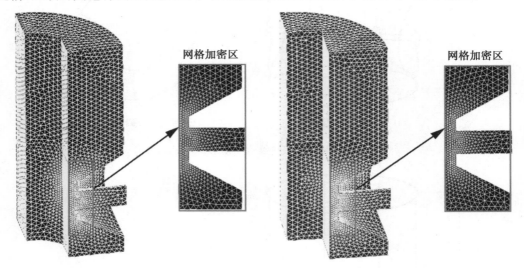

图 3.6　　圆角挡板流场网格划分　　　　　图 3.7　　直角挡板流场网格划分

　　根据喷嘴挡板前置级的实际工作情况,其流场模型共包含 4 类边界条件,分别是喷嘴处的压力入口边界条件,回流口处的压力出口边界条件,固体表面的无滑移壁面边界条件,同时由于计算模型只选取了整体模型的四分之一进行计算,所以在对称面处设置对称边界条件。在仿真计算时,喷嘴入口压力根据不同的工作情况,其压力值在 $1 \sim 6\,\text{MPa}$ 之间变化,出口压力为大气压,不同形状挡板的边界条件设置如图 3.8 所示,其中 p_{in} 表示压力入口边界,p_{out} 表示压力出口,S 表示对称边界,其余为无滑移壁面。

　　本书使用 ANSYS/FLUENT14 求解器对离散化的流场进行求解,FLUENT 是基于有限体积法的商业 CFD 求解器。有限体积法的核心思想是将流场离散化为一系列的控制体积,在每个控制体积上求解 N－S 方程组,采用有限体积法导出的离散控制方程可以自动保证具有守恒性。

　　在求解 N－S 方程组时,本书使用 SIMPLEC 法求解压力速度耦合,SIMPLEC 方法是由 SIMPLE 方法发展而来,通过连续性方程和动量方程得到的压力速度关系不停迭代直到达到质量守恒,进而求解速度场和压力场。SIMPLEC 方法能够在网格扭曲度大的情况下依然具有良好的质量守恒效果,而且亚松弛迭代可以加快收敛速度。压力项离散使用 PRESTO! 格式,该格式适用于四面体和六面体网格单元,并且在高旋涡流和多相流计算中能够达到较高的精度;动量项的离散采用二阶迎风格式,该格式能够有效地防止小尺度旋涡在计算过程中的耗散;气体体积分数项采用一阶迎风格式;同时由于 LES 方法

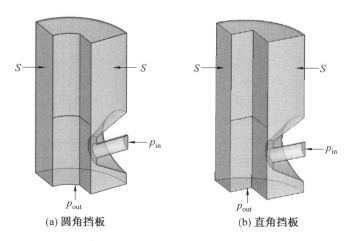

(a) 圆角挡板　　　　　　　　(b) 直角挡板

图 3.8　　不同形状挡板的边界条件设置

在一定程度上属于直接数值模拟,所以时间项离散选用二阶精度格式。为了尽可能捕捉瞬态气穴在流场中形态演变的细节,基于流场特征尺度与特征速度,本书进行瞬态计算的时间步长为 $\Delta t = 0.000\,01$ s。同样,在进行最终计算之前需要对时间步长进行无关性验证,具体结果在 3.1.2 节中给出。气穴两相流 CFD 计算流程如图 3.9 所示。

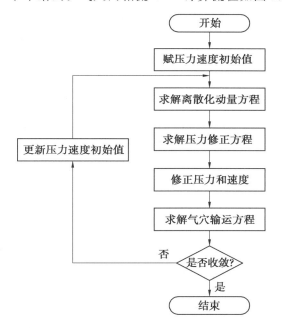

图 3.9　　气穴两相流 CFD 计算流程

　　计算中,为了提高计算稳定性,首先忽略气穴模型,求解一个近似收敛的单相流流场,然后在此基础上使用气穴模型计算两相流流场。而且在进行瞬态计算时,为了使流场趋于稳态,需要保证总计算时间至少10倍于流动滞留时间 $t(t = D/U$,其中 D 为特征尺寸,U 为特征流速)。

3.1.2 计算模型验证

本书在对喷嘴挡板前置级瞬态气穴进行仿真计算之前,首先对不同挡板形状的流场模型进行网格独立性验证,以确保流场计算结果的真实可靠性。通常情况下,数值结果与实验值之间的误差由以下 4 部分组成:模型误差、迭代误差、离散误差以及舍入误差。其中模型误差是指建立的流场数学模型与真实流场物理规律之间的误差,迭代误差是用迭代法求解线性方程组时求得的数值解与方程准确解之间的误差,这两种误差与网格密度无关。相反,离散误差和舍入误差均与网格密度相关。离散误差是指对流场数学模型的微分方程进行离散时产生的误差,也称截断误差。舍入误差是指由计算机精度的限制所产生的误差。通常,网格越密,离散误差越小,但是随着网格节点的增加,相应的舍入误差增加。所以计算精度并不是随着网格密度的增加而一直增加,通常对于一定的物理问题都存在一个网格密度最优区域,在该区域内计算结果不依赖于网格密度。

由于气穴现象主要集中分布在流场中挡板与外壁面形成的环形区域内,所以在进行网格独立性研究时,主要改变该环形区域内的网格密度,研究其对于流场特性的影响。对于圆角挡板流场,分别建立了网格密度由低到高的 3 种模型,即 Mesh01(稀疏)、Mesh02(中等)和 Mesh03(加密),不同网格尺寸信息以及计算结果见表 3.2。

表 3.2　不同网格尺寸信息以及计算结果

模型	最小尺寸 / mm	最大尺寸 / mm	网格总数	主液动力 / N	质量流量 / $(kg \cdot s^{-1})$
Mesh01	0.035	0.14	201 541	2.34	0.034
Mesh02	0.035	0.12	240 251	2.36	0.034
Mesh03	0.035	0.10	287 243	2.34	0.035

对于不同网格密度的流场模型,首先对比了流场出口处质量流量以及挡板一侧主液动力的计算结果。这两个参数是喷嘴挡板装置设计的重要指标,反映了挡板运动引起的喷嘴内部压力变化大小,即压力流量敏感性和伺服阀的整体性能。表 3.2 中数据为喷嘴入口压力为 6 MPa 时圆角挡板的计算结果。可以看出不同密度的网格,其质量流量和主液动力的计算结果基本一致,表明不同密度的网格都已经在最优计算区域之内。同时,本书还对比了不同网格密度下的流场结构,如图 3.10 所示,分别为圆角挡板在喷嘴入口压力为 6 MPa 时的速度场、压力场以及气穴分布情况。从结果可以看出,3 种网格密度下的流场分布基本相同,也进一步验证了 3 种不同密度的网格都处于最优计算区域之内。其他喷嘴入口压力下的仿真结果与此类似,将不一一列出。最后,本书为了在节省计算资源的同时尽可能提高计算精度,对于圆角挡板流场选择 Mesh02 作为最终计算网格。

同样,可以对直角挡板流场模型进行网格独立性分析,方法与圆角挡板类似,最终网格总数为 232 825,最小单元尺寸和最大单元尺寸与圆角挡板网格 Mesh02 相同。

与空间网格独立性验证相似,在进行正式计算之前也需要在时间上对时间步长进行独立性验证,确保使用的时间步长可以准确地模拟流场中的瞬态流动现象。本书使用 3 种不同的时间步长,即 $\Delta t_1 = 2 \times 10^{-5}$ s、$\Delta t_2 = 1 \times 10^{-5}$ s、$\Delta t_3 = 5 \times 10^{-6}$ s,对圆角挡板和直角挡板的瞬态流场进行计算,比较瞬态流场物理量在不同时间步长下的脉动情况。以圆角

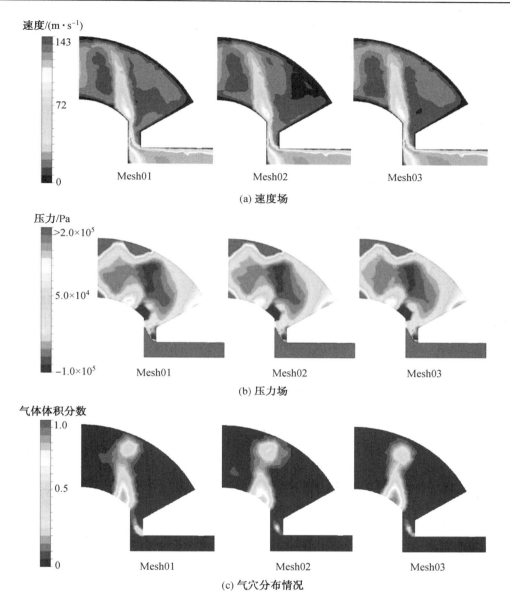

图 3.10　圆角挡板喷嘴入口压力为 6 MPa 时不同网格密度的流场结构

挡板为例,计算流场中任意一处监测点(0.001,0.001 2,0.001 5)的局部气穴分数脉动情况,结果如图 3.11 所示。从中可以看出,由于大涡模拟可以在一定程度上反映流场的湍流性与随机性,所以 3 种时间步长下该点的压力脉动计算结果并不完全相同。在时域上,$\Delta t_1 = 2 \times 10^{-5}$ s 时,脉动均值为 0.10,幅值为 0.161;$\Delta t_2 = 1 \times 10^{-5}$ s 时,脉动均值为 0.13,幅值为 0.191;$\Delta t_3 = 5 \times 10^{-6}$ s 时,脉动均值为 0.14,幅值为 0.203。可以发现 Δt_2 和 Δt_3 的计算结果相似。在频域上,Δt_2 和 Δt_3 的峰值频率也十分接近,分别为 1 050 Hz 和 1 022 Hz;Δt_1 的峰值频率存在一定差异,为 949 Hz。另外,Δt_2 和 Δt_3 的均方根频率也较为接近,分别为 7 664 Hz 和 8 032 Hz;而 Δt_1 的均方根频率为 5 288 Hz。所以对于圆角挡板而言,时间步长 Δt_2 在时间尺度上位于最优区域之内,可以用作对前置级流场中的瞬态气穴进行计算。同样,也可以对直角挡板进行时间尺度无关性分析,验证 $\Delta t_2 = 1 \times 10^{-5}$ s 满足瞬态流场计算要求。

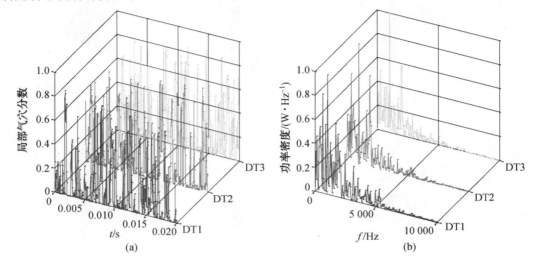

图 3.11　　不同时间步长下圆角挡板中局部气穴分数脉动情况

最后,为了进一步确认 LES 模型在计算瞬态气穴流场时比 RANS 模型更加具有优势,能够捕捉到 RANS 不能分辨的一些微小旋涡结构,本书针对相同流动条件下的流场分别用 LES 和 RANS 进行了仿真计算。以喷嘴入口压力为 6 MPa 的圆角挡板为例,从图 3.12 所示喷嘴中心面的气穴分布对比可以看出,在气穴的宏观形态上,两种计算结果存在一定的差异。RANS 得出的气穴面积明显大于 LES 中的气穴,而且 RANS 中气穴主要呈现整体分布,尤其是挡板曲面附近的大片气穴形成一个整体。相反,在 LES 结果中,挡板曲面附近的气穴分布更加分散,除了在挡板处有明显的气穴附着在其曲面之外,在末端还可以观察到一处面积较小的气穴。由此可见,RANS 与 LES 在计算思路上的不同导致二者计算结果存在一定差异,RANS 时均化的处理方法会耗散掉流场中大量的小尺度旋涡,很多流场细节不能被充分挖掘。而 LES 利用亚格子应力的方法对流场中的小尺度旋涡进行建模,在一定程度上可以更好地分辨流场细节。

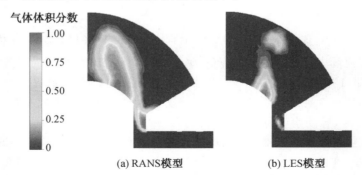

图 3.12　　圆角挡板喷嘴入口压力为 6 MPa 时不同湍流模型的气穴分布对比

　　RANS 与 LES 的区别也可以从两种计算方法得出的湍流黏性系数看出,如图 3.13 所示。在 RANS 中湍流黏性系数分布较为平滑,体现了 RANS 的时均思想。而 LES 相应的亚格子湍流黏性系数分布则呈现明显的不规律性,各处的计算结果变化较为剧烈,说明 LES 对于小尺度流动的分辨能力高于 RANS。更为重要的是,RANS 的湍流黏性系数要远远大于 LES,可以看出,RANS 的最大湍流黏性系数约为 0.4,而在 LES 中最大亚格子湍流黏性系数仅为 0.02,所以,RANS 中巨大的湍流黏性系数对流场有明显的耗散作用,流场中很多微小尺度的旋涡结构都被抹平,但 LES 中这些结构则可以在一定程度上得到保留。图 3.14 中使用 RANS 和 LES 得到的三维涡量场分布也可以说明这一点,两幅图都是旋度为 $220\ 000\ \mathrm{s}^{-1}$ 的等值面分布,从中可以看出,RANS 中旋度等值面较为平滑,最大值从喷嘴中心面向上下两侧逐步减小。相比而言,LES 中旋度等值面中包含较多的不规则结构,分布面积也更大。这也证明 RANS 方法在计算过程中会耗散掉流场中大量的小尺度结构,只保留流场的时均特性,而 LES 则在一定程度上可以分辨流场中的细微结构,更加适用于喷嘴挡板前置级气穴流场的瞬态研究。因此,本书关于前置级流场气穴现象及其他瞬态物理量的仿真计算都是基于 LES 模型得到的。

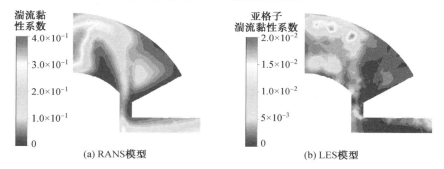

图 3.13　圆角挡板喷嘴入口压力为 6 MPa 时不同湍流模型的湍流黏性系数分布

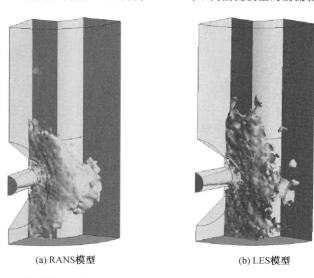

图 3.14　圆角挡板喷嘴入口压力为 6 MPa 时不同湍流模型的三维涡量场分布

3.1.3　不同喷嘴入口压力下前置级流场瞬态特性分析

本书在对瞬态气穴现象进行分析之前,首先研究圆角挡板和直角挡板在不同喷嘴入口压力下的瞬态流场特性。在喷嘴挡板前置级中,射流首先由喷嘴喷射而出,进入下游流场,因此喷嘴中心面处的射流强度最高,射流由喷嘴中心面向挡板的上下两端流动,强度逐渐下降。受射流强度的影响,喷嘴中心面处的气穴现象最为严重,气穴动态特性也较为明显,因此本书绝大多数的前置级流场分析都主要集中于喷嘴中心面处。圆角挡板在喷嘴入口压力分别为 $1\sim6$ MPa 时喷嘴中心面处的速度场分布如图 3.15 所示。可以看出,液体由喷嘴入口处进入,最大流速形成于喷嘴挡板间隙处。当喷嘴入口压力较低时,间隙处射流在流入挡板外侧的环形区域时比较平缓,并没有在射流两侧出现旋涡结构。随着喷嘴压力的升高,射流强度逐渐增强,射流在冲击外壁面之后有较为明显的反射现象,反向流动与正向射流在流场两侧形成两个大尺度旋涡,这一现象在喷嘴入口压力为 3 MPa 的速度场中最为明显。随着喷嘴入口压力继续上升,射流左侧的旋涡依然较为明显,但是射流右侧的旋涡逐渐消失。这是因为随着射流强度的不断增强,射流右侧发生了大面积的气穴现象,尤其是瞬态气穴的运动很大程度上破坏了流场的宏观结构,使得流场的不规则性与湍流性大大增强。

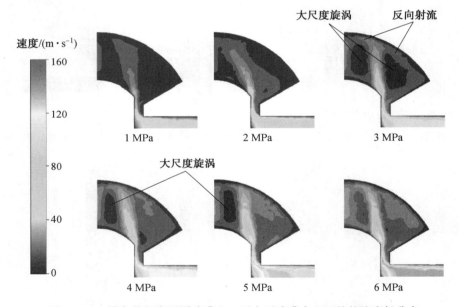

图 3.15　圆角挡板在不同喷嘴入口压力下喷嘴中心面处的速度场分布

由于喷嘴挡板装置的特殊结构以及进出口之间极大的压差,在流场中的高速流动区域以及挡板曲面边缘的流向转折区域极易形成气穴现象。圆角挡板在不同喷嘴入口压力下的流场气穴分布如图 3.16 所示。当喷嘴入口压力较低时,流场中的气穴面积较小,主要集中于两个区域,分别是喷嘴挡板间隙处以及挡板圆角处,而且与挡板圆角处的气穴相比,喷嘴挡板间隙处的气穴几乎可以忽略。因此,当喷嘴入口压力小于 2 MPa 时,流场中的气穴主要发生在挡板圆角处,该处气穴比较稳定,一直附着在挡板表面,形态上只存在

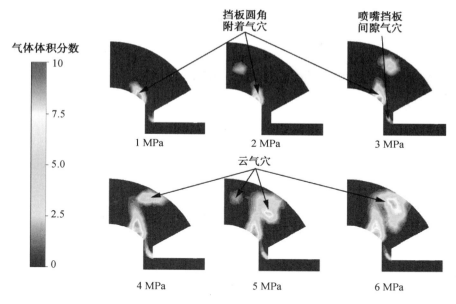

图 3.16　　圆角挡板在不同喷嘴入口压力下喷嘴中心面处的气穴分布

随时间的微小抖动,没有随液体的大范围运动,本书称这样的气穴为附着气穴。随着喷嘴入口压力的升高,附着气穴面积不断增加,虽然一部分气穴始终附着在挡板表面,但是在附着气穴的末端开始发生分离脱落现象,即附着气穴面积增加到一定程度之后,末端的部分气穴与附着气穴分离,并随着液流被带到了流场的下游,当气穴周围压力高于液体饱和蒸气压时,脱落气穴溃灭消失。在喷嘴挡板前置级流场中,气穴动态特性主要体现为附着气穴周期性的生长、脱落、运动与溃灭,本书将从附着气穴上脱落的气穴称为云气穴,与现有的水翼绕流气穴命名保持一致。从计算结果可以看出,喷嘴入口压力低于 2 MPa 时,流场中的云气穴并不显著,直到喷嘴入口压力增加到 3 MPa 以后,云气穴现象变得明显,从附着气穴主体上脱落的云气穴分布于射流两侧,其中右侧的云气穴分布面积较大,如图3.16 中5 MPa 流场所示。

　　同时,直角挡板在不同喷嘴入口压力下中心面处的速度场分布如图 3.17 所示。直角挡板的速度场分布与圆角挡板相似,高速射流从喷嘴挡板间隙流出之后,在外壁面处也形成了较为明显的反射现象,反向射流与正向射流在流场的两侧形成了较为明显的大尺度旋涡。

　　直角挡板不同喷嘴入口压力下喷嘴中心面处的气穴分布如图 3.18 所示。可以看出,相同入口条件下直角挡板流场中的气穴面积小于圆角挡板,这与 Aung 的研究结论一致。其中在喷嘴入口压力小于 3 MPa 时,流场中的气穴主要分布在喷嘴挡板间隙处,没有明显的附着气穴与云气穴。当喷嘴入口压力大于 4 MPa 以后,可以在流场中观测到明显的云气穴现象,也分布在射流的左右两侧,例如在 6 MPa 的流场中可以同时观测到射流两侧的气穴现象。但是与圆角挡板相比,附着气穴依旧不明显。这主要是因为直角挡板与圆角挡板相比,正对喷嘴的一侧具有更长的挡板平面。这意味着射流沿着挡板平面的流动距离更远,因此直角挡板在拐角处的射流强度要低于圆角挡板曲面处的射流强度,

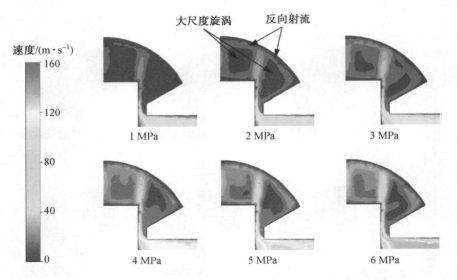

图 3.17　　直角挡板在不同喷嘴入口压力下喷嘴中心面处的速度场分布

射流强度降低时相应的附着气穴也被抑制。

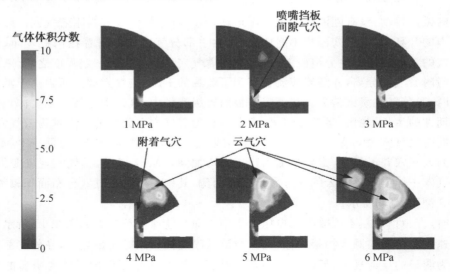

图 3.18　　直角挡板在不同喷嘴入口压力下喷嘴中心面处的气穴分布

　　从不同喷嘴入口压力下圆角挡板和直角挡板的瞬态流场特性可以发现,喷嘴入口压力为 4 MPa、5 MPa 以及 6 MPa 的 3 种流动情况下,圆角挡板和直角挡板流场中的瞬态云气穴现象都比较明显。因此本书为了更加直观地对比 2 种挡板流场中的瞬态气穴现象,下面的研究主要针对这 3 种流动情况,而喷嘴入口压力低于 3 MPa 的情况在本书中将不做考虑。

3.2　局部气穴动态特性研究

3.2.1　不同挡板流场的气穴监测点选择

由第 2 章的分析可知,为了研究流场某一局部点处的气穴动态特性,可以使用局部气穴分数 $\alpha(x,t)$,其中 x 代表空间位置矢量,t 代表时间。对圆角挡板和直角挡板流场中的局部气穴动态特性进行研究之前,必须首先确定空间位置矢量 x。由之前的分析可知喷嘴中心面处的气穴动态特性最为显著,因此对于两种挡板形状都在喷嘴中心面上选择监测点。首先,对于圆角挡板,如果忽略喷嘴挡板间隙处的气穴现象,其余气穴主要可以分为挡板曲面处的附着气穴以及从附着气穴上脱落形成的云气穴两种,而且气穴的动态特性主要取决于云气穴的性质。考虑流场中射流右侧的云气穴较为显著,所以本书将圆角挡板流场的监测点选在喷嘴入口压力为 4 MPa 的右侧云气穴区域内。由于喷嘴入口压力升高会导致气穴面积的增大,所以该监测点必然也会落在喷嘴入口压力为 5 MPa 与 6 MPa 的流场云气穴区域内部,同样可以监测该压力下的气穴动态特性。对于直角挡板,也可以采用类似的原则选取适当的气穴监测点。最终圆角挡板的气穴监测点 $P_{\rm T}$ 坐标为 (0.000 824,0.001 5,0.001 5),直角挡板的气穴监测点 $P_{\rm R}$ 坐标为 (0.001 1,0.001 3,0.001 5),二者在流场中的位置如图 3.19 所示。

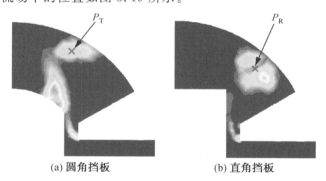

(a) 圆角挡板　　　　　　　　　　(b) 直角挡板

图 3.19　圆角挡板和直角挡板气穴监测点位置示意图

3.2.2　局部气穴动态特性的时域和频域分析

对圆角挡板 $P_{\rm T}$ 点以及直角挡板 $P_{\rm R}$ 点在喷嘴入口压力为 4 MPa、5 MPa、6 MPa 时的局部气穴分数进行瞬态计算,取前 0.02 s 的计算结果进行分析。由之前的内容可知,流场的最大流速随着喷嘴入口压力的升高而升高,所以喷嘴入口压力为 4 MPa 时基于流场特征尺度与特征速度的流场滞留时间最长。取挡板直径作为特征尺度,流场平均速度作为特征速度,喷嘴入口压力为 4 MPa 时二者分别为 0.002 m 和 10 m/s,由此可得流场滞留时间约为 0.000 2 s,所以 0.02 s 之内的计算结果满足至少 10 倍于流场滞留时间的要求。

首先,喷嘴入口压力为 4 MPa 的计算结果如图 3.20 所示,图中 TA 为圆角挡板,RE 为直角挡板。可以看出,时域上两个监测点处的局部气穴分数变化范围大都在 0 ~ 0.8

之间,说明在计算过程中两个点都处于气穴变化相对剧烈的云气穴区域,监测点选取比较合理。其中圆角挡板局部气穴分数在 0.002 s 附近一个周期内变化的局部放大图如图 3.21 所示,图中描述了各个阶段内云气穴形态演变所引起的局部气穴分数变化规律。对计算结果进行时域分析可以得出,P_T 点的局部气穴脉动均值为 0.074,P_R 点的均值为 0.177。用方差的方法计算 P_T 点的脉动幅值为 0.147,P_R 点为 0.198。在频域上,P_T 点气穴脉动的峰值频率为 1 414 Hz,表示该点处幅值最大的脉动成分频率,P_R 点的峰值频率略低,为 1 385 Hz。P_T 点的均方根频率为 6 580 Hz,大于 P_R 点的 5 268 Hz,表明 P_T 点处气穴脉动包含更多的高频成分,这一点也可以从频谱分布图中看出。而且需要指出的是,局部气穴分数反映的是流场中某一点处的气穴性质,与监测点位置的选取密切相关,本书两种挡板形状下 P_T 点和 P_R 点气穴动态特性的差异并不能说明挡板形状对流场某些性质的影响。

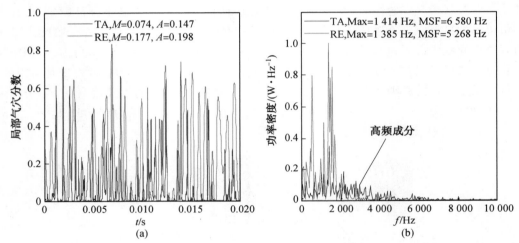

图 3.20　喷嘴入口压力为 4 MPa 时圆角挡板和直角挡板局部气穴分数时域和频域计算结果

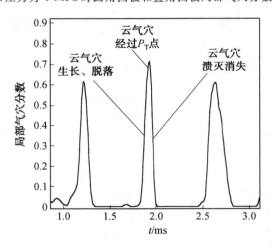

图 3.21　喷嘴入口压力为 4 MPa 时圆角挡板局部气穴分数时域变化局部放大图

　　同时,对比喷嘴入口压力为 5 MPa、6 MPa 的计算结果可以发现,对于相同的监测点,随着喷嘴入口压力的升高,气穴动态效应加剧,各时域和频域评价参数的值几乎都随之增加,具体计算值参见图 3.22、图 3.23 中的标注。

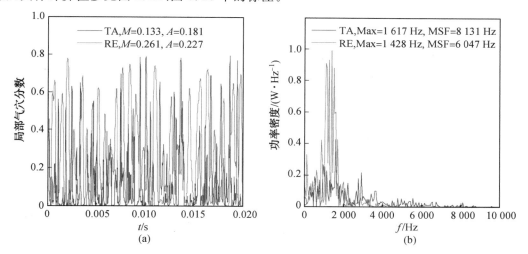

图 3.22　喷嘴入口压力为 5 MPa 时圆角挡板和直角挡板局部气穴时域和频域计算结果

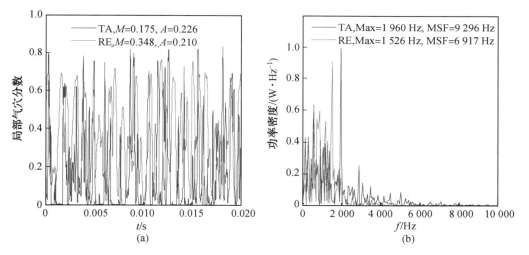

图 3.23　喷嘴入口压力为 6 MPa 时圆角挡板和直角挡板局部气穴时域和频域计算结果

3.3　面平均气穴动态特性研究

3.3.1　喷嘴中心面的气穴形态演变分析

　　由之前的分析可知,在喷嘴挡板装置中,喷嘴中心面处的射流强度最高,相应的气穴动态效应也最为显著。因此,本书选择喷嘴中心面作为面平均气穴的计算区域,在对其各个参数进行定量分析之前,首先分别研究圆角挡板和直角挡板在不同喷嘴入口压力下喷嘴中心面上的气穴形态演变规律。

图 3.24 为喷嘴入口压力为 5 MPa 时圆角挡板喷嘴中心面射流右侧从 $t=3.60\times10^{-3}$ s 开始到 $t=4.10\times10^{-3}$ s 结束,一个典型周期内的气穴形态演变。首先,在挡板圆角处的附着气穴面积不断增加,如图 3.24(a)、(b) 所示。当气穴面积增长到足够大时,附着气穴末端的云气穴逐渐从气穴主体上分离脱落,如图 3.24(c)、(d) 所示,而且云气穴脱落之后,挡板曲面处始终存在一定量的附着气穴。最后,云气穴随着液体运动到下游高压区溃灭消失,而挡板曲面处的附着气穴重新增长变大,开始下一个周期的动态过程。

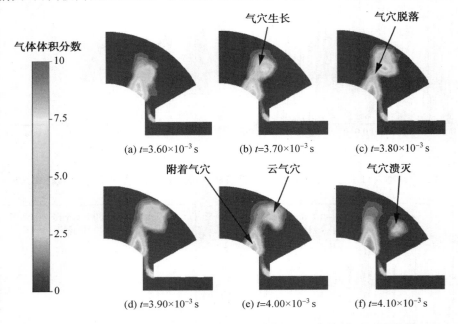

图 3.24　喷嘴入口压力为 5 MPa 时圆角挡板喷嘴中心面处气穴形态演变过程

图 3.25 为喷嘴入口压力为 5 MPa 时直角挡板喷嘴中心面射流右侧从 $t=3.50\times10^{-3}$ s 开始到 $t=4.02\times10^{-3}$ s 结束的气穴形态演变过程。可以看出,直角挡板流场中的云气穴形态也经历了从生长、脱落到溃灭消失的周期性变化,但是具体的气穴形态与圆角挡板有所不同。其中最明显的区别是直角挡板流场中附着气穴面积较小,只能在正对喷嘴出口的挡板直角处观察到轻微的附着气穴现象,其面积远小于云气穴面积。这主要是因为直角挡板比圆角挡板拥有更长的挡板平面结构,即喷嘴挡板间隙处的射流需要沿着直角挡板流动更长的距离才能分离,增加的壁面对射流有明显的抑制作用,同时也抑制了挡板拐角处的附着气穴。最后,不同形状挡板在喷嘴入口压力为 4 MPa 与 6 MPa 时的气穴形态演变过程与 5 MPa 类似,只是云气穴面积在不同喷嘴入口压力下有一定的变化。

3.3.2　面平均气穴动态特性的时域和频域分析

分别计算圆角挡板和直角挡板不同喷嘴入口压力下喷嘴中心面的面平均气穴分数,同样取前 0.02 s 的计算结果进行分析。喷嘴入口压力为 4 MPa 的结果如图 3.26 所示。在时域上,圆角挡板的气穴脉动均值为 0.035,略高于直角挡板的气穴脉动均值 0.012,而

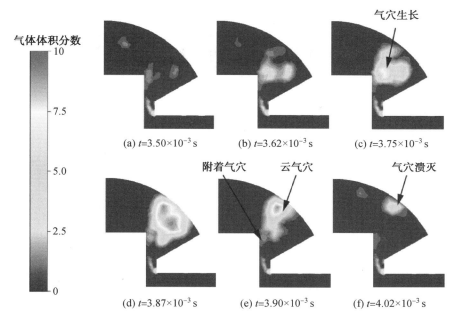

图 3.25　喷嘴入口压力为 5 MPa 时直角挡板喷嘴中心面处气穴形态演变过程

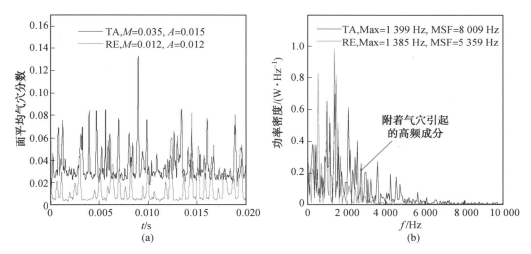

图 3.26　喷嘴入口压力为 4 MPa 时圆角挡板和直角挡板面平均气穴分数时域和频域计算结果

且圆角挡板的气穴脉动幅值 0.015 也略高于直角挡板的 0.012。从频域上可以看出,圆角挡板峰值频率为 1 399 Hz,直角挡板的峰值频率为 1 385 Hz,而且圆角挡板的气穴脉动包含有众多的高频成分,所以其均方根频率也比较高。需要重点指出的是,从面平均气穴动态特性的频谱分布可以发现,无论是圆角挡板还是直角挡板,其峰值频率和均方根频率值都十分接近相同流动条件下的局部气穴脉动频率,即分别与上一节中喷嘴入口压力为 4 MPa 时的 P_T 点、P_R 点处的局部气穴脉动频率相似。二者之间较为明显的区别在于,面平均气穴频谱在高频区域存在明显的峰值,而 P_T 点、P_R 点高频峰值并不显著。因为 P_T 点、P_R 点都位于射流右侧的云气穴区域,说明喷嘴中心面处的气穴动态特性绝大部分体现为射流右侧云气穴形态的变化,射流左侧云气穴较弱。同时,由于面平均气穴还包括挡板曲面处的附着气穴,所以可以认为频谱中的高频脉动成分是由附着气穴引起的,这也和附着气穴宏观形态比较稳定,仅在位置上存在小幅度抖动的性质相吻合。同时,直角挡板中附着气穴比较微弱,因此频谱中高频成分并不明显。最后,可以根据云气穴形态演变的规律大致分析其对面平均气穴的影响,图 3.27 为喷嘴入口压力为 4 MPa 时圆角挡板面平均气穴在 0.003 s 附近一个典型周期的变化情况,其值的上升主要是

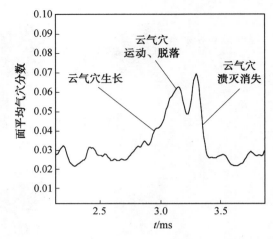

图 3.27　喷嘴入口压力为 4 MPa 时圆角挡板面平均气穴分数时域变化局部放大图

由云气穴的增长造成的,相反其值的下降主要由云气穴的溃灭引起,在云气穴的脱落和运动阶段,流场极度不稳定,呈现一定的波动状态。

同时,喷嘴入口压力为 5 MPa 与 6 MPa 的计算结果如图 3.28、图 3.29 所示。与 4 MPa 相比,虽然频谱中依然存在附着气穴引起的高频脉动,但是其幅值与云气穴变化相比明显减弱。这说明随着喷嘴入口压力的升高,云气穴面积增加明显,而附着气穴面积增加有限,喷嘴中心面处的气穴变化主要由云气穴主导,其他时域以及频域参数如图 3.28、图 3.29 中标注所示,都随喷嘴入口压力的升高有所增加。

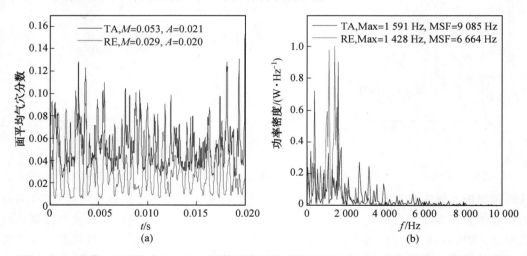

图 3.28　喷嘴入口压力为 5 MPa 时圆角挡板和直角挡板面平均气穴分数时域和频域计算结果

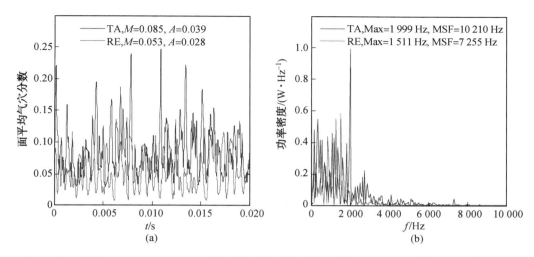

图 3.29　喷嘴入口压力为 6 MPa 时圆角挡板和直角挡板面平均气穴分数时域和频域计算结果

3.4　体平均气穴动态特性研究

3.4.1　不同流动情况的三维气穴形态演变分析

与面平均气穴的研究方法类似,在研究喷嘴挡板前置级体平均气穴动态特性之前,首先分别分析圆角挡板和直角挡板在不同喷嘴入口压力下流场中三维气穴形态的演变过程。图 3.30 为喷嘴入口压力为 5 MPa 时圆角挡板流场中云气穴在同样的周期内从生长、脱落到最终溃灭的变化过程。从图中可以发现圆角挡板流场中绝大部分气穴属于附着气穴,分布在挡板曲面与平面的连接处,其中在喷嘴中心面处的附着气穴具有明显的不稳定性,其形态不断增长、脱落形成云气穴。附着气穴的生长过程如图 3.30(a)、(b) 所示。随后,当附着气穴形态增加到一定程度之后,部分气穴从其主体上脱落,形成云气穴,并随着液流向下游运动,如图 3.30(c)、(d) 所示,该过程与上一节中喷嘴中心面处的气穴形态演变过程类似。最后,脱落的云气穴随着液流运动到流场下游的高压区,其分布范围逐渐减小发生溃灭现象,如图 3.30(f) 所示。另外,在流场的其他区域还可以观察到一些微小的气穴形态,该类气穴是由于流场中旋涡中心的低压区诱发的,本书称此类气穴为旋涡气穴。旋涡气穴与流场中的旋涡流分布密切相关,受湍流不稳定性的影响,其分布位置较为随机,形态演变的不规律性较强,而且与附着气穴和云气穴相比,旋涡气穴的分布范围较小,因此本书对于喷嘴挡板前置级流场中的旋涡气穴特性不做深入研究,重点关注附着气穴和云气穴的特性。

同理,喷嘴入口压力为 5 MPa 时直角挡板的三维气穴形态演变如图 3.31 所示,从中可以看出,由于直角挡板流场中没有相对稳定的附着气穴,绝大部分气穴都可以看作云气穴,呈现极度的不稳定性,其中大部分云气穴仍然分布在喷嘴中心面靠近挡板的直角边缘处,与圆角挡板流场不同的是,直角挡板流场中除了喷嘴中心面附近的大范围云气穴之外,在流场其他位置处旋涡气穴的数量要多于圆角挡板,这些气穴大多分布在流场上方靠

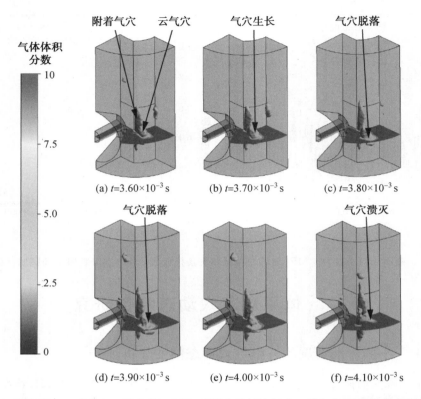

图 3.30　喷嘴入口压力为 5 MPa 时圆角挡板流场中三维气穴形态演变过程

近喷嘴的一侧,如图 3.31(d)、(e) 所示,说明直角挡板流场中旋涡流强度高于圆角挡板流场。

最后,喷嘴入口压力为 4 MPa 和 6 MPa 的三维气穴分布与 5 MPa 类似,云气穴分布随着喷嘴入口压力的升高而增加,喷嘴入口压力降低,云气穴分布减小,但是不同条件下的形态变化规律基本相同。

3.4.2　体平均气穴动态特性的时域和频域分析

在对不同挡板流场中的三维气穴形态变化过程进行定性分析之后,本节分别对圆角挡板和直角挡板在喷嘴入口压力为 4 MPa、5 MPa、6 MPa 时的体平均气穴分数进行计算,其时域和频域结果如图 3.32 ～ 3.34 所示。从 4 MPa 的计算结果可以看出,体平均气穴的脉动规律较为复杂,由于其计算过程考虑了流场中所有种类的气穴,包括附着气穴、云气穴以及其他区域的旋涡气穴,因此气穴脉动在时域上呈现较强的不规则性,很难根据云气穴各个阶段的特点分析其变化趋势。而且与局部气穴分数和面平均气穴分数相比,流场整体的体平均气穴分数脉动规律存在较大的不同。时域上,圆角挡板的体平均气穴脉动均值约为 0.006 4,直角挡板约为 0.009 4,说明在全局上气穴的分布区域比较有限,只存在于流场中的一些局部低压区。圆角挡板体平均气穴脉动幅值为 0.002 3,略大于直角挡板的幅值 0.002 1。同时,从频域分析结果可以发现,体平均气穴随时间的变化趋势

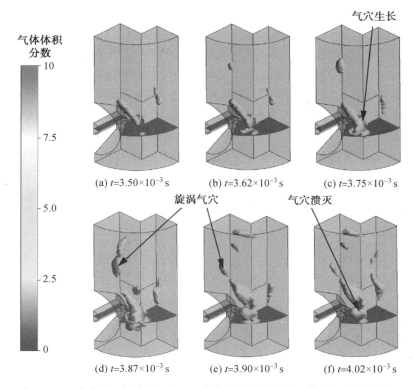

图 3.31　喷嘴入口压力为 5 MPa 时直角挡板流场中三维气穴形态演变过程

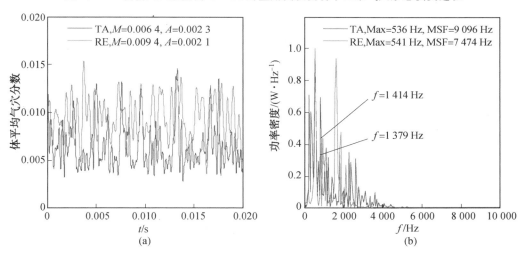

图 3.32　喷嘴入口压力为 4 MPa 时圆角挡板和直角挡板体平均气穴分数时域和频域计算结果

比较平缓，两种挡板的峰值频率都比较低，圆角挡板为 536 Hz，直角挡板为 541 Hz，虽然峰值频率与面平均气穴频率相差很多，但是在整个频谱中依然能够发现表征面平均气穴脉动的相关成分。在圆角挡板频谱中，1 414 Hz 的脉动成分接近面平均气穴峰值频率1 399 Hz，而直角挡板中 1 379 Hz 的脉动分量也与面平均气穴峰值频率 1 385 Hz 较为接近。由此可见,由于体平均气穴分数考虑了流场中所有气穴的动态效应,虽然其频谱分布包含局部气穴或者面气穴的相关特征,但是总体频率特性与二者存在较大差异。同时,由于三维气穴现象的不规律性和大涡模拟的随机性,计算所得到的体平均气穴评价参数在时域中并没有表现出较为明显的周期性变化规律。因此,体平均气穴的脉动峰值频率普适性较低,而采用统计思想得到的均方根频率更能反映气穴脉动的频域特性。在喷嘴入口压力为 4 MPa 时,圆角挡板的均方根频率为 9 096 Hz,高于相同条件下的面平均气穴均方根频率 8 009 Hz;直角挡板的均方根频率为 7 474 Hz,也高于面平均气穴均方根频率 5 359 Hz。以上都说明体平均气穴脉动中包含了更多的频率成分,其形态演变过程比面平均气穴更加复杂。

最后,随着喷嘴入口压力的升高,流场中气穴动态特性增强,喷嘴入口压力为 5 MPa 和 6 MPa 时的具体数值如图 3.33、图 3.34 所示。

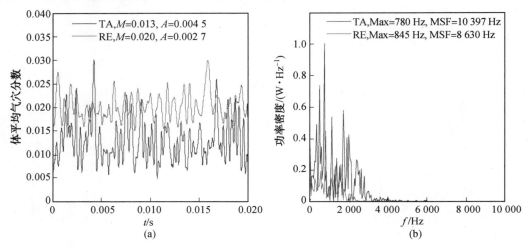

图 3.33　喷嘴入口压力为 5 MPa 时圆角挡板和直角挡板体平均气穴分数时域和频域计算结果

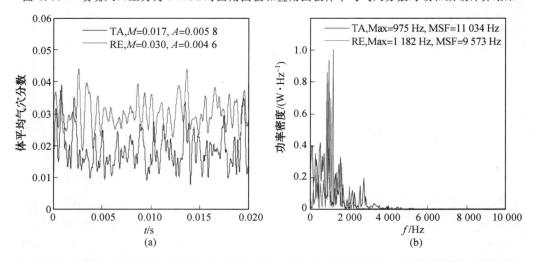

图 3.34　喷嘴入口压力为 6 MPa 时圆角挡板和直角挡板体平均气穴分数时域和频域计算结果

3.5　　圆角挡板和直角挡板的气穴动态特性总结

本节主要对圆角挡板和直角挡板在不同喷嘴入口压力下的气穴动态特性计算结果进行总结分析。其中圆角挡板的局部气穴分数、面平均气穴分数以及体平均气穴分数在不同喷嘴入口压力下的时域和频域分析结果见表 3.3。

表 3.3　　圆角挡板气穴动态特性总结

气穴评价参数	时域和频域特性	喷嘴入口压力		
		4 MPa	5 MPa	6 MPa
局部气穴分数	均值	0.074	0.133	0.175
	幅值	0.147	0.181	0.226
	峰值频率 /Hz	1 414	1 617	1 960
	均方根频率 /Hz	6 580	8 131	9 296
面平均气穴分数	均值	0.035	0.053	0.085
	幅值	0.015	0.021	0.039
	峰值频率 /Hz	1 399	1 591	1 999
	均方根频率 /Hz	8 009	9 085	10 210
体平均气穴分数	均值	0.006 4	0.013	0.017
	幅值	0.002 3	0.004 5	0.005 8
	峰值频率 /Hz	536	780	975
	均方根频率 /Hz	9 096	10 397	11 034

从表中可以看出,针对任意一种气穴评价参数,随着喷嘴入口压力的升高,其均值、幅值、峰值频率以及均方根频率都呈上升趋势,说明喷嘴入口压力是影响气穴动态特性的直接原因。而且从表中可以发现局部气穴分数的频域分析结果与面平均气穴分数的频域分析结果类似,说明二者的变化规律较为接近,因此可以认为喷嘴中心面上的云气穴动态特性占主导地位,决定了该面的面平均气穴动态特性。相比而言,附着气穴比较稳定,在气穴动态特性中贡献较少。最后体平均气穴分数变化较为平缓,其峰值频率低于局部气穴分数和面平均气穴分数峰值频率。

表 3.4 为直角挡板的局部气穴分数、面平均气穴分数以及体平均气穴分数在不同喷嘴入口压力下的时域和频域计算结果,各个参数的变化规律与圆角挡板类似。

表 3.4　　直角挡板气穴动态特性总结

气穴评价参数	时域和频域特性	喷嘴入口压力		
		4 MPa	5 MPa	6 MPa
局部气穴分数	均值	0.177	0.261	0.348
	幅值	0.198	0.227	0.210
	峰值频率 /Hz	1 385	1 428	1 526
	均方根频率 /Hz	5 268	6 047	6 917

续表3.4

气穴评价参数	时域和频域特性	喷嘴入口压力		
		4 MPa	5 MPa	6 MPa
面平均气穴分数	均值	0.012	0.029	0.053
	幅值	0.012	0.020	0.028
	峰值频率/Hz	1 385	1 428	1 511
	均方根频率/Hz	5 359	6 664	7 255
体平均气穴分数	均值	0.009 4	0.020	0.030
	幅值	0.002 1	0.002 7	0.004 6
	峰值频率/Hz	541	845	1 182
	均方根频率/Hz	7 474	8 630	9 573

3.6 本 章 小 结

本章首先对不同喷嘴入口压力下的圆角挡板和直角挡板前置级流场进行了数值仿真,研究了喷嘴挡板前置级瞬态流场在不同流动条件下的变化规律。其次,本章利用第2章建立的喷嘴挡板前置级气穴动态特性的3种评价参数,即局部气穴分数、面平均气穴分数以及体平均气穴分数,分别对喷嘴入口压力为4 MPa、5 MPa和6 MPa下圆角挡板和直角挡板的气穴动态特性进行了研究,分析了每种气穴评价参数的时域和频域特性,其中时域特性包括均值与幅值,频域特性包括峰值频率与均方根频率。通过研究发现,随着喷嘴入口压力的上升,各气穴评价参数的均值与幅值都逐渐增加,频域中峰值频率与均方根频率也随之上升,说明喷嘴入口压力的增加可以加剧前置级流场中气穴的不稳定性。同时,通过比较相同挡板形状的局部气穴动态特性与面平均气穴动态特性,可以发现二者的频谱分布较为类似,因此认为喷嘴中心面处的气穴动态特性主要取决于该面的云气穴变化规律。相比而言,体平均气穴动态特性比较平缓,其峰值频率低于相同条件下的局部与面平均气穴峰值频率。本章对于圆角挡板和直角挡板的气穴动态特性研究成果,为后续前置级流场的压力脉动研究提供了理论参考。

第4章　瞬态气穴引起的前置级流场压力脉动研究

第3章通过数值仿真的方法对喷嘴挡板前置级流场中的瞬态气穴现象进行了研究。气穴的产生、运动以及溃灭过程往往会诱发流场中其他的不稳定现象,其中最为典型的是流场中的压力脉动。前置级流场瞬态气穴现象引起的压力脉动不仅会造成零件表面的气蚀损坏,还会降低喷嘴挡板装置工作的稳定性,影响伺服阀的工作性能。

本章主要研究喷嘴挡板前置级流场中瞬态气穴引起的流场压力脉动,并且分析气穴现象对前置级流场谐振频率的影响。首先根据气穴形态的演变规律在流场的一些关键位置设置监测点,研究不同气穴形态引起的流场压力脉动特性,分析流场压力脉动与瞬态气穴之间的内在关系。其次,研究喷嘴挡板前置级流场中关键面处的面平均压力脉动以及流场整体的体平均压力脉动,通过与第3章的面平均气穴分数与体平均气穴分数计算结果进行对比,进一步明确瞬态气穴与流场压力脉动之间的关系。最后,推导喷嘴挡板装置的谐振频率,研究瞬态气穴现象对其谐振频率的影响。

4.1　压力脉动监测点与监测面选择

为了研究喷嘴挡板前置级流场中瞬态气穴现象引起的流场压力脉动,首先需要根据气穴形态的演变规律在流场中设置相应的监测点。由第3章的分析可知,前置级流场在喷嘴中心面处射流强度最强,气穴效应最为显著,因此本书主要根据喷嘴中心面处的气穴形态设置压力脉动监测点。图4.1中 TH_2 面为喷嘴入口压力为 6 MPa 时圆角挡板喷嘴中心面处的气穴分布,该时刻云气穴恰好从附着气穴主体上脱落,下一时刻脱落的云气穴将会随着射流向流场的下游运动。由第3章的分析可知,高速射流在冲击到流场外壁面之后,存在明显的反射现象,反向射流分布在正向射流的左右两侧。因此,脱落的云气穴也会随着液体流动出现在高速射流的两侧。根据上述气穴的产生以及运动规律,可以将喷嘴中心面的流场由左到右大致划分为3个区域,即射流左侧区、气穴脱落区以及射流右侧区。随后,将每个区域由上到下再划分为3个子区域,其中气穴脱落区中紧挨挡板壁面的子区域主要包含附着气穴,中间位置的子区域则位于云气穴与附着气穴的分离位置,紧邻外壁面的子区域包含脱落之后的云气穴。将气穴脱落区的子区域划分界限分别延伸到射流左侧区和射流右侧区之后,最终可以将喷嘴中心面 TH_2 处的流场划分为9个区域。在每个区域的中心位置分别设置压力脉动监测点,如图中的 B_1 点至 B_9 点,各点的具体坐标值见表4.1。

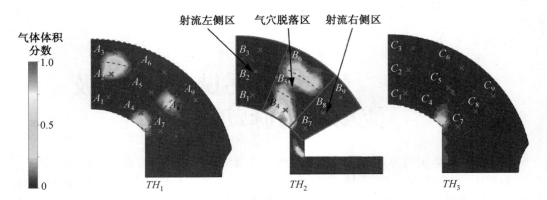

图 4.1　喷嘴入口压力为 6 MPa 时圆角挡板流场不同水平面上的压力监测点

表 4.1　圆角挡板 TH_2 面压力监测点坐标　　　　　　mm

坐标	B_1	B_2	B_3	B_4	B_5	B_6	B_7	B_8	B_9
X	0.20	0.26	0.32	0.63	0.81	0.99	0.93	1.19	1.45
Y	1.15	1.48	1.81	0.98	1.26	1.54	0.71	0.91	1.12
Z	1.50	1.50	1.50	1.50	1.50	1.50	1.50	1.50	1.50

　　同时,为了更加全面地分析前置级流场中不同位置的压力脉动特性,在喷嘴中心面 TH_2 的上下两侧 1 mm 处分别取两个监测面 TH_1 和 TH_3,如图 4.1 所示,监测面 TH_1 上的压力脉动监测点为 $A_1 \sim A_9$,TH_3 上的压力脉动监测点为 $C_1 \sim C_9$,其 X 和 Y 方向的坐标与 TH_2 上 $B_1 \sim B_9$ 点一致,各监测面的相对位置关系如图 4.2 所示。

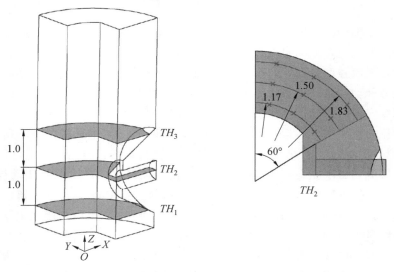

图 4.2　圆角挡板流场中各监测面的相对位置关系

　　对于直角挡板,同样可以根据喷嘴中心面处的气穴分布特性划分相应的压力脉动监测点区域,图 4.3 分别为水平方向 RH_1 面、RH_2 面以及 RH_3 面的压力脉动监测点分布,其中 RH_2 面为喷嘴中心面,其上各点坐标值见表 4.2,RH_1 面和 RH_3 面上压力脉动监测点

的 X 和 Y 坐标与 RH_2 面一致。直角挡板流场中各监测面的相对位置关系如图 4.4 所示。

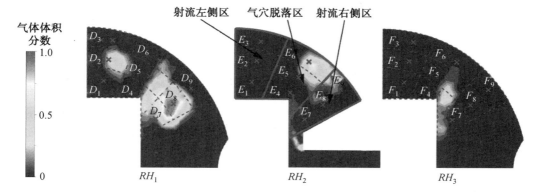

图 4.3 喷嘴入口压力为 6 MPa 时直角挡板流场不同水平面上的压力监测点

表 4.2 直角挡板 RH_2 面压力监测点坐标 mm

坐标	E_1	E_2	E_3	E_4	E_5	E_6	E_7	E_8	E_9
X	0.24	0.28	0.32	0.73	0.85	1.00	1.07	1.26	1.48
Y	1.33	1.56	1.83	1.14	1.34	1.57	0.82	0.97	1.13
Z	1.50	1.50	1.50	1.50	1.50	1.50	1.50	1.50	1.50

　　喷嘴入口压力为 4 MPa 和 5 MPa 时，圆角挡板以及直角挡板前置级流场中的压力脉动监测点位置与上述 6 MPa 时完全相同，尽管不同的喷嘴入口压力下气穴分布略有不同，但是气穴形态的演变规律基本一致。因此，本书为了简化建模过程，并且保持压力脉动分析的单一变量性，不同的流动条件下均采用相同的压力脉动监测点。

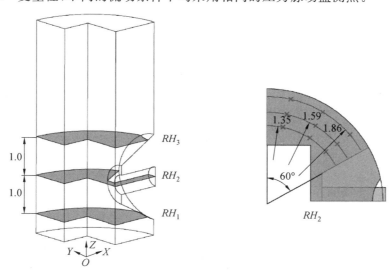

图 4.4 直角挡板流场中各监测面的相对位置关系

4.2　前置级流场局部压力脉动研究

4.2.1　喷嘴中心面的局部压力脉动

本书首先对圆角挡板和直角挡板喷嘴中心面上不同监测点的局部压力脉动进行研究,图4.5为圆角挡板在喷嘴入口压力为6 MPa时一个典型气穴形态演变周期内的流场压力变化。从图中可以看出,根据上一节的子区域划分方法,监测点B_1、B_2与B_3位于射流左侧低压区之内,其中B_1点和B_3点由于靠近壁面,压力值相对较高,尤其是B_3点处于射流与外壁面形成的冲击射流高压区附近;B_4、B_5与B_6点位于流场中央附着气穴与云气穴脱落所处的低压区,B_4点在挡板壁面附近,接近附着气穴发生的区域;B_7、B_8与B_9点位于射流右侧的流场低压区,从附着气穴上脱落的云气穴不断地随着射流向左右两侧运动并最终溃灭,使得流场中不同位置处的压力呈现周期性的脉动变化。

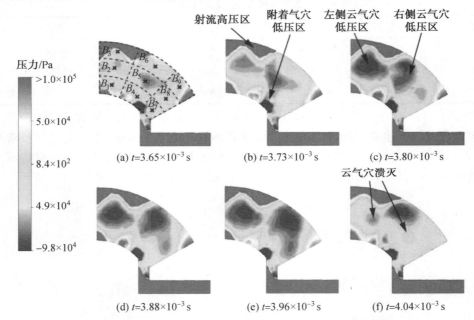

图 4.5　喷嘴入口压力为 6 MPa 时圆角挡板喷嘴中心面处瞬态压力分布

图4.6为直角挡板在喷嘴入口压力为6 MPa时一个典型气穴形态演变周期内的流场压力变化。各监测点所在流场区域的压力变化规律大致与圆角挡板相同,唯一的区别在于,直角挡板前置级流场中附着气穴面积较小,挡板壁面附近的附着气穴低压区并不明显,因此监测点F_4虽然接近挡板壁面,却并没有位于附着气穴引起的低压区之内。

图4.7为圆角挡板在喷嘴入口压力为6 MPa时B_4、B_5、B_6点处的压力脉动,同样取前0.02 s的计算结果进行分析。B_4点的压力脉动幅值最小,约为12 971 Pa,相比而言,B_5点和B_6点的压力脉动幅值略大,分别为27 693 Pa和29 313 Pa。这是由于B_4点位于附着气穴引起的低压区之内,由于附着气穴在形态上较为稳定,只存在位置上的微小抖动,因

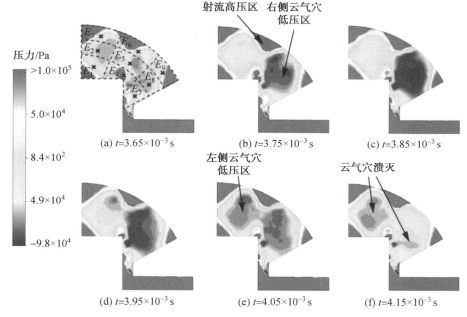

图 4.6　喷嘴入口压力为 6 MPa 时直角挡板喷嘴中心面处瞬态压力分布

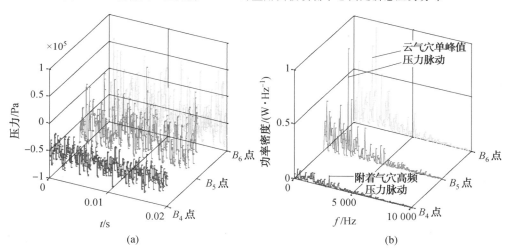

图 4.7　喷嘴入口压力为 6 MPa 时圆角挡板 B_4、B_5、B_6 点处的压力脉动

此其内部 B_4 点处的压力脉动幅值较小。而 B_5、B_6 点处的压力脉动则是由云气穴脱落和运动引起的,因此其压力变化幅度较大。三点不同的压力脉动产生机理也可以从其频域特性进行说明,即 B_4 点的峰值频率为 2 995 Hz,远高于第 3 章中相同流动条件下的云气穴变化频率 1 999 Hz,同时 B_4 点压力脉动均方根频率为 11 945 Hz,也大于云气穴变化的均方根频率 10 210 Hz。由此说明 B_4 点压力脉动包含更多的高频成分,这与附着气穴形态上较为稳定、只存在小幅位置抖动的物理特性相一致。在频域上,B_5、B_6 点的压力脉动则存在较为明显的峰值,B_5 点的峰值频率为 2 049 Hz,均方根频率为 10 373 Hz,B_6 点峰值频率为 1 895 Hz,均方根频率为 10 154 Hz,两点的频域参数与第 3 章的云气穴变化频

域特性接近,说明二者压力脉动的产生与云气穴脱落、运动密切相关。

　　为了进一步验证压力脉动与气穴形态变化之间的关系,本书同时计算了不同压力脉动监测点处的局部气穴分数脉动,其中圆角挡板 6 MPa 时 B_4、B_5、B_6 点处的结果如图 4.8 所示。B_4 点局部气穴分数脉动的峰值频率为 2 963 Hz,均方根频率为 12 135 Hz,与 B_4 点的压力脉动频域特性十分接近,而且也包含相同的高频脉动成分。B_5、B_6 点的频域特性类似,也与压力脉动结果相接近,该结果进一步验证了气穴脉动与压力脉动之间的紧密联系。由于篇幅的限制,本书以下内容对于不同压力监测点处的局部气穴分数脉动将不做详细介绍,只给出压力脉动计算结果。

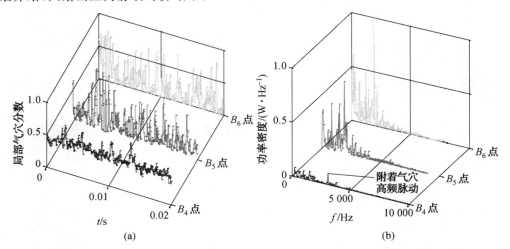

图 4.8　　喷嘴入口压力为 6 MPa 时圆角挡板 B_4、B_5、B_6 点处的局部气穴分数脉动

　　喷嘴入口压力为 6 MPa 时,直角挡板喷嘴中心面处 B_4、B_5、B_6 点处的压力脉动计算结果如图 4.9 所示。在时域上,三者脉动幅值基本相同,分别为 10 757 Pa,13 915 Pa 和 14 013 Pa,这是因为直角挡板流场中附着气穴相对较小,B_4 点并没有位于附着气穴诱发的低压区之内,因此其压力脉动与 B_5、B_6 点一样,都受云气穴形态的影响,这一点与圆角挡板 B_4 点压力脉动特性不同。在频域上,直角挡板 B_4、B_5 与 B_6 点压力脉动峰值频率分别为 1 588 Hz、1 493 Hz 和 1 487 Hz,均方根频率分别为 8 895 Hz、7 204 Hz 和 7 391 Hz。相比第 3 章中相同条件下的云气穴变化峰值频率 1 511 Hz 和均方根频率 7 255 Hz,只有 B_4 点的均方根频率略高,其余参数均较为接近。这是由于虽然直角挡板附着气穴较小,B_4 点没有直接位于附着气穴区域之内,但是其压力脉动在一定程度上仍然受附着气穴影响,含有一部分高频成分。

　　圆角挡板喷嘴入口压力为 6 MPa 时喷嘴中心面 B_1、B_2、B_3 点处的压力脉动计算结果如图 4.10 所示。B_1、B_2、B_3 点均位于射流左侧,从时域上看三者的脉动均值分别为 —23 830 Pa、—73 159 Pa、—7 849 Pa,B_2 点的均值最低,而 B_1 点和 B_3 点的均值高于 B_2 点。这是由于 B_2 点处于左侧射流诱发的旋涡核心区,而上下两侧的 B_1 点和 B_3 点则靠近壁面,尤其是 B_3 点处于射流与外壁面形成的冲击射流区附近,因此其周围流场压力较高。B_3 点的脉动幅值为 41 904 Pa,大于 B_1 点的脉动幅值 22 613 Pa 以及 B_2 点的脉动幅值 21 568 Pa,这主要是因为 B_1、B_2、B_3 点均位于射流左侧,而从附着气穴上脱落的云气穴

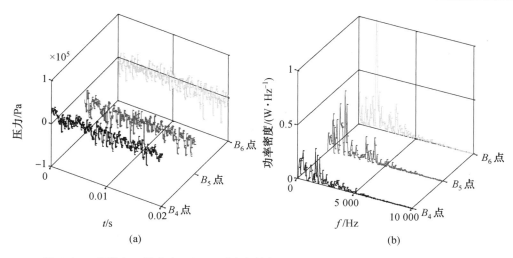

图 4.9　喷嘴入口压力为 6 MPa 时直角挡板 B_4、B_5、B_6 点处的压力脉动计算结果

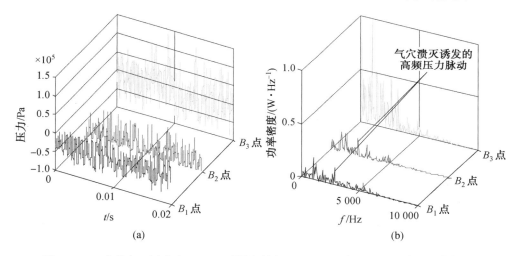

图 4.10　喷嘴入口压力为 6 MPa 时圆角挡板 B_1、B_2、B_3 点处的压力脉动计算结果

被液流带到射流左侧时,由于射流冲击到外壁面之后发生反射现象,流动方向变为由上至下,液流以及云气穴依次经过 B_3、B_2、B_1 点,并逐渐开始溃灭,越接近下游,气穴溃灭现象越严重。因此在 B_3 点处,气穴溃灭现象并不明显,大范围气穴现象的运动可以引起幅值较大的压力脉动现象,而在 B_2 点以及 B_1 点,随着气穴溃灭现象的加剧,大尺度气穴减少,相应的压力脉动幅值也逐渐变小。在频域上,B_1、B_2、B_3 点压力脉动的峰值频率较为接近,分别为 994 Hz、995 Hz 和 1 024 Hz,低于第 3 章相同条件下的云气穴变化频率 1 999 Hz。由于第 3 章中云气穴监测点选在射流的右侧,因此可以认为射流右侧的云气穴变化要强于射流左侧,这也与第 3 章的研究结果相吻合。另外,气穴溃灭现象往往会加剧流场的不稳定性,诱发流场中复杂的旋涡结构以及高频的压力脉动,这一点也可以从 B_1、B_2、B_3 点压力脉动的频谱分布进行说明。B_3 点由于气穴溃灭并不明显,其频谱分布较为集中,峰值频率十分明显。而随着气穴溃灭现象的加剧,虽然 B_2 点和 B_1 点的峰值频

率与 B_3 点接近,但是 B_2 点和 B_1 点频谱中高频成分占的比例逐渐增加,反映了气穴溃灭时诱发的流场高频压力脉动。

图 4.11 为喷嘴入口压力为 6 MPa 时直角挡板 B_1、B_2、B_3 点处的压力脉动计算结果,不同点处的压力脉动特性和圆角挡板类似,具体的时域和频域计算结果见表 4.3。

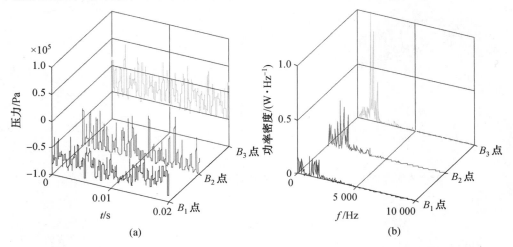

图 4.11　喷嘴入口压力为 6 MPa 时直角挡板 B_1、B_2、B_3 点处的压力脉动计算结果

图 4.12 为圆角挡板喷嘴入口压力为 6 MPa 时,喷嘴中心面射流右侧 B_7、B_8、B_9 点处的压力脉动计算结果。在时域上,三点的脉动均值分别为 $-51\ 775$ Pa、$-63\ 207$ Pa、$-29\ 139$ Pa,其中 B_9 点由于靠近外壁面冲击射流高压区,其均值较大,该特性与前文 B_3 点相似。B_8 点位于射流右侧的旋涡核心区,流场压力较低,脉动均值较小,而 B_7 点靠近壁面,流场压力值有所升高,但同时 B_7 点也接近喷嘴挡板间隙处的高速射流,因此流场压力升高较为有限。B_7、B_8、B_9 点的压力脉动幅值分别为 $17\ 211$ Pa、$24\ 045$ Pa、$25\ 118$ Pa,仍然是 B_9 点的脉动幅值最大。这也是由气穴在经过 B_9、B_8、B_7 点时逐渐发生溃灭现象引

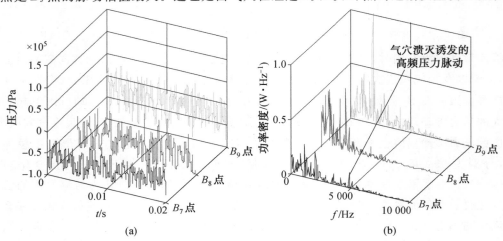

图 4.12　喷嘴入口压力为 6 MPa 时圆角挡板 B_7、B_8、B_9 点处的压力脉动计算结果

起的。在频域上，B_7、B_8、B_9 点的峰值频率分别为 2 048 Hz、2 045 Hz、1 849 Hz，较为接近第 3 章中相同条件下的云气穴峰值频率以及喷嘴中心面处的面平均气穴峰值频率。这说明射流右侧的流场压力脉动是由该处的云气穴形态变化引起的，而且云气穴形态变化主要发生在射流右侧，与之相比，射流左侧的云气穴效应较弱，这也与第 3 章中的计算结果吻合。同时，在 B_7、B_8 点频谱中也可以发现气穴溃灭引发的高频压力脉动成分，尤其是 B_7 点频谱中 5 000 Hz 附近存在较为明显的峰值。

图 4.13 为喷嘴入口压力为 6 MPa 时直角挡板 B_7、B_8、B_9 点处的压力脉动计算结果，各点的压力脉动特性和圆角挡板基本类似，其中 B_7 与 B_8 点由于气穴溃灭引起的高频脉动成分也较为明显，具体的时域和频域计算结果见表 4.3。

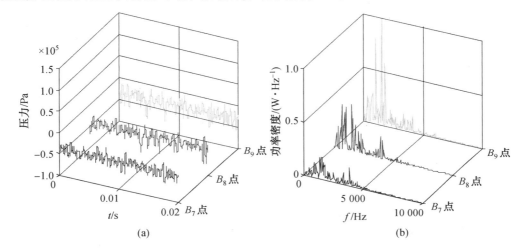

图 4.13　喷嘴入口压力为 6 MPa 时直角挡板 B_7、B_8、B_9 点处的压力脉动计算结果

表 4.3　直角挡板喷嘴中心面处不同监测点压力脉动计算结果

监测点	脉动均值 /Pa	脉动幅值 /Pa	峰值频率 /Hz	均方根频率 /Hz
E_1 点	− 63 814	14 540	1 005	9 396
E_2 点	− 81 050	19 227	1 045	8 313
E_3 点	− 23 337	19 634	1 144	5 902
E_4 点	19 569	10 757	1 588	8 895
E_5 点	− 27 226	13 915	1 493	7 204
E_6 点	− 8 674	14 013	1 487	7 391
E_7 点	− 37 099	8 497	1 450	7 824
E_8 点	− 38 760	11 466	1 490	8 491
E_9 点	− 33 746	12 217	1 495	6 805

由以上分析可知，由于喷嘴中心面处射流右侧的云气穴不稳定性较强，因此射流右侧的局部压力脉动频率略高于射流左侧，而且射流两侧的云气穴溃灭现象会诱发流场的高频压力脉动。最后，喷嘴入口压力 6 MPa 时圆角挡板和直角挡板喷嘴中心面处不同监

测点的压力脉动计算结果见表 4.3 和表 4.4。

表 4.4　圆角挡板喷嘴中心面处不同监测点压力脉动计算结果

监测点	脉动均值 /Pa	脉动幅值 /Pa	峰值频率 /Hz	均方根频率 /Hz
B_1 点	− 23 830	22 613	1 042	8 684
B_2 点	− 73 159	21 568	995	8 077
B_3 点	− 7 849	41 904	994	8 426
B_4 点	− 49 183	12 971	2 995	11 945
B_5 点	− 42 573	27 639	2 049	10 373
B_6 点	− 53 715	29 313	1 895	10 154
B_7 点	− 51 775	17 211	2 048	10 164
B_8 点	− 63 207	24 045	2 045	8 720
B_9 点	− 29 139	25 118	1 849	10 160

4.2.2　垂直喷嘴中心面的局部压力脉动

为了更加全面地研究前置级流场中不同位置处的压力脉动现象,本书在对喷嘴中心面上不同监测点的压力脉动进行分析之后,进一步计算了流场中垂直喷嘴中心面上不同位置处的压力脉动。根据本章第一节前置级流场压力脉动监测点的选择方法可知,序号中含有编号 2、5、8 的监测点位于环形流场的中央,例如圆角挡板 TH_1 面的 A_2、A_5、A_8 点,TH_2 面的 B_2、B_5、B_8 点以及 TH_3 面的 C_2、C_5、C_8 点;序号中含有编号 1、4、7 的监测点则靠近挡板壁面,含有编号 3、6、9 的监测点则靠近流场外壁面。由前文分析可知,壁面附近流场中的气穴以及压力受壁面效应的影响较为显著,因此为了更加清楚地分析压力脉动在垂直喷嘴中心面方向的变化规律,本书对于圆角挡板和直角挡板均选择远离壁面的监测点作为研究对象进行详细分析。

图 4.14 为圆角挡板喷嘴入口压力为 6 MPa 时,A_2、B_2、C_2 点处压力脉动计算结果,其脉动均值分别为 − 45 080 Pa、− 73 159 Pa、− 77 290 Pa,脉动幅值分别为 17 487 Pa、21 568 Pa、19 425 Pa。可见 A_2 点由于接近流场出口,气穴现象在一定程度上受到出口高压的抑制,脉动均值最大,而脉动幅值最小;B_2 点位于喷嘴中心面内,由之前的分析可知,喷嘴中心面的射流强度与气穴效应最强,因此 B_2 点的压力脉动均值较小,表明该点处于气穴现象较为显著的低压区,而脉动幅值最大;最后,C_2 点位于 B_2 点正上方 1 mm 处,其压力脉动均值与幅值都与 B_2 点较为接近,分别为 − 77 290 Pa 和 19 425 Pa,说明该点仍然处于气穴现象比较严重的区域。在频域上,B_2 点的峰值频率为 995 Hz,均方根频率为 8 077 Hz;A_2 点峰值频率为 848 Hz,均方根频率为 8 193 Hz;C_2 点峰值频率为 1 307 Hz,均方根频率为 9 963 Hz。三点的频率特性均具有一定的差距,说明气穴在竖直方向的分布并不一致,尤其是喷嘴中心面以下,受出口高压区的影响,气穴演变特性变化较大。图 4.15 为直角挡板喷嘴入口压力为 6 MPa 时,A_2、B_2、C_2 点处的压力脉动计算结果,时域上各点压力脉动特性与圆角挡板类似,A_2 点脉动均值与幅值都明显地受到出口高压区的影响,频域上 B_2、C_2 点的频率特性较为接近,相比而言,A_2 点在出口高压区的影响下,其频域特性与前两者具有一定差距,各点具体的时域和频域计算结果见表 4.5 与表 4.6。

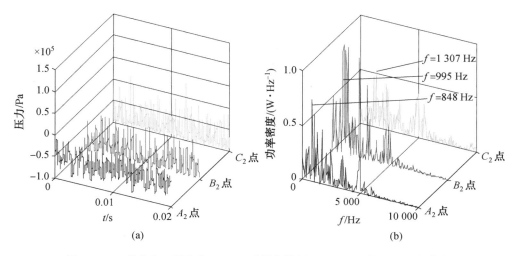

图 4.14　喷嘴入口压力为 6 MPa 时圆角挡板 A_2、B_2、C_2 点处的压力脉动

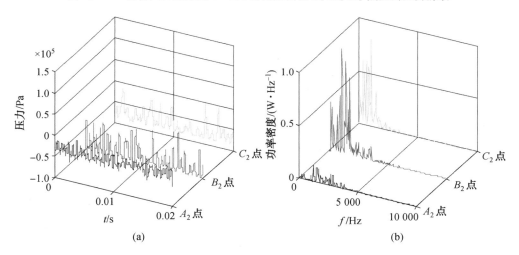

图 4.15　喷嘴入口压力为 6 MPa 时直角挡板 A_2、B_2、C_2 点处的压力脉动

　　图 4.16 为圆角挡板喷嘴入口压力为 6 MPa 时，A_5、B_5 和 C_5 点处的压力脉动计算结果，其脉动均值分别为 $-28\ 368$ Pa、$-42\ 573$ Pa、$-58\ 635$ Pa，脉动幅值分别为 11 471 Pa、27 639 Pa 和 32 430 Pa。同样，由于受到出口高压区的影响，A_5 点的脉动均值最大，而脉动幅值最小。C_5 点的脉动均值小于 B_5 点，幅值大于 B_5 点，表明 C_5 点气穴现象诱发的压力脉动略强于 B_5 点。在频域上，B_5 和 C_5 点的频率特性较为接近，其峰值频率分别为 2 049 Hz 和 2 085 Hz，均方根频率分别为 10 373 Hz 和 9 910 Hz，而 A_5 点的峰值频率为 146 Hz，均方根频率为 11 206 Hz，与前两者均具有明显差别。图 4.17 为直角挡板喷嘴入口压力为 6 MPa 时，A_5、B_5 和 C_5 点处的压力脉动计算结果，从图中可以看出 A_5 点出口高压区对于气穴以及压力脉动的抑制作用更加明显，导致 A_5 点压力脉动的时频参数与 B_5、C_5 两点具有较大的不同。相反，B_5、C_5 两点的压力脉动特性则较为接近，各点具体的压力脉动参数见表 4.7 与表 4.8。

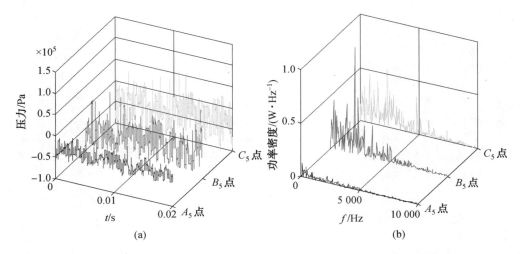

图 4.16　喷嘴入口压力为 6 MPa 时圆角挡板 A_5、B_5、C_5 点处的压力脉动

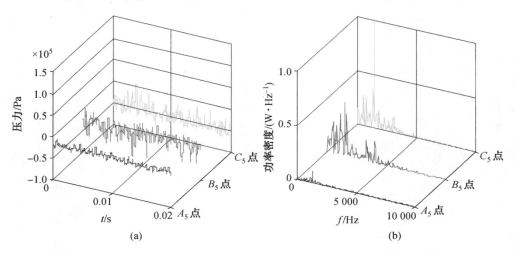

图 4.17　喷嘴入口压力为 6 MPa 时直角挡板 A_5、B_5、C_5 点处的压力脉动

　　最后,图 4.18 与图 4.19 分别是喷嘴入口压力为 6 MPa 时,圆角挡板和直角挡板 A_8、B_8 与 C_8 点处压力脉动的计算结果,各点处的脉动参数变化规律与前述分析较为类似,具体结果见表 4.5 ~ 4.8。通过分析垂直喷嘴中心面上不同位置处的压力脉动结果可以发现,在喷嘴中心面之下 1 mm 的区域,流场受到出口高压区的影响,气穴现象和压力脉动都被显著地抑制,该区域监测点的压力脉动均值较高,而幅值较小,在频域上峰值频率与均方根频率均与喷嘴中心面对应位置处的压力脉动具有较大的差别。相反,在喷嘴中心面之上 1 mm 的流场区域,气穴现象仍然较为显著,因此气穴现象引起的流场压力脉动衰减较为有限。时域上,不同位置处的脉动均值与幅值均与喷嘴中心面对应位置较为接近,在一些局部点处脉动强度甚至高于喷嘴中心面;在频域上,该区域不同监测点处压力脉动的峰值频率与均方根频率也与喷嘴中心面处的频率参数较为一致。

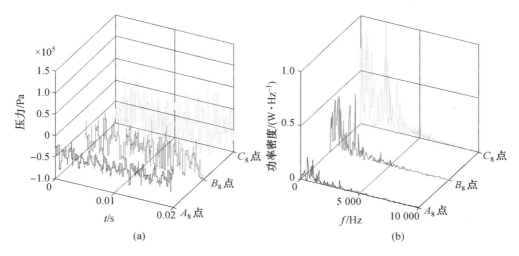

图 4.18　喷嘴入口压力为 6 MPa 时圆角挡板 A_8、B_8、C_8 点处的压力脉动

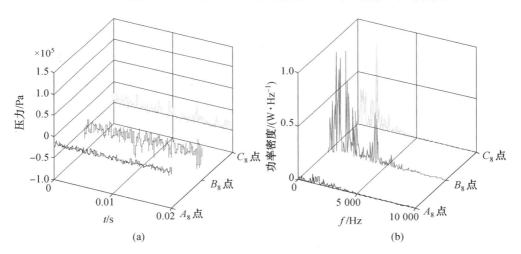

图 4.19　喷嘴入口压力为 6 MPa 时直角挡板 A_8、B_8、C_8 点处的压力脉动

　　圆角挡板喷嘴入口压力为 6 MPa 时，TH_1 面以及 TH_3 面上不同监测点处压力脉动的时域和频域计算结果见表 4.5 和表 4.6。

表 4.5　圆角挡板 TH_1 面处不同监测点压力脉动计算结果

监测点	脉动均值 /Pa	脉动幅值 /Pa	峰值频率 /Hz	均方根频率 /Hz
A_1 点	1 391	19 608	505	7 675
A_2 点	− 45 080	17 487	848	8 193
A_3 点	51 639	26 900	312	7 336
A_4 点	− 20 707	8 932	1 520	12 017
A_5 点	− 28 368	11 471	146	11 206
A_6 点	24 379	18 771	450	9 985
A_7 点	− 34 872	13 672	621	9 069

续表4.5

监测点	脉动均值 /Pa	脉动幅值 /Pa	峰值频率 /Hz	均方根频率 /Hz
A_8 点	− 38 881	12 356	600	7 641
A_9 点	− 16 051	16 157	941	7 237

表 4.6　圆角挡板 TH_3 面处不同监测点压力脉动计算结果

监测点	脉动均值 /Pa	脉动幅值 /Pa	峰值频率 /Hz	均方根频率 /Hz
C_1 点	10 482	54 963	1 047	9 371
C_2 点	− 77 290	19 425	1 307	9 963
C_3 点	55 779	78 490	1 174	9 310
C_4 点	− 17 338	18 603	1 204	9 511
C_5 点	− 58 635	32 430	2 085	9 910
C_6 点	− 20 369	31 063	1 894	7 838
C_7 点	− 26 415	28 553	2 248	7 892
C_8 点	− 28 985	32 456	2 105	8 639
C_9 点	− 18 722	26 910	2 049	8 100

　　直角挡板喷嘴入口压力为 6 MPa 时 RH_1 面以及 RH_3 面上不同监测点处压力脉动的时域和频域计算结果见表 4.7 和表 4.8。

　　本节主要研究了喷嘴入口压力为 6 MPa 时圆角挡板和直角挡板前置级流场中不同位置瞬态气穴引起的流场局部压力脉动。喷嘴入口压力为 4 MPa 和 5 MPa 时,流场压力脉动的各时域和频域参数略有减小,但是不同位置处各参数的变化规律与 6 MPa 类似,由于篇幅的限制,本书对于这两种情况的局部压力脉动结果将不做具体讨论。

表 4.7　直角挡板 RH_1 面处不同监测点压力脉动计算结果

监测点	脉动均值 /Pa	脉动幅值 /Pa	峰值频率 /Hz	均方根频率 /Hz
D_1 点	− 17 901	9 992	1 142	7 815
D_2 点	− 27 839	9 528	1 221	6 364
D_3 点	26 177	8 156	846	8 705
D_4 点	13 087	5 852	1 399	8 166
D_5 点	− 16 730	4 379	1 296	9 706
D_6 点	− 15 244	5 630	1 439	7 935
D_7 点	− 14 393	3 546	1 294	9 876
D_8 点	− 16 952	3 493	1 245	6 862
D_9 点	− 12 035	4 675	1 433	7 312

表 4.8　直角挡板 RH_3 面处不同监测点压力脉动计算结果

监测点	脉动均值 /Pa	脉动幅值 /Pa	峰值频率 /Hz	均方根频率 /Hz
F_1 点	− 51 075	14 234	1 244	9 451
F_2 点	− 69 194	16 173	1 050	6 002

续表4.8

监测点	脉动均值 /Pa	脉动幅值 /Pa	峰值频率 /Hz	均方根频率 /Hz
F_3 点	− 35 237	9 430	952	6 985
F_4 点	13 256	10 545	1 434	7 338
F_5 点	− 15 601	12 315	1 448	7 224
F_6 点	18 699	13 550	1 443	6 945
F_7 点	− 25 722	5 337	1 593	6 919
F_8 点	− 43 073	7 939	1 490	10 807
F_9 点	− 23 607	7 575	1 434	9 362

4.3　面平均压力脉动研究

上一节对圆角挡板和直角挡板前置级流场中不同位置瞬态气穴现象引起的流场局部压力脉动进行了研究,本节主要分析两种挡板前置级流场中不同平面处的压力脉动特点,采用与面平均气穴相似的研究思想,可以定义流场任意曲面处的面平均压力为

$$p_s(t) = \frac{1}{S} \iint_S p(x,t) \mathrm{d}s \qquad (4.1)$$

式中　　$p(x,t)$—— 曲面任一点处的压力值;

　　　　S—— 该曲面面积;

　　　　$p_s(t)$—— 面平均压力。

相应的离散域求解表达式为

$$p_s(t) = \frac{1}{S} \sum_{i=1}^{N} p(i,t) \Delta S \qquad (4.2)$$

利用面平均压力可以评估流场中任意曲面的压力平均效应,尤其在流场壁面处,利用该参数可以计算壁面承受的液动力大小。

本书对于前置级流场中气穴现象引起的面平均压力脉动进行研究时,主要选择各个压力监测点所构成的流场平面,对于圆角挡板,为 TH_1 面、TH_2 面以及 TH_3 面。同样,直角挡板为 RH_1 面、RH_2 面以及 RH_3 面。

圆角挡板喷嘴入口压力为 6 MPa 时,在一个典型气穴变化周期内 TH_1 表面压力分布如图 4.20 所示,从图中可以发现,由于 TH_1 面位于喷嘴中心面(TH_2 面)正下方 1 mm 处,靠近流场出口,受其影响流场中气穴低压区面积较小,尤其是挡板壁面处的附着气穴低压区。另外,云气穴现象也受到了一定程度的抑制,云气穴区域内流场压力值较高,低压区并不明显。相反,图 4.21 为 TH_3 面在一个典型气穴变化周期内的压力分布,由于 TH_3 面在喷嘴中心面正上方 1 mm 处,与 TH_1 面相比,虽然距离相同,但是 TH_3 面因为远离流场出口,受出口高压区的影响较小,仍然可以观察到较为明显的气穴低压区,尤其是射流左侧的云气穴低压区十分显著。

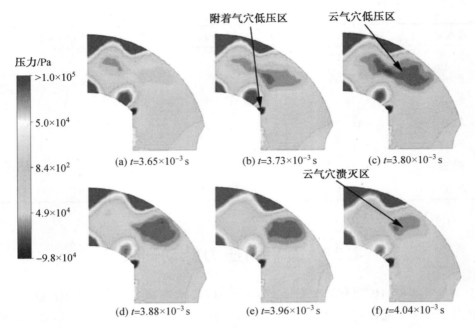

图 4.20　喷嘴入口压力为 6 MPa 时圆角挡板 TH_1 面处瞬态压力分布

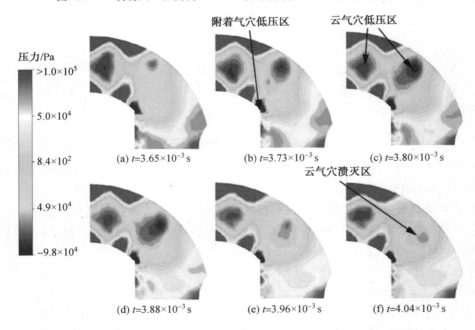

图 4.21　喷嘴入口压力为 6 MPa 时圆角挡板 TH_3 面处瞬态压力分布

图 4.22 是圆角挡板喷嘴入口压力为 6 MPa 时,TH_1 面、TH_2 面以及 TH_3 面的面平均压力脉动计算结果,为了直观地对比 3 个面上的压力脉动,本书 TH_2 面的计算区域只考虑 $y > 1$ mm 的流场,忽略了喷嘴入口处以及喷嘴挡板间隙之间的高压区,由于该高压区中几乎不存在气穴现象,压力分布较为稳定,因此忽略此区域只会影响脉动均值,并不

会改变脉动幅值及其频率特性。图中 3 个表面的脉动均值分别为 $-2\,780$ Pa、46 206 Pa 和 27 648 Pa,脉动幅值分别为 5 897 Pa、13 514 Pa 和 12 781 Pa。从脉动幅值可以看出,喷嘴中心面 TH_2 处的压力脉动幅值最大,间接证明了该处的气穴效应最强。远离喷嘴中心面时,压力脉动强度减弱,TH_1 面由于受到出口高压区的影响,脉动幅值减小较快,而 TH_3 面的脉动幅值只有小幅下降。另外,TH_2 面的脉动均值高于其他两个面,这是由于高速射流冲击外壁面之后形成的高压区造成的。 在频域上,TH_2 面的峰值频率为 1 965 Hz,均方根频率为 10 153 Hz,而第 3 章中相同条件下面平均气穴脉动峰值频率为 1 999 Hz,均方根频率为 10 210 Hz,压力脉动与面平均气穴脉动的频率参数非常接近,进一步证明了气穴脉动与压力脉动之间存在紧密联系。TH_1 面和 TH_3 面的峰值频率分别为 448 Hz 和 2 200 Hz,均方根频率分别为 8 661 Hz 和 9 788 Hz。相比而言,TH_3 面的频率特性与 TH_2 更加接近,说明两个表面的气穴动态特性相似,而 TH_1 面受到流场出口高压区的影响,压力脉动特性变化较大。

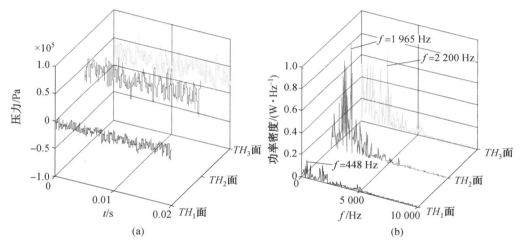

图 4.22　喷嘴入口压力为 6 MPa 时圆角挡板 TH_1、TH_2、TH_3 面的面平均压力脉动

图 4.23 和图 4.24 分别是喷嘴入口压力为 6 MPa 时,一个典型气穴演变周期内直角挡板 RH_1 面和 RH_3 面的瞬态压力分布。同样由于 RH_1 面在喷嘴中心面下方 1 mm 处,更加靠近流场出口,流场中的瞬态气穴和压力分布都受出口高压区的影响。在 RH_1 面中只有射流右侧的云气穴低压区较为明显,射流左侧的低压区并不显著。而在 RH_3 面中,在云气穴作用下射流左右两侧的低压区均十分明显。而且,受到出口高压区的影响,同样在射流右侧的云气穴区域内,RH_1 面低压区的压力值要明显高于 RH_3 面的压力值。尽管两个平面由于位置的不同,其压力分布有所区别,云气穴形态的演变仍然会造成每个面瞬态压力的变化。

图 4.25 为直角挡板喷嘴入口压力为 6 MPa 时,RH_1 面、RH_2 面以及 RH_3 面的面平均压力脉动计算结果,其中在计算 RH_2 面时也只考虑 $y>1$ mm 的流场区域,忽略了喷嘴入口以及喷嘴挡板间隙处的高压区。3 个面压力脉动的时域和频域计算结果与圆角挡板类似,喷嘴中心面 RH_2 处的面平均压力脉动峰值频率为 1 553 Hz,均方根频率为 8 691 Hz,也与第 3 章中相同流动条件下该面的面平均气穴脉动频率基本相同,进一步证明气穴脉

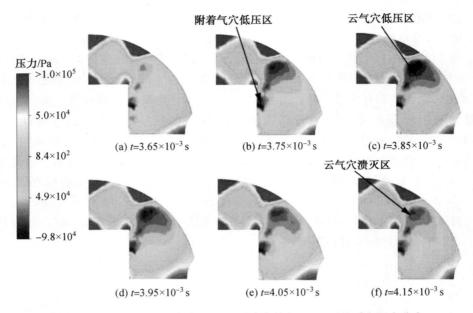

图 4.23　喷嘴入口压力为 6 MPa 时直角挡板 RH_1 面处瞬态压力分布

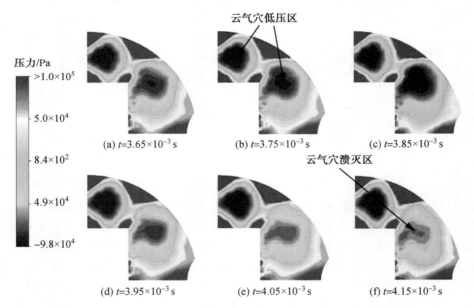

图 4.24　喷嘴入口压力为 6 MPa 时直角挡板 RH_3 面处瞬态压力分布

动与压力脉动之间的密切关系。

　　由以上分析可知,对于不同形状的挡板,受流场出口高压区的影响,靠近出口的平面其面平均压力脉动衰减较为明显,例如圆角挡板 TH_1 面、直角挡板 RH_1 面。而对于喷嘴中心面上方的平面,瞬态气穴引起的压力脉动衰减较慢,其脉动幅度与喷嘴中心面相差不多。最后,圆角挡板和直角挡板不同喷嘴入口压力时各平面压力脉动时域和频域参数见表 4.9 和表 4.10。

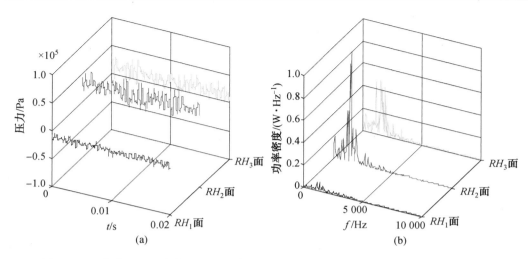

图 4.25　喷嘴入口压力为 6 MPa 时直角挡板 RH_1、RH_2、RH_3 面的面平均压力脉动

表 4.9　圆角挡板面平均压力脉动计算结果

喷嘴入口压力	平面	脉动均值 /Pa	脉动幅值 /Pa	峰值频率 /Hz	均方根频率 /Hz
	TH_1	− 2 321	3 729	752	6 486
4 MPa	TH_2	32 461	10 871	1 449	8 625
	TH_3	20 837	9 190	1 299	8 056
	TH_1	− 2 608	4 150	706	7 661
5 MPa	TH_2	38 674	11 315	1 542	9 858
	TH_3	25 896	10 108	1 594	9 487
	TH_1	− 2 780	5 897	448	8 661
6 MPa	TH_2	46 206	13 514	1 965	10 153
	TH_3	27 648	12 781	2 200	9 788

表 4.10　直角挡板面平均压力脉动计算结果

喷嘴入口压力	平面	脉动均值 /Pa	脉动幅值 /Pa	峰值频率 /Hz	均方根频率 /Hz
	RH_1	− 2 730	2 258	285	5 138
4 MPa	RH_2	23 426	3 922	1 334	5 683
	RH_3	8 474	3 437	1 244	5 694
	RH_1	− 6 860	3 110	398	6 117
5 MPa	RH_2	28 984	7 598	1 425	7 810
	RH_3	10 388	6 463	1 294	7 355
	RH_1	− 10 215	3 492	1 142	7 199
6 MPa	RH_2	36 916	9 924	1 553	8 691
	RH_3	13 030	8 377	1 476	8 989

4.4　体平均压力脉动研究

采用体平均气穴的研究思想,可以定义流场整体的体平均压力为

$$p_v(t) = \frac{1}{V} \iiint_V p(x,t)\mathrm{d}v \tag{4.3}$$

式中　　$p(x,t)$—— 流场空间任一点处的压力值;

　　　　V—— 流场总体积;

　　　　$p_v(t)$—— 体平均压力。

相应的离散域求解表达式为

$$p_v(t) = \frac{1}{V} \sum_{i=1}^{N} p(i,t)\Delta V \tag{4.4}$$

利用体平均压力可以评估流场整体的压力平均效应。

圆角挡板不同喷嘴入口压力下的体平均压力脉动计算结果如图 4.26 所示,喷嘴入口压力为 4 MPa、5 MPa、6 MPa 时,圆角挡板流场体平均压力脉动的均值分别为 79 655 Pa、104 340 Pa、126 570 Pa,虽然不同流动条件的前置级流场中均包含气穴现象引起的低压区,但是体平均压力的计算结果都为正,而且均值随着喷嘴入口压力的升高而逐渐增加,这主要是由于流场中不同位置的高压区引起的,尤其是喷嘴入口处以及喷嘴挡板间隙处,其压力值极大地高于流场其他区域,而且较为稳定。不同喷嘴入口压力的体平均压力脉动幅值分别为 9 564 Pa、13 676 Pa、16 658 Pa,同样随着喷嘴入口压力的升高而升高,说明从流场整体角度进行衡量时,增加喷嘴入口压力可以加剧流场中的瞬态气穴现象及其引起的流场压力脉动,这与第 3 章的研究结论相吻合。在频域上,喷嘴入口压力为 4 MPa、5 MPa、6 MPa 时,圆角挡板流场体平均压力脉动的峰值频率分别为 552 Hz、746 Hz、900 Hz,均方根频率分别为 9 091 Hz、10 438 Hz、11 372 Hz,都随喷嘴入口压力的增加而增加,而且各频率参数均与第 3 章中相同流动条件下的流场体平均气穴脉动频率接近,证

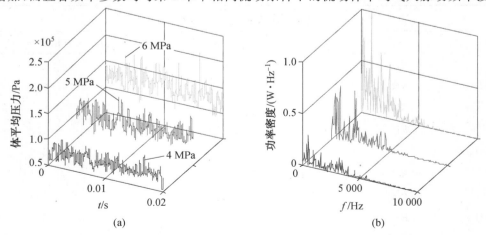

图 4.26　4 MPa、5 MPa 和 6 MPa 时圆角挡板体平均压力脉动

明瞬态气穴与流场压力脉动之间存在密切关系。

图 4.27 为直角挡板不同喷嘴入口压力时的体平均压力脉动计算结果,喷嘴入口压力为 4 MPa、5 MPa 以及 6 MPa 时,直角挡板流场体平均压力脉动的均值分别为 67 645 Pa、93 203 Pa、111 350 Pa,脉动幅值分别为 4 797 Pa、6 053 Pa、6 539 Pa,与圆角挡板流场类似,随着喷嘴入口压力的升高,流场整体的压力脉动程度加剧。频域上,不同喷嘴入口压力下的体平均压力峰值频率分别为 544 Hz、1 049 Hz、1 246 Hz,均方根频率分别为 7 846 Hz、8 823 Hz、9 656 Hz,分别与第 3 章中相同流动条件下的体平均气穴脉动频率相接近。

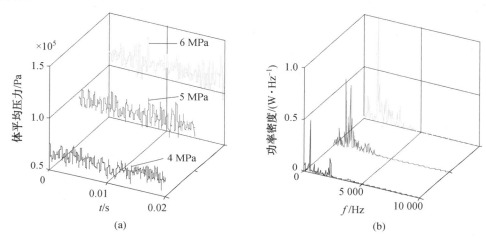

图 4.27　4 MPa、5 MPa 和 6 MPa 时直角挡板体平均压力脉动

4.5　考虑气穴效应的喷嘴挡板前置级流场谐振频率研究

4.5.1　喷嘴挡板前置级流场谐振频率计算

由前文的分析可知,喷嘴挡板前置级由于结构以及工况的特殊性,其内部流场具有进出口压差大、流速快、流动剪切性强等特点,而且流场局部低压区诱发的瞬态气穴现象往往还会加剧流场的不稳定性,尤其是当前置级流场入口或者出口处存在不稳定流动时,一旦其脉动频率与前置级流场谐振频率相接近,会极大地加剧喷嘴挡板装置中的压力脉动现象,严重影响其工作的稳定性。本节主要研究喷嘴挡板前置级流场的谐振频率,分析流场各个参数对谐振频率的影响,尤其是流场中发生大范围气穴现象时谐振频率的变化规律。

一般情况下,在考虑可压缩性的流场中扰动波的传播速度为

$$a = \sqrt{\frac{\beta_e}{\rho}} \tag{4.5}$$

式中　β_e——流体介质的等效体积弹性模量;

　　　ρ——流体介质的密度。

基于水击现象的研究表明,在一个相对封闭的流场中,扰动波往往会在壁面与边界突变处往复传播。在一个典型周期内,流场呈现压缩、恢复、膨胀、恢复的变化规律,初始扰动引起的流场压力脉动频率可以表示为

$$f = \frac{1}{4L}\sqrt{\frac{\beta_e}{\rho}} \tag{4.6}$$

式中　　L—— 流场的特征长度。

对于喷嘴挡板装置,在油液体积弹性模量 β_e 和密度 ρ 一定时,进出口扰动引起的前置级压力脉动仅与特征长度 L 有关,因此本书也称该频率为前置级流场的谐振频率。图 4.28 为前置级流场结构图,从中可以看出,在喷嘴挡板装置中,挡板长度 L_0 表征了流场的整体长度,是前置级流场中最大的尺寸,因此根据该尺寸计算所得的流场谐振频率最小。当喷嘴挡板装置中发生气穴现象时,油液的等效体积弹性模量大幅下降,导致流场谐振频率降低,而根据挡板长度 L_0 计算得到的谐振频率最低,最易与前置级流场进出口处的低频压力脉动相耦合,因此本书选择挡板长度 L_0 作为流场的特征尺度,计算喷嘴挡板前置级流场在不同工作情况下的谐振频率。

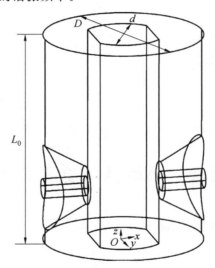

图 4.28　喷嘴挡板前置级流场结构图

在本书所研究的 SFL 型喷嘴挡板伺服阀中,与谐振频率相关的流场各参数见表 4.11,据此计算得到的谐振频率为 33 530 Hz,可见按照纯油液体积弹性模量和密度计算得到的喷嘴挡板前置级流场谐振频率远高于普通液压泵油源引起的压力脉动频率,二者不会发生较强的耦合作用。

表 4.11　喷嘴挡板前置级流场参数

参数	数值
挡板长度 L_0/mm	9.5
纯油液密度 ρ/(kg·m^{-3})	850
纯油液体积弹性模量 β_e/MPa	1 380

为了进一步分析各参数对于谐振频率的影响,本书计算了不同流场结构以及流体介质参数变化时的谐振频率。图 4.29 是固定油液属性时,谐振频率随挡板长度的变化规律。从图中可以看出,对于相同的流场介质,挡板长度增加时,谐振频率逐渐下降,尤其是挡板长度小于 5 mm 时,谐振频率对挡板长度的变化较为敏感,随着挡板长度的增加,谐振频率大幅度下降;当喷嘴长度大于 5 mm 之后,谐振频率的变化趋势逐渐平缓。而在挡板长度取实际值 9.5 mm 时,不同体积弹性模量计算而得的谐振频率都比较高,均大于 10 000 Hz。

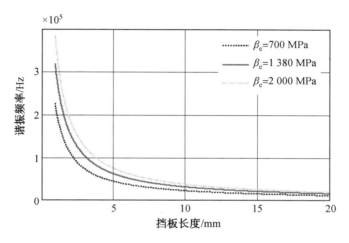

图 4.29　谐振频率随挡板长度的变化

图 4.30 是挡板长度为定值时,前置级流场谐振频率随液体等效体积弹性模量的变化情况。对于相同的液体密度,谐振频率随体积弹性模量的增加而增加,但二者之间呈非线性关系,由式(4.6)可知,谐振频率正比于体积弹性模量的平方根。当弹性模量固定时,谐振频率随液体密度的增加而减小。

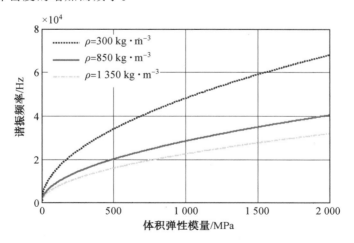

图 4.30　谐振频率随体积弹性模量的变化

最后,图 4.31 是前置级流场谐振频率随油液密度的变化规律,随着油液密度的增加,谐振频率逐渐下降。当油液密度较小时,谐振频率的变化趋势较快,随着油液密度的增加,曲线逐渐趋于平缓。

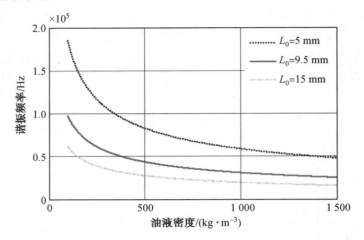

图 4.31　　谐振频率随油液密度的变化

通过分析谐振频率随不同流场结构参数的变化可以发现,当各参数在模型真实值附近变化且流体介质为纯油液时,前置级流场的谐振频率均比较高,往往大于 10 000 Hz。由于该频率远高于正常工作情况下喷嘴入口处液压泵以及前置级流场中瞬态气穴现象引起的压力脉动,因此可以认为该谐振频率对于前置级流场稳定性的影响较小。然而,在喷嘴挡板装置正常工作时,虽然流场结构参数固定不变,但流体介质属性在不同工作条件下却会发生较为明显的变化,尤其当前置级流场中发生气穴现象时,液体中的含气量会严重影响液压油的可压缩性和密度。不同含气量时,液压油等效体积弹性模量可由纯油液体积弹性模量、气体体积弹性模量以及含气量进行计算,具体计算方法为

$$\beta_e = \frac{\beta_1 \beta_g}{\alpha(\beta_1 - \beta_g) + \beta_g} \tag{4.7}$$

式中　　β_e—— 含气油液等效体积弹性模量,MPa;

　　　　β_1—— 纯油液体积弹性模量,MPa;

　　　　β_g—— 气体体积弹性模量,MPa;

　　　　α—— 油液含气量。

在气穴现象发生时,如果流场处于平衡状态,即压力场均匀分布于饱和蒸气压附近,相关研究表明,此时气液混合相的等效体积弹性模量受到气穴相变效应的影响,其值近似为 0。然而在喷嘴挡板装置中,气穴现象仅存在于流场的局部低压区,流场压力分布并不均匀,在任意瞬时,流场中的高压区和低压区处于共存状态,因此本书在计算前置级油液等效体积弹性模量时仍然使用式(4.7)进行计算。

利用式(4.7)可以计算油液等效体积弹性模量随含气量的变化,假设纯油液的体积弹性模量为常数,而气体体积弹性模量为

$$\beta_g = \gamma p \tag{4.8}$$

式中　　γ—— 气体热容比;

p——气体压力,气穴现象发生时该压力值近似等于油液的饱和蒸气压。

油液等效体积弹性模量随含气量的变化如图 4.32 所示,从图中可以看出,等效体积弹性模量随含气量的增加而下降,当含气量较少时,等效体积弹性模量变化十分剧烈。例如压力为 1 bar(1 bar = 100 kPa)时含气量由 0 增加到 0.002,可以使等效体积弹性模量由纯油液的 1 380 MPa 迅速下降到 60 MPa 左右。当含气量继续增加时,等效体积弹性模量的变化逐渐减小,而相同的含气量下,油液的等效体积弹性模量随气体压力的升高而升高。

同样,根据式(4.6)和式(4.7)可以计算不同含气量时喷嘴挡板前置级流场的谐振频率,假设油液密度为定值,结果如图 4.33 所示,谐振频率随含气量的变化与等效体积弹性模量相似,在含气量较少时,谐振频率的下降速度较快。例如,压力为 1 bar 时,含气量由 0 增加到 0.002,谐振频率从纯油液的 35 000 Hz 下降到 5 000 Hz,当含气量继续增加至 0.01 时,谐振频率下降到仅 3 000 Hz 左右。

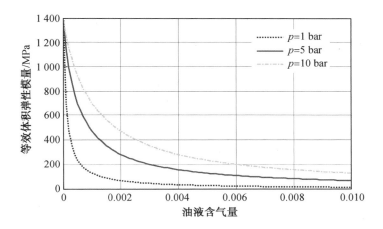

图 4.32　　等效体积弹性模量随含气量的变化

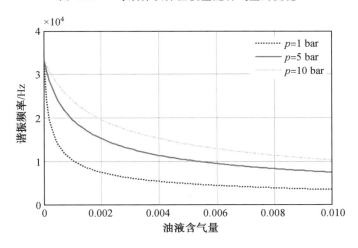

图 4.33　　仅考虑体积弹性模量变化时谐振频率与含气量的关系

当气穴现象发生时,油液中的含气量增加,不仅会影响其可压缩性,降低等效体积弹性模量,同时油液密度也会受气穴现象的影响而改变。本书使用混合两相流模型计算流场中的气穴现象,气液混合相的密度随含气量的变化可由下式进行计算,假设油液液相和气相的密度为定值,气穴现象发生时流场的密度与含气量成正比。

$$\rho_{\mathrm{m}} = \rho_{\mathrm{l}} - \alpha(\rho_{\mathrm{l}} - \rho_{\mathrm{g}}) \tag{4.9}$$

式中　　ρ_{m}——气液混合物密度,$\mathrm{kg/m^3}$;

　　　　ρ_{l}——纯油液密度,$\mathrm{kg/m^3}$;

　　　　ρ_{g}——气体密度,$\mathrm{kg/m^3}$;

　　　　α——油液含气量。

　　假设油液的等效体积弹性模量为定值,而其含气量只会影响油液的密度,则根据式(4.6)和式(4.9)可以计算不同含气量时喷嘴挡板前置级流场的谐振频率,结果如图4.34所示。从图中可以看出,谐振频率随着油液含气量的增加而增加,这与气穴现象作用下等效体积弹性模量对谐振频率的影响规律正好相反。但是二者也并不呈线性关系,在含气量较低时,谐振频率的变化速度较为缓慢;随着含气量的逐渐增加,谐振频率的增加速率逐渐加快。例如液体弹性模量为1 380 MPa时,含气量由0增加到0.5所引起的谐振频率变化仅为15 000 Hz左右,但是当含气量继续增加至0.9之后,所引起的谐振频率变化值高达50 000 Hz左右。

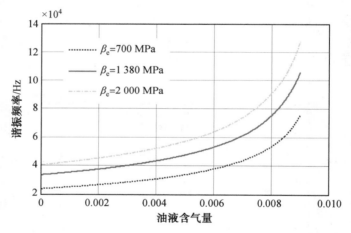

图 4.34　仅考虑密度变化时谐振频率与含气量的关系

4.5.2　瞬态气穴作用下喷嘴挡板前置级流场谐振频率研究

　　上一节分析了流场结构参数以及气穴现象对于喷嘴挡板前置级流场谐振频率的影响。由前文分析可知,流体介质属性对于谐振频率的影响主要体现为油液的含气量,该参数会改变流体介质的可压缩性与密度,进而影响前置级流场谐振频率。由于喷嘴挡板装置中气穴现象的不稳定性与瞬时性,油液的含气量也呈现较强的脉动特性,其随时间的变化规律与气穴形态的周期性演变密切相关。因此流场中的瞬态气穴会造成前置级流场谐振频率的动态变化。本节主要研究不同流动条件下圆角挡板和直角挡板前置级流场中,瞬态气穴现象作用下流场介质等效弹性模量以及谐振频率的动态变化,而流场密度与含气量呈线性关系,其变化规律较为简单,因此本书对瞬态气穴作用下的流场密度变化不做详细介绍。

前置级流场中含气量随时间的变化可以由第 3 章中体平均气穴脉动计算而得,由于体平均气穴表征流场整体的气穴效应,在忽略油液中溶解的气体时,任意时刻体平均气穴分数等于该时刻流场中气体总含量与流场总体积之比。圆角挡板不同喷嘴入口压力时,前置级液体等效弹性模量的计算结果如图 4.35 所示。喷嘴入口压力为 4 MPa、5 MPa 和 6 MPa 时,等效弹性模量动态变化的均值分别为 0.73 MPa、0.35 MPa、0.24 MPa,幅值分别为 0.22 MPa、0.12 MPa 和 0.07 MPa。可以发现,随着喷嘴入口压力的升高,流场中气穴现象加剧,含气量增加,不仅等效弹性模量均值逐渐减小,其脉动幅值也呈下降趋势。这主要是由于液体中含气量较少时,等效弹性模量对流场中含气量的变化较为敏感,微小的含气量变化可以引起等效弹性模量大范围的改变,而随着含气量的增加,等效弹性模量的变化趋势逐渐减缓。在频域上,喷嘴入口压力分别为 4 MPa、5 MPa 和 6 MPa 时,等效体积弹性模量动态变化的峰值频率分别为 549 Hz、763 Hz、961 Hz,均方根频率分别为 9 429 Hz、10 183 Hz、11 388 Hz,由于等效体积弹性模量与体平均气穴分数密切相关,因此其频域参数与相同流动条件下的体平均气穴脉动频率比较接近。

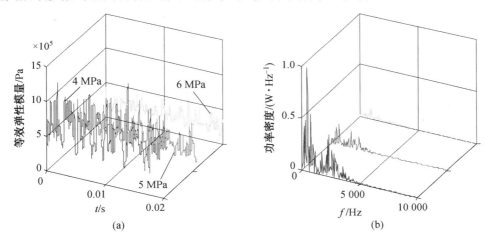

图 4.35　4 MPa、5 MPa 和 6 MPa 时圆角挡板等效体积弹性模量

图 4.36 为圆角挡板在喷嘴入口压力为 4 MPa、5 MPa 和 6 MPa 时,流场谐振频率计算结果,其均值分别为 760 Hz、526 Hz、436 Hz,幅值分别为 118 Hz、87 Hz、65 Hz。可以发现,受到气穴现象的影响,不同流动条件下的前置级流场谐振频率远低于上一节使用纯油液参数计算得到的流场谐振频率,说明气穴现象会导致谐振频率的大幅下降。而且脉动均值和幅值都随喷嘴入口压力的升高而降低,与等效体积弹性模量的变化规律一致。由于气穴现象引起的油液可压缩性变化与密度变化都会影响前置级流场谐振频率,而且上一节的研究表明二者对谐振频率的影响趋势相反。此处计算结果表明,不同流动条件下谐振频率的变化规律与等效体积弹性模量的变化规律相同,所以可以认为在本书气穴现象引起的流场含气量变化范围之内,谐振频率主要受油液体积弹性模量变化的影响,受密度的影响较小,其频率特性与相同流动条件下的体平均气穴脉动频率相接近。

同样,可以计算直角挡板不同流动条件下的液体等效体积弹性模量以及前置级流场

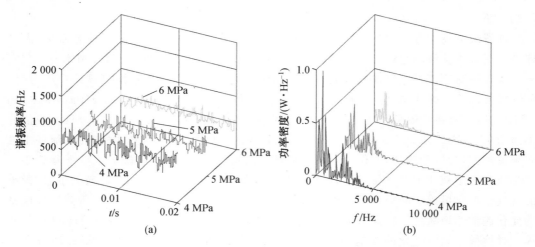

图 4.36　4 MPa、5 MPa 和 6 MPa 时圆角挡板谐振频率

谐振频率,其中图 4.37 为喷嘴入口压力 4 MPa、5 MPa 和 6 MPa 时等效体积弹性模量计算结果,其均值分别为 0.47 MPa、0.21 MPa、0.14 MPa,幅值分别为 0.15 MPa、0.04 MPa、0.02 MPa,与圆角挡板类似,均值和幅值都随喷嘴入口压力的上升而下降。

频域上,其峰值频率分别为 541 Hz、914 Hz、1 227 Hz,均方根频率为 8 099 Hz、8 711 Hz、9 572 Hz,分别与相同流动条件下直角挡板的体平均气穴脉动频率接近。图 4.38 为不同喷嘴入口压力时直角挡板前置级流场谐振频率的计算结果,其脉动均值分别为 614 Hz、415 Hz、338 Hz,幅值分别为 93 Hz、34 Hz、23 Hz,同样远低于纯油液工作时前置级流场谐振频率。

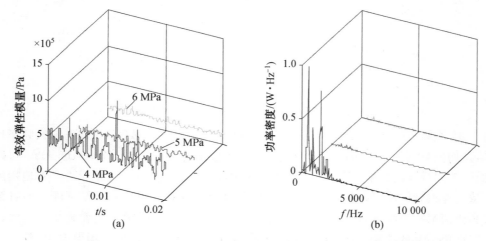

图 4.37　4 MPa、5 MPa 和 6 MPa 时直角挡板等效体积弹性模量

因此,无论是圆角挡板还是直角挡板,气穴现象会使前置级流场谐振频率大幅下降。而有关喷嘴挡板伺服阀衔铁组件固有频率的研究表明,挡板的前三阶固有频率都比较低,分别为 650 Hz、730 Hz 和 952 Hz。所以,受到气穴现象的影响,当前置级流场谐振频率与挡板固有频率相接近,或者流场的进出口处存在与谐振频率相接近的低频不稳定流动

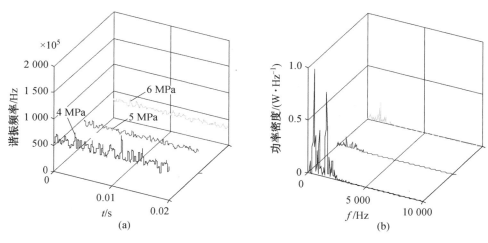

图 4.38　4 MPa、5 MPa 和 6 MPa 时直角挡板谐振频率

现象时,例如进口处由液压泵引起的低频压力脉动,二者都极易加剧流场的不稳定性,诱发前置级流场中剧烈的压力脉动现象,甚至引起伺服阀自激振荡现象的发生。

4.6　本 章 小 结

本章对圆角挡板和直角挡板前置级流场中瞬态气穴现象引起的流场压力脉动和前置级流场谐振频率进行了研究。研究发现,在喷嘴中心面处,射流右侧的局部压力脉动频率略高于射流左侧,而且射流两侧的云气穴溃灭现象会诱发流场的高频压力脉动。在垂直喷嘴中心面的方向,受到出口高压区的影响,流场出口附近的气穴现象和压力脉动都被显著地抑制。不同挡板流场中的面平均压力脉动与体平均压力脉动频率参数均与相同流动条件下面平均气穴和体平均气穴脉动频率相接近,进一步说明瞬态气穴和流场压力脉动之间具有密切联系。同时,本章计算了喷嘴挡板前置级流场的谐振频率,研究发现流场中的气穴现象会极大地降低流体介质的可压缩性和前置级流场谐振频率。

第5章 瞬态气穴引起的
瞬态液动力与挡板振动研究

第4章对喷嘴挡板前置级流场中瞬态气穴引起的流场压力脉动进行了研究,流场中的压力脉动不但会引起零件壁面的汽蚀损坏,还会影响喷嘴挡板装置工作的稳定性。对于双喷嘴挡板结构,其两侧喷嘴之间的压力差直接取决于挡板的位置,而前置级流场压力脉动往往会使挡板受到随时间变化的液动力作用,尤其是在挡板工作方向的液动力脉动会极大地影响挡板工作的稳定性。

本章基于第3章和第4章前置级流场瞬态气穴和压力脉动的分析结果,对不同挡板形状在气穴流场中受到的瞬态液动力进行研究。首先,分析圆角挡板和直角挡板的应力特性,明确挡板主液动力以及涡流力特点;其次,对不同挡板的主液动力和瞬态涡流力进行研究,分析涡流力动态特性与流场压力脉动以及瞬态气穴之间的关系;最后,建立喷嘴挡板前置级流场与衔铁组件的流固耦合模型,对瞬态液动力作用下的挡板振动特性进行分析。

5.1 挡板的主液动力与涡流力

本章在对圆角挡板和直角挡板进行瞬态液动力研究之前首先针对二者不同的结构分析其受力特性。圆角挡板和直角挡板在结构上最大的区别在于直角挡板的两侧没有曲面结构,取而代之的是平面结构。两种挡板的结构如图5.1所示,图中的黑色和灰色面代表1/4挡板模型的表面。其中黑色为正对喷嘴出口的挡板平面,TF和RF分别表示圆角挡板和直角挡板的表面,而且直角挡板中该平面的宽度略大于圆角挡板。同时,图中灰色面代表挡板的侧面,圆角挡板中该表面为曲面,直角挡板中则为平面,分别用TV和RV表示。

由于圆角挡板和直角挡板在结构上有所区别,所以这两种挡板在喷嘴挡板前置级流场中受到的液动力也会有所不同。首先,对于正对喷嘴出口的TF、RF面而言,因为二者都是平面结构,不同之处只限于面积的差异,所以二者受到的液动力性质相同,只是液动力大小不同。在两种形状的挡板中,TF和RF面都是法线方向平行于X轴的平面,平面上任意一点的应力可以分解为平行于坐标轴的三个分量,分别为τ_{xx},τ_{xy},τ_{xz},其中第一个下标x表示该应力的作用面垂直于X轴,第二个下标表示应力的方向。所以τ_{xx}为垂直于挡板表面的正应力,τ_{xy}和τ_{xz}分别表示Y和Z轴方向的切应力,如图5.2所示。

将第2章任意壁面所受液动力的式(2.26)应用于笛卡儿坐标系下,可以得出TF和RF平面在空间三个方向上的液动力分量,结果分别为

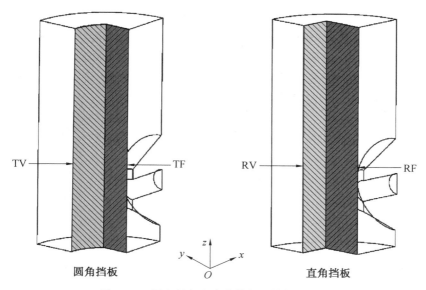

圆角挡板　　　　　　　　直角挡板

图 5.1　圆角挡板和直角挡板的结构示意图

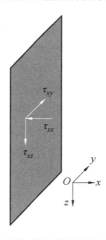

图 5.2　圆角挡板 TF 面和直角挡板 RF 面的局部应力示意图

$$F_x = \iint_S \boldsymbol{\tau}_{xx}\, \mathrm{d}s \tag{5.1}$$

$$F_y = \iint_S \boldsymbol{\tau}_{xy}\, \mathrm{d}s \tag{5.2}$$

$$F_z = \iint_S \boldsymbol{\tau}_{xz}\, \mathrm{d}s \tag{5.3}$$

　　图 5.3 为圆角挡板在喷嘴入口压力为 6 MPa 时 TF 面的各应力计算结果,从结果可以发现,由于 TF 面是垂直于 X 轴方向的平面,所以受到该方向的正应力作用,其最大值分布于正对喷嘴出口的圆形区域,约为 12 MPa,圆形区域之外的应力值较小。同时,TF 面由于流体黏性的作用也受到 Y 方向和 Z 方向的黏性切应力作用,其中 Y 方向切应力的最大值约为 244 000 Pa,Z 方向的切应力最大值约为 230 000 Pa,二者都明显低于该平面的

最大正应力。相同喷嘴入口压力下的直角挡板 RF 面受力情况如图 5.4 所示。与圆角挡板结果类似，X 方向最大应力值也集中于正对喷嘴出口的圆形区域，该区域之外应力值迅速减小。RF 面的 Y 向最大黏性切应力值约为 224 000 Pa，Z 方向的最大黏性切应力约为 187 000 Pa，二者也远小于 X 方向的正应力。

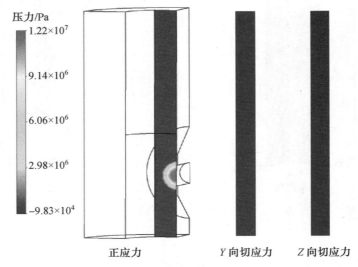

图 5.3　喷嘴入口压力为 6 MPa 时圆角挡板 TF 面上各应力分布

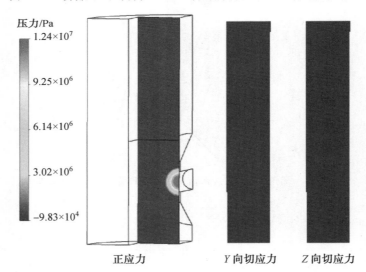

图 5.4　喷嘴入口压力为 6 MPa 时直角挡板 RF 面上各应力分布

从以上 TF 面和 RF 面的各应力分布结果可以看出，TF 面和 RF 面的正应力分布主要集中于正对喷嘴出口的圆形区域之内，圆形区域之外正应力迅速减小。同时由于流体黏性作用，TF 面和 RF 面还受到 Y、Z 两个方向的切应力作用，但是切应力的大小远小于正应力，所以在后续研究中对于圆角挡板 TF 面以及直角挡板 RF 面，只分析其在 X 方向的受力，忽略 Y 方向和 Z 方向的黏性切应力作用。本书将 TF 面以及 RF 面上由正应力引起的瞬态液动力称为挡板主液动力。

　　同理可以分析圆角挡板和直角挡板 TV、RV 面的受力情况，直角挡板的 RV 面是平面，因此其受力与上述 TF、RF 面的分析类似。如图 5.5 所示，RV 面中的任意一点受到一个 Y 向正应力和 X、Z 向两个黏性切应力作用。而圆角挡板的 TV 面是一个曲面，在其内部任意一点处的正应力同时拥有 X 和 Y 两个方向不为 0 的分量，即 X 和 Y 方向都有正应力作用，这是圆角挡板与直角挡板最大的不同点。

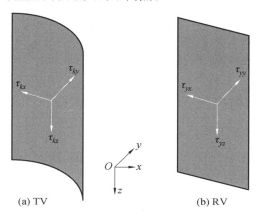

图 5.5　圆角挡板 TV 面和直角挡板 RV 面的局部应力示意图

　　图 5.6 为圆角挡板在喷嘴入口压力为 6 MPa 时 TV 面的各应力计算结果，首先从 TV 表面正应力分布可以发现，由于外部流场结构比较复杂，在气穴和旋涡流共同作用下，TV 面的正应力分布极不规律，最小值位于挡板平面和曲面连接的拐角处，该值约等于流体饱和蒸气压，位于气穴发生区。由第 3 章的分析可知，该低压区是由于 TV 面上的附着气穴引起的。TV 面的最大正应力值发生于对称边界处，约为 454 000 Pa，而且由于 TV 面是曲面结构，正应力在 X 和 Y 方向的分量值都不为 0，也处于这一量级。同时，TV 面也受到 X 和 Y 方向黏性切应力的作用，但是与 TF 面不同的是，TV 面切应力的范围与正应力较为接近，这是由于 TV 面正应力远小于 TF 面的正应力，因此在计算 TV 面受力时应该考虑黏性切应力的作用。图 5.7 为直角挡板在喷嘴入口压力为 6 MPa 时 RV 面的各应力计算结果。与圆角挡板相似，RV 面上的正应力分布也呈现不规律的状态，最大值位于挡板下半部与对称边界交界处，但是由第 3 章的分析可知，直角挡板拐角处附着气穴较小，所以在挡板拐角处没有明显的低压区。同时 X 方向黏性切应力数值也较为接近其表面正应力分布，因此必须予以考虑。

　　从 TV 面和 RV 面的应力分析可知，由于流场中气穴和旋涡流的影响，二者表面的应力分布呈现不规律性，而且由于两个表面的正应力值相对较小，使得 TV 面和 RV 面的黏性切应力和正应力处于同一量级。因此在后续挡板表面受力分析中，不仅要计算 TV、RV 面的正应力值，同时也需要考虑各个方向上黏性切应力的影响。由于 TV 面和 RV 面上各应力受气穴和旋涡流影响严重，本书将以上两个挡板表面上各种应力引起的液动力合力称为挡板涡流力。

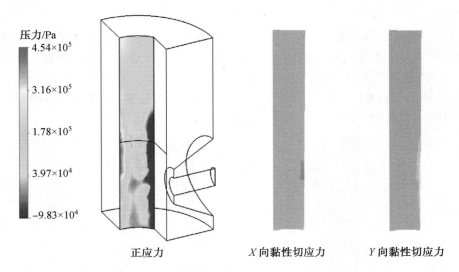

图 5.6　喷嘴入口压力为 6 MPa 时圆角挡板 TV 面上各应力分布

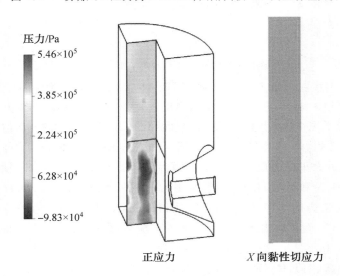

图 5.7　喷嘴入口压力为 6 MPa 时直角挡板 RV 面上各应力分布

5.2　挡板主液动力特性研究

5.2.1　主液动力产生机理研究

由上一节内容可知,无论是圆角挡板还是直角挡板,其正对喷嘴出口的 TF 面和 RF 面主要受到垂直于该表面的主液动力作用,与表面平行的黏性切应力可以忽略不计。挡板的主液动力是由喷嘴挡板之间的冲击射流引起的,其产生机理也可以从流场的三维流线分布情况进行说明。图 5.8 分别为喷嘴入口压力为 6 MPa 时,圆角挡板和直角挡板的三维流线分布图。从图中可以看出喷嘴与挡板之间形成了典型的冲击射流,液体在冲击挡板平面之后绝大部分流线位于流场下部,说明流动主要集中于流场下半部分,在喷嘴挡板间隙和喷嘴入口处的流速较大,最大流速接近 160 m/s。而流场上半部分流线比较稀疏,流速较慢,并且在流场上部可以发现大尺度旋涡。

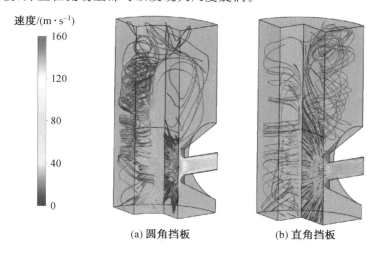

(a) 圆角挡板　　　　(b) 直角挡板

图 5.8　喷嘴入口压力为 6 MPa 时圆角挡板和直角挡板的流线分布图

从不同挡板的表面压力分布以及三维流线图可以看出,挡板受到的主液动力主要是由喷嘴挡板之间的冲击射流在圆角挡板 TF 面以及直角挡板 RF 面上形成的高压区引起的。液体在喷嘴以及喷嘴挡板之间的狭小缝隙中高速流动,一旦液流到达挡板表面,由于液体具有黏性,根据边界层理论可以近似认为紧贴壁面的液体速度为 0,而此时的壁面压力可以近似看成液体的滞止压力,即喷嘴中液体静压力和动压力之和。图 5.9 为圆角挡板和直角挡板在喷嘴入口压力为 6 MPa 时的挡板表面正应力分布图。从图中可以看出正对喷嘴出口的挡板下平面有明显的滞止高压区,挡板表面的最大滞止压力约为

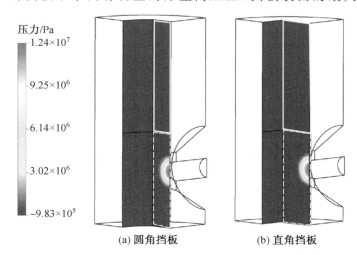

(a) 圆角挡板　　　　(b) 直角挡板

图 5.9　喷嘴入口压力为 6 MPa 时圆角挡板 TF 面和直角挡板 RF 面的正应力分布图

12.4 MPa,而上半部分远离喷嘴出口的平面压力较低,对主液动力的贡献也相对较小。所以,本书在后续对挡板主液动力的分析中只考虑 TF 面以及 RF 面的下半部分应力分布,如图中虚线框所示,其分割距离约为整体流场高度的一半 2.5 mm,而上半部分对于主液动力的影响将被忽略。

5.2.2　主液动力仿真与经验值对比

由上一节的内容可知不同形状挡板的主液动力主要是由喷嘴挡板之间的冲击射流引起的。而在对不同挡板主液动力进行数值仿真或者实验研究时,都会在喷嘴入口处提供一个稳态的压力入口条件,即保持喷嘴入口处的压力值不变。同时,第 3 章的研究表明流场中的瞬态气穴主要分布于挡板与外壁面形成的环形区域内,喷嘴出口附近以及喷嘴挡板间隙处的气穴较少,因此瞬态气穴对于挡板主液动力的影响较小。基于以上两点,本书在对挡板主液动力进行仿真计算时只关心其稳态值。

同时,基于喷嘴挡板之间冲击射流的基本理论,也可以近似估算挡板主液动力大小。在对挡板主液动力进行计算之前必须首先明确挡板表面的正应力分布,由于喷嘴射流具有流速快、射流面积小的特点,所以可以近似认为挡板表面的正应力等于液流滞止压力,且均匀分布,如图 5.10 所示。由伯努利方程可以计算挡板表面的滞止压力为

$$p_f = p_c + \frac{1}{2}\rho v^2 \tag{5.4}$$

式中　　p_f—— 挡板表面的滞止压力,Pa;

　　　　p_c—— 喷嘴内部压力,Pa;

　　　　v—— 喷嘴内部油液流速,m/s;

　　　　ρ—— 油液密度,kg/m³。

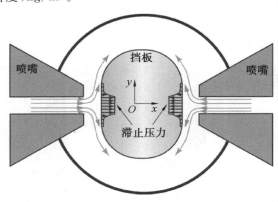

图 5.10　挡板主液动力示意图

由于喷嘴射流速度较快,挡板上与喷嘴出口相对的圆形区域处正应力值远大于挡板其他区域壁面正应力,因此计算时只考虑喷嘴出口面积处的滞止压力,可得主液动力表达式为

$$F = p_f A_N = \left(p_c + \frac{1}{2}\rho v^2\right) A_N \tag{5.5}$$

　　喷嘴内油液流速与喷嘴挡板间隙以及泄漏量密切相关,因为挡板任意位置时单喷嘴流量计算公式为

$$Q_1 = \pi D_N (x_{f0} - x_f) C_{df} \sqrt{\frac{2}{\rho}(p_c - p_0)} \tag{5.6}$$

式中　　Q_1—— 单侧喷嘴泄漏流量,m^3/s;

　　　　D_N—— 喷嘴直径,m;

　　　　x_{f0}—— 喷嘴挡板零位间隙,m;

　　　　x_f—— 喷嘴位移,m;

　　　　C_{df}—— 喷嘴挡板间隙的流量系数;

　　　　p_0—— 回油压力,Pa。

　　所以可以得出喷嘴内油液流速为

$$v = Q_1/A_N = \frac{\pi D_N (x_{f0} - x_f) C_{df}}{A_N} \sqrt{\frac{2}{\rho}(p_c - p_0)} \tag{5.7}$$

　　将式(5.7)代入式(5.6)中,可得挡板主液动力的表达式为

$$F = \left[p_c + \frac{16 C_{df}^2 (x_{f0} - x_f)^2 (p_c - p_0)}{D_N^2} \right] A_N \tag{5.8}$$

　　当挡板处于零位且忽略回油压力时,主液动力表达式可以简化为

$$F = \left(p_c + \frac{16 C_{df}^2 x_{f0}^2 p_c}{D_N^2} \right) A_N \tag{5.9}$$

　　式(5.8)以及式(5.9)是用来计算由喷嘴冲击射流引起的挡板主液动力的基本方法,由于计算表达式中使用了喷嘴挡板间隙流量系数 C_{df},所以计算结果的准确性在一定程度上依赖于该系数的选择。

　　圆角挡板和直角挡板在不同喷嘴入口压力下的挡板主液动力仿真结果与式(5.9)的对比如图 5.11 所示。从图中首先可以发现圆角挡板和直角挡板的主液动力值都随喷嘴入口压力的上升而增加,两种挡板的主液动力仿真结果只有在压力较低时才与经验公式接近,随着喷嘴入口压力的上升,二者之间的误差逐渐增大,圆角挡板主液动力仿真值与

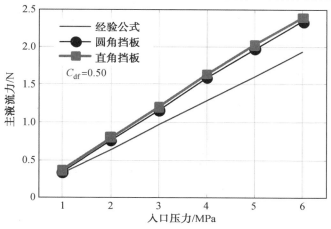

图 5.11　圆角挡板和直角挡板主液动力仿真与经验公式对比

经验公式的平均相对偏差为 18.43%，直角挡板的平均相对偏差为 22.74%。引起误差的主要原因是，数值计算时选择挡板平面的下半部分作为研究对象，对其进行压力积分，计算挡板主液动力，而经验公式中只是针对正对喷嘴出口的圆形区域进行计算，所以数值计算选取的主液动力计算面积较大。在流场压力较小时，误差可以忽略，随着喷嘴入口压力的上升，流场中的压力也随之增加，上述面积差引起的主液动力计算误差也逐渐增大。

5.3　挡板涡流力特性研究

5.3.1　挡板工作方向(X 方向)涡流力动态特性分析

对于圆角挡板和直角挡板，除了在 TF、RF 面受到喷嘴射流引起的主液动力之外，同时还受到来自圆角挡板 TV 面和直角挡板 RV 面的涡流力作用。对于 TV 面和 RV 面的涡流力，本书只研究 X 和 Y 两个方向的分量，其中 X 方向是挡板工作时的运动方向，该方向的涡流力会直接影响挡板位移的控制精度，而 Y 方向垂直于挡板工作方向，在特定的情况下也会影响挡板位置；相反，平行于挡板方向的 Z 向液动力由于挡板本身在该方向没有自由度，其影响可以忽略，所以本书对挡板在 Z 方向上的液动力不做研究。与瞬态气穴研究类似，本书在对挡板涡流力进行研究时也主要考虑喷嘴入口压力为 4 MPa、5 MPa 及 6 MPa 的 3 种情况。而且由于射流与气穴现象主要发生在靠近喷嘴出口的流场下半部分，因此本书在研究挡板涡流力时，也只考虑圆角挡板 TV 面以及直角挡板 RV 面的下半部分，其分割位置与主液动力一致，下文为了简化命名，TV 面与 RV 面特指挡板原表面的下半部分。同时，上一节的内容指出，由于 TV、RV 面挡板所受正应力和黏性切应力量级相差不多，因此在计算涡流力时必须考虑黏性切应力的影响。

首先分析挡板在工作方向即 X 方向的涡流力脉动特性。对于圆角挡板，其 X 方向涡流力来源于 TV 面上的正应力以及黏性切应力两个部分，图 5.12 是喷嘴入口压力为 5 MPa 时一个典型气穴变化周期内 TV 面的正应力瞬态分布，从中可以看出，TV 面右边

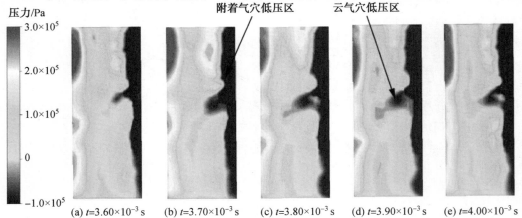

图 5.12　喷嘴入口压力为 5 MPa 时圆角挡板 TV 面正应力瞬态分布

缘处存在狭长的低压区,由于该位置对应于挡板平面和曲面的连接处,而且该低压区形态随气穴变化并不明显,因此可以确定该低压区是由于附着气穴引起的。同时,云气穴现象引起的低压区仅存在于 TV 面的中央,对应于喷嘴中心面处。该处射流强度大,气穴现象比较显著,因此其低压区形态随时间的变化也较为明显。

　　图 5.13 是喷嘴入口压力为 5 MPa 时一个典型气穴变化周期内 TV 面 X 方向黏性切应力变化。图中绝大部分 X 方向黏性切应力都为正值,与 X 轴方向一致,表明 TV 表面存在从左至右的液体流动,这主要是由反向射流紧贴 TV 面流动引起的。只有在 TV 面的右边缘处,正向射流强度较高,局部存在由右至左的流动时,X 方向黏性切应力为负。

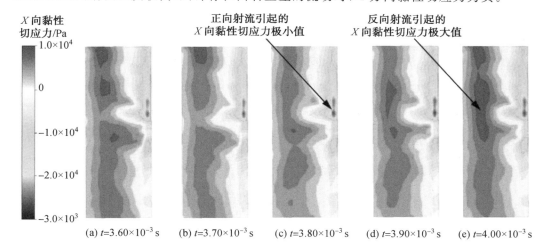

图 5.13　喷嘴入口压力为 5 MPa 时圆角挡板 TV 面 X 方向切应力瞬态分布

　　对于直角挡板,其 X 方向涡流力全部来自于黏性切应力。图 5.14 是喷嘴入口压力为 5 MPa 时直角挡板 RV 面 X 方向的黏性切应力瞬态分布,与圆角挡板 TV 面类似,由于反向射流的作用,RV 面上绝大部分黏性切应力为正,分布在面中央。但是由于直角挡板 RV 面是平面结构,右侧边缘的射流没有沿 X 方向的分量,所以在 RV 面右侧并没有明显的切应力为负的区域。

　　喷嘴入口压力为 4 MPa 时,圆角挡板 TV 面以及直角挡板 RV 面的 X 方向瞬态涡流力计算结果如图 5.15 所示,同样取前 0.02 s 的计算结果进行分析。从时域图可以看出,两种挡板 X 方向瞬态涡流力随时间的变化受湍流效应的影响都呈现一定的不规则性,很难从中发现较为明显的周期性规律。由于圆角挡板在 X 方向存在正应力作用,而直角挡板在 X 方向的涡流力主要来自黏性切应力的贡献,因此其脉动幅值远低于圆角挡板,本书为了能够更加清楚地显示直角挡板 X 方向涡流力随时间的变化情况,在时域图中使用了双 y 坐标表示,频域上则使用了分别归一化的处理方式。从图中可以发现,尽管直角挡板的涡流力脉动幅值较小,但是二者的均值相差不多。这主要是由两方面的原因造成的,首先圆角挡板 TV 面存在较为明显的附着气穴,因此其表面很大一部分区域静压力等于液体饱和蒸气压,极大地减小了 TV 面的受力;其次,挡板下半部分靠近射流核心区,流动剪切特性很强,因此受壁面附近较大速度梯度的影响,挡板下半部分的黏性切应力较大,与静压力在相同的数量级上。最后,受流场湍流随机性的影响,$t = 0.007$ s 附近存在一处

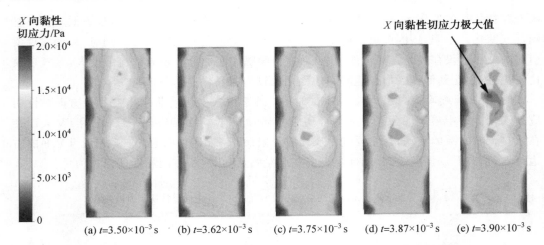

(a) $t=3.50\times10^{-3}$ s (b) $t=3.62\times10^{-3}$ s (c) $t=3.75\times10^{-3}$ s (d) $t=3.87\times10^{-3}$ s (e) $t=3.90\times10^{-3}$ s

图 5.14　喷嘴入口压力为 5 MPa 时直角挡板 RV 面 X 方向切应力瞬态分布

不规则脉动峰值。

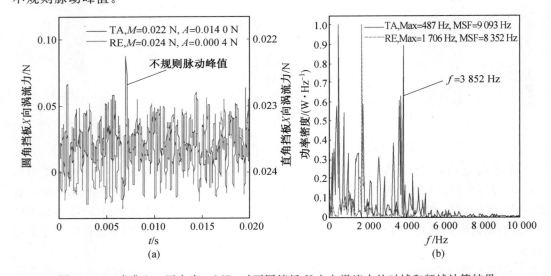

图 5.15　喷嘴入口压力为 4 MPa 时不同挡板 X 方向涡流力的时域和频域计算结果

　　在频域上,圆角挡板 X 方向涡流力脉动的峰值频率为 487 Hz,均方根频率为 9 093 Hz,并且在 3 852 Hz 附近存在一个高频脉动峰值,由第 4 章的分析可知,该高频峰值是由挡板壁面附近气穴的溃灭所引起的。通过与第 3 章和第 4 章中相同条件下的气穴和压力脉动参数对比可以发现,圆角挡板 X 向涡流力脉动峰值频率和均方根频率与圆角挡板体平均气穴和体平均压力脉动的频谱特性十分接近,因此可以认为圆角挡板 X 方向涡流力动态特性主要受瞬态气穴的影响;对于直角挡板,其峰值频率为 1 706 Hz,均方根频率为 8 352 Hz,与相同条件下的直角挡板体平均气穴和体平均压力脉动频率相差较大,而且并没有明显的高频脉动峰值存在,说明直角挡板 X 向涡流力动态特性与气穴动态特性之间并不存在紧密联系。这种差异主要是由于两种挡板的 X 向涡流力产生机理不同造成的,圆角挡板 X 向涡流力主要是由挡板 TV 面上的压力引起的,而气穴现象的产生、运动及溃灭都是流场压力变化的结果,同时也会对流场压力有直接的影响,所以圆角挡板 X 向涡流力与气穴动态特性联系紧密;相反,直角挡板 X 向涡流力主要由挡板表面的黏性切应力引起,黏性切应力主要受速度梯度的影响,受气穴形态变化的影响相对较小。

喷嘴入口压力为 5 MPa 时两种挡板形状 X 方向的瞬态涡流力计算结果如图 5.16 所示。随着喷嘴入口压力的升高,圆角挡板表面受正应力作用,其涡流力均值大幅上升,而直角挡板表面的黏性切应力只有小幅上涨,因此 5 MPa 时圆角挡板的涡流力均值与幅值都大于直角挡板。在频域分析中,圆角挡板的峰值频率与均方根频率都接近相同条件下的体平均气穴和体平均压力脉动频率,进一步说明圆角挡板涡流力在宏观上受气穴动态特性的影响。同时,受到气穴溃灭的影响,圆角挡板涡流力脉动频谱中依然存在高频脉动峰值,其频率约为 4 600 Hz,比 4 MPa 时的脉动频率有所上升。对于直角挡板,由于涡流力产生机理的不同,其脉动频谱分布与气穴脉动频谱仍然差距较大。

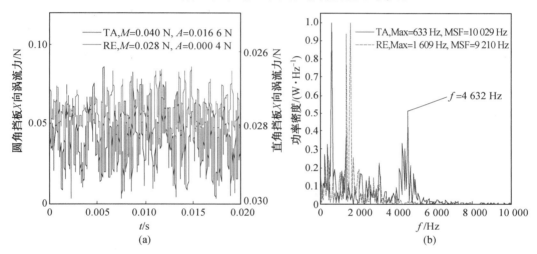

图 5.16　喷嘴入口压力为 5 MPa 时不同挡板 X 方向涡流力的时域和频域计算结果

喷嘴入口压力为 6 MPa 时两种挡板形状的瞬态涡流力计算结果如图 5.17 所示,随着喷嘴入口压力的升高,圆角挡板时域和频域的各涡流力脉动参数均有所上升,而直角挡板涡流力脉动的各项参数变化并没有统一的规律,脉动均值和均方根频率随喷嘴入口压力的上升而上升,脉动幅值几乎不变,而脉动峰值频率则略有下降,这主要是由于直角挡板 X 向涡流力受黏性切应力的支配,与流场中气穴与压力变化没有直接关系。

5.3.2　垂直挡板工作方向(Y 方向) 涡流力动态特性分析

在圆角挡板 TV 面以及直角挡板 RV 面上,除了受到 X 方向的涡流力之外,还存在 Y 方向的涡流力,本节主要对不同挡板 Y 方向的瞬态涡流力进行分析。对于圆角挡板,Y 方向涡流力来源于两部分,分别是 TV 面的正应力分量以及 Y 方向黏性切应力。喷嘴入口压力为 5 MPa 时在一个典型气穴变化周期内 TV 面正应力变化如图 5.12 所示,其性质在上一节已经做了详细介绍,本节主要分析 TV 面上 Y 向黏性切应力的瞬态分布,如图 5.18 所示。可以发现,TV 面上除了右边缘极小部分有较为明显的正向切应力,其余部分的 Y 向切应力均为负,这是由于 TV 面大部分区域受到沿着 Y 轴负方向的反向射流作用,只有在右边缘接近喷嘴挡板间隙处,正向射流的方向沿着 Y 轴正向。而且可以发现,不同时刻的 Y 向切应力分布几乎相同,说明气穴形态的演变对于 Y 向切应力的影响较小。

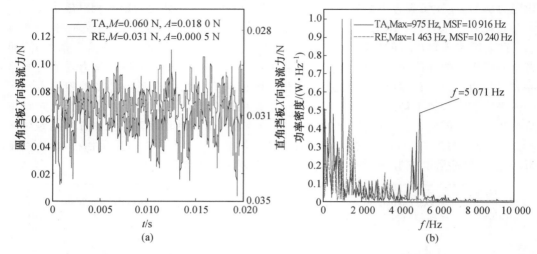

图 5.17　　喷嘴入口压力为 6 MPa 时不同挡板 X 方向涡流力的时域和频域计算结果

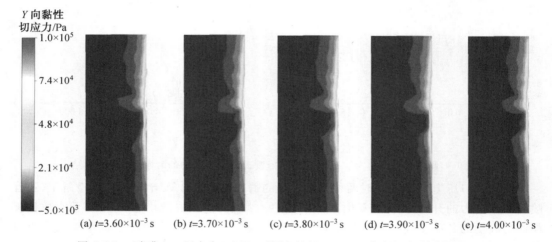

(a) $t=3.60×10^{-3}$ s　　(b) $t=3.70×10^{-3}$ s　　(c) $t=3.80×10^{-3}$ s　　(d) $t=3.90×10^{-3}$ s　　(e) $t=4.00×10^{-3}$ s

图 5.18　　喷嘴入口压力为 5 MPa 时圆角挡板 TV 面 Y 方向切应力瞬态分布

对于直角挡板,由于 RV 面是垂直于 Y 轴的平面结构,因此在 Y 向只受正应力的作用,喷嘴入口压力为 6 MPa 时 RV 面正应力瞬态分布如图 5.19 所示。从图中可以看出,RV 面正应力的变化受到气穴动态特性的影响较强,由于直角挡板流场中附着气穴分布较小,因此云气穴形态的演变是 RV 面正应力变化的主要原因,从图中可以清楚地看到云气穴低压区由小变大之后又逐渐减小的过程。

喷嘴入口压力为 4 MPa 时,圆角挡板 TV 面以及直角挡板 RV 面的 Y 方向瞬态涡流力计算结果如图 5.20 所示。从时域图可以看出,圆角挡板涡流力均值低于直角挡板,圆角挡板均值为 0.099 N,直角挡板均值为 0.188 N。这是因为圆角挡板曲面上大范围地附着气穴,极大地降低了其壁面压力值,而直角挡板在 RV 面上附着气穴面积远小于圆角挡板。但是圆角挡板的涡流力脉动幅值却比直角挡板高,说明圆角挡板的附着气穴也存在

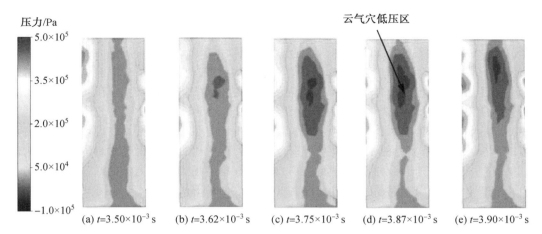

图 5.19　喷嘴入口压力为 6 MPa 时直角挡板 RV 面 Y 方向正应力瞬态分布

一定的不稳定性。而且圆角挡板在 $t=0.007$ s 附近存在不规则涡流力峰值,图 5.15 中相同条件下 X 向涡流力在该时刻也存在相似的峰值,说明圆角挡板两个方向上的涡流力脉动具有一定的内在联系。

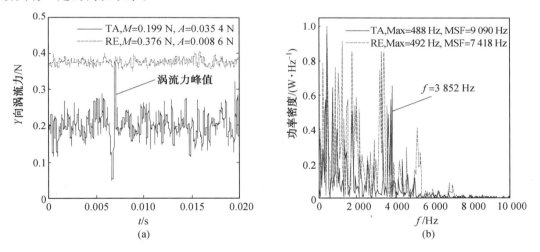

图 5.20　喷嘴入口压力为 4 MPa 时不同挡板 Y 方向涡流力的时域和频域计算结果

在频域上,为了清楚地表达两种挡板的频域特征,同样使用分别归一化的处理方法,圆角挡板的峰值频率为 488 Hz,均方根频率为 9 090 Hz,而相同条件下圆角挡板 X 方向的涡流力脉动峰值频率为 487 Hz,均方根频率为 9 093 Hz,二者几乎相同,进一步说明圆角挡板的 X 和 Y 向涡流力密切相关。两个方向上涡流力的相似性还可以说明,圆角挡板 TV 面的压力脉动主要受正应力支配,X 向和 Y 向黏性切应力在脉动分量中占的比重较小,因此相同的正应力脉动分解到 X 和 Y 两个方向之后,二者的频率特性几乎相同。而且频谱在 3 852 Hz 处存在明显的峰值,该频率也存在于 X 向涡流力脉动频谱中,同样说明圆角挡板 X、Y 向两种涡流力本质上是相同的,都受到流场瞬态气穴的影响。

对于直角挡板,Y 向涡流力脉动峰值频率为 492 Hz,均方根频率为 7 418 Hz,上一节中相同条件下 X 向涡流力脉动峰值频率为 1 706 Hz,均方根频率为 8 352 Hz,可以看出两个方向上涡流力频率具有较大的差异,但却与相同条件下直角挡板体平均气穴和体平均压力脉动频率类似,其中体平均气穴脉动峰值频率为 541 Hz,均方根频率为 7 474 Hz,说明直角挡板的 Y 向涡流力动态特性主要受瞬态气穴的影响,与 X 向涡流力特性不同。这也是由直角挡板 X 和 Y 方向两种涡流力的不同产生机理造成的,X 向涡流力由黏性切应力而来,受流场压力变化影响较小,而 Y 向涡流力主要由正应力引起,与流场压力变化联系紧密,所以在宏观上主要受气穴动态特性的影响。

喷嘴入口压力为 5 MPa 时两种挡板的 Y 向涡流力如图 5.21 所示,在时域上随着喷嘴入口压力的升高,涡流力的幅值和均值都有所增加,圆角挡板的均值受附着气穴的影响依然小于直角挡板,但其脉动幅值较大。在频域上,圆角挡板和直角挡板的峰值频率分别为634 Hz 和 886 Hz,均方根频率分别为 10 149 Hz 与 8 495 Hz,较 4 MPa 的脉动频率均有所上升,两种挡板的频率参数仍然与相同条件下体平均气穴脉动频率参数相似,进一步证明了两种挡板形状 Y 向的涡流力脉动主要受气穴动态特性的影响。喷嘴入口压力为 6 MPa时两种挡板的 Y 向涡流力如图 5.22 所示,挡板涡流力时域和频域参数的变化规律与喷嘴入口压力为 5 MPa 时类似,具体值见图中标注。

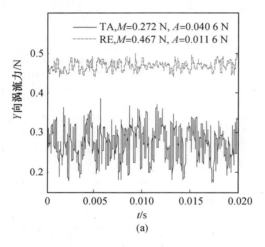 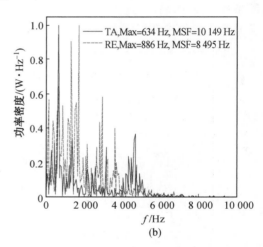

图 5.21　　喷嘴入口压力为 5 MPa 时不同挡板 Y 方向涡流力的时域和频域计算结果

5.3.3　圆角挡板和直角挡板涡流力特性总结

由之前的分析可知,圆角挡板 X 方向和 Y 方向涡流力脉动都受到瞬态气穴的影响,二者脉动的频率参数与相同条件下圆角挡板流场的体平均气穴和体平均压力脉动频率相接近,而且频谱中都存在气穴溃灭所诱发的高频脉动成分。同时,X 向涡流力和 Y 向涡流力在相同流动条件下的频率参数几乎相同,由于两个方向的涡流力是圆角挡板 TV 曲面正应力作用的两个分量,所以可以认为在 TV 面的涡流力动态特性中,正应力的贡献起决定作用,黏性切应力的影响小于正应力。不同流动条件下的圆角挡板涡流力脉动时域和频域计算结果见表 5.1。

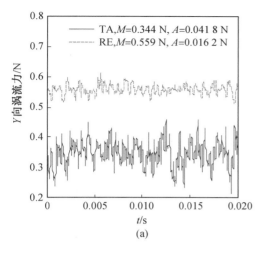 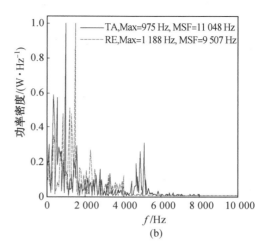

(a)　　　　　　　　　　　　　　　　(b)

图 5.22　喷嘴入口压力为 6 MPa 时不同挡板 Y 方向涡流力的时域和频域计算结果

表 5.1　圆角挡板涡流力动态特性总结

涡流力	评价参数	入口压力		
		4 MPa	5 MPa	6 MPa
X 向涡流力	均值 /N	0.022	0.040	0.060
	幅值 /N	0.014 0	0.016 6	0.018 0
	峰值频率 /Hz	487	633	975
	均方根频率 /Hz	9 093	10 029	10 916
Y 向涡流力	均值 /N	0.199	0.272	0.344
	幅值 /N	0.035 4	0.040 6	0.041 8
	峰值频率 /Hz	488	634	975
	均方根频率 /Hz	9 090	10 149	11 048

　　对于直角挡板,由于其 X 方向涡流力全部来源于黏性切应力,Y 向涡流力全部来源于正应力,产生机理的不同导致直角挡板只有 Y 向的涡流力脉动受到流场瞬态气穴以及诱发的压力脉动影响,Y 向涡流力脉动频率参数与相同流动条件下的流场体平均气穴和体平均压力脉动频率较为接近。而直角挡板 X 方向涡流力脉动则受黏性切应力的主导,瞬态气穴和压力脉动对其影响较小。直角挡板的 X 向涡流力和 Y 向涡流力在不同喷嘴入口压力下的时域和频域计算结果见表 5.2。

表 5.2　直角挡板涡流力动态特性总结

涡流力	评价参数	入口压力		
		4 MPa	5 MPa	6 MPa
X 向涡流力	均值 /N	0.023 7	0.027 6	0.030 8
	幅值 /N	0.000 4	0.000 4	0.000 5
	峰值频率 /Hz	1 706	1 609	1 463
	均方根频率 /Hz	8 352	9 210	10 240

续表5.2

涡流力	评价参数	入口压力		
		4 MPa	5 MPa	6 MPa
Y 向涡流力	均值 /N	0.376	0.467	0.559
	幅值 /N	0.008 6	0.011 6	0.016 2
	峰值频率 /Hz	492	886	1 188
	均方根频率 /Hz	7 418	8 495	9 507

5.4　挡板振动特性研究

5.4.1　前置级流场与挡板衔铁组件的流固耦合模型

上一节分析了瞬态气穴引起的挡板表面涡流力脉动,本节主要采用流固耦合的方法研究挡板在瞬态涡流力作用下的振动特性。首先,需要同时建立前置级流场以及挡板结构的几何模型,由于前置级流场对于挡板的作用主要由挡板表面的液动力产生,所以在建立流场模型时需要考虑所有挡板表面的液动力,建立完整的流场模型。同时,在双喷嘴挡板伺服阀中,挡板只是整个衔铁组件的一部分,挡板受到前置级流场的瞬态液动力之后,会引起衔铁组件相应的变形以及振动,因此在对固体部分进行建模时不仅要考虑挡板本身,还需要考虑与挡板相连的整个衔铁组件,以圆角挡板为例,最终的流固耦合模型如图5.23所示。从图中可以看出,衔铁组件主要由衔铁、弹簧管、法兰盘、挡板以及反馈杆5部分组成,各部分模型的几何参数由 SFL218 型双喷嘴挡板伺服阀测绘而得,与之前章节建立流场模型时所参照的伺服阀型号一致。

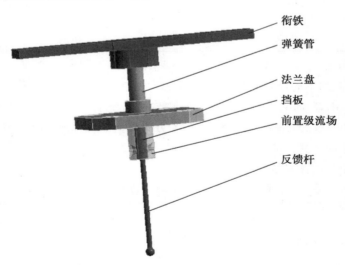

图 5.23　前置级流场与衔铁组件的流固耦合模型

在衔铁组件中,各相邻部件之间为绑定约束,即不允许部件之间接触面的相对滑动与分离。首先,在衔铁与挡板之间施加绑定约束使得二者连为一体,衔铁的摆动可以直接控制挡板的左右运动。同时,分别在弹簧管与衔铁以及弹簧管与法兰盘之间施加绑定约束,使三者成为一体。因为弹簧管是一个壁厚极薄,一般为 $60 \sim 80~\mu\mathrm{m}$ 的中空结构,挡板通过弹簧管以及法兰盘的中心孔与衔铁相连接,但是挡板外壁面与弹簧管内壁之间仍然存在一定的间隙,因此在衔铁组件实际工作时,对法兰盘施加固定约束,衔铁组件受到力矩马达产生的电磁力矩作用之后,当该力矩足够大足以克服弹簧管变形产生的弹性力矩时,衔铁组件仍然可以产生微小的摆动,从而带动挡板运动,调节挡板与两侧喷嘴之间的过流面积。同时,在挡板与反馈杆之间施加绑定约束,实际工作中挡板通过反馈杆的末端与主阀芯相连,本书中反馈杆末端未与主阀芯相连,仅对其自由变形情况进行分析,因此在反馈杆末端没有施加任何约束。最后,在挡板的周围建立了前置级流场模型,实现流场与挡板之间的流固耦合作用。

在衔铁组件中,衔铁的材料为 45♯ 钢,弹簧管和法兰盘的材料为铍青铜,挡板和反馈杆的材料为铁镍合金,各材料的具体参数见表 5.3。

表 5.3   衔铁组件各部件的材料属性

材料	密度 /(kg · m^{-3})	弹性模量 /Pa	泊松比
45♯ 钢	7 800	2.1×10^{11}	0.3
铍青铜	8 230	1.33×10^{11}	0.35
铁镍合金	8 000	1.9×10^{11}	0.3

在对前置级流场以及衔铁组件模型进行流固耦合分析之前,需要分别对固体和流体部分划分网格,其中流体部分网格的生成思路以及关键点处的网格尺寸与第 3 章类似。本节主要介绍固体部分即衔铁组件的网格信息,由于衔铁组件各个部分的几何尺寸相差较大,本书对不同的部件使用不同的网格划分参数,尤其是对弹簧管薄壁结构以及反馈杆细长结构的网格进行优化,有利于提高计算精度和计算速度。圆角挡板衔铁组件最终网格分布如图 5.24 所示,最小单元尺寸为 0.06 mm,位于弹簧管处,最大单元尺寸为 0.75 mm,共包含 4 878 个计算单元。直角挡板衔铁组件网格与圆角挡板衔铁组件大致相同。

最后,衔铁组件的边界条件分为三类,在法兰盘的下表面施加固定约束,挡板与流体的接触表面为流固耦合作用面,其余为自由表面,不施加任何约束。

5.4.2   挡板在工作方向(X 方向)的振动特性

在建立了前置级流场和衔铁组件的流固耦合模型之后,本节主要利用瞬态分析的方法,对圆角挡板和直角挡板在瞬态液动力作用下的振动特性进行研究。由于本书中挡板所承受的液动力较小,在流场作用下挡板以及衔铁组件不会发生大范围的变形,只存在平衡位置附近的小幅度振动,所以本书对于前置级流场与衔铁组件的流固耦合分析只进行流场对于固体的单向耦合计算,而忽略挡板变形对流场特性的影响。由于喷嘴挡板组件的主要功能是通过改变挡板与两侧喷嘴之间的间隙来调节两侧喷嘴的压力差,而挡板以及衔铁组件受到前置级流场的作用,会在零位附近产生微小的振动,影响喷嘴挡板装置的

图 5.24   前置级流场与衔铁组件流固耦合模型的网格划分

工作性能,尤其是挡板在喷嘴中心面处的位移对喷嘴挡板装置的整体工作性能影响最为直接。基于以上原因,本书在对挡板以及衔铁的振动特性进行分析时,主要关注喷嘴中心面处监测点的位移变化,X 和 Y 方向的振动特性均由图 5.25 中的位移监测点 O 得出。

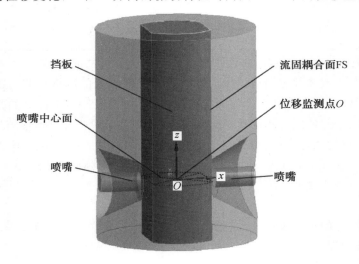

图 5.25   圆角挡板振动特性位移监测点

在对衔铁组件进行瞬态流固耦合分析时,需要设定系统阻尼值。本书衔铁组件的系统阻尼主要由两部分构成,分别是衔铁组件的结构阻尼和挡板在油液中的零位液压阻尼。根据彭敬辉等人对衔铁组件振动特性的研究,结构阻尼值约为 0.03,液压阻尼值为 0.1。

喷嘴入口压力为 4 MPa 时,圆角挡板和直角挡板衔铁组件在前置级流场液动力作用下 X 方向的变形如图 5.26 所示。在流场载荷以及法兰盘固定约束的共同作用下,衔铁组件的最大变形发生在上下两端,即衔铁处与反馈杆末端,而且二者的变形方向相反。

喷嘴入口压力为 4 MPa 时圆角挡板和直角挡板 O 点处沿 X 方向的振动计算结果如

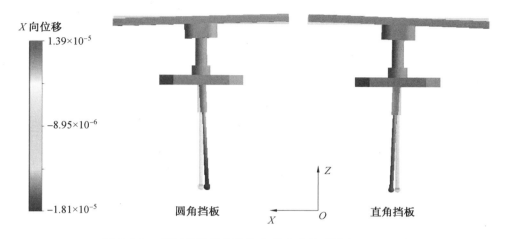

图 5.26　不同挡板衔铁组件在 X 方向的变形($t = 0.01$ s)

图 5.27 所示。同样,图中 TA 表示圆角挡板,RE 表示直角挡板。从时域结果可以看出两种挡板都在零位上下振动,反映了前置级流场的对称性。圆角挡板的振幅为 4.8×10^{-7} m,直角挡板的振幅为 4.7×10^{-7} m。而且挡板的振动结果较为平滑,不包含大量的高频成分,这主要是因为系统阻尼有效地抑制了挡板的高频振动。因此,本书在对挡板的振动特性进行研究时,选择前 0.04 s 内的计算结果进行分析,大于气穴动态特性以及液动力载荷的计算时间,以便更好地对挡板振动中的低频信号进行分析。在频域上,两种挡板的频谱分布比较集中,都集中于峰值频率处,圆角挡板为 624 Hz,直角挡板为 649 Hz,其他频率处的振动成分较少,圆角挡板和直角挡板的均方根频率分别为 $2\ 161$ Hz 和 $1\ 877$ Hz,这也进一步说明了挡板在 X 方向的振动以低频为主,而且分布较为集中。

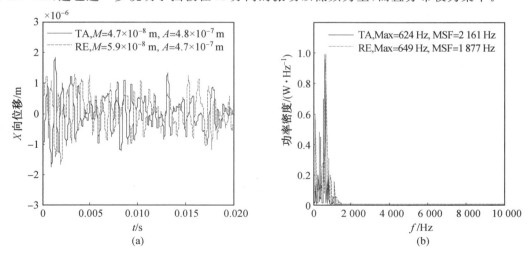

图 5.27　喷嘴入口压力为 4 MPa 时不同挡板衔铁组件在 X 方向的振动

同时,根据彭敬辉等人对衔铁组件的模态分析结果可以发现,衔铁组件在 X 方向的振动特性主要由其第一阶和第四阶振型决定,其中第一阶模态振型是衔铁组件在 XZ 平面内绕固定法兰盘摆动,第四阶模态振型是衔铁组件在 XZ 平面内的一阶弯曲振动。如

图 5.28 所示,第一阶模态振型的固有频率为 650 Hz,第四阶模态振型的固有频率为 1 838 Hz。

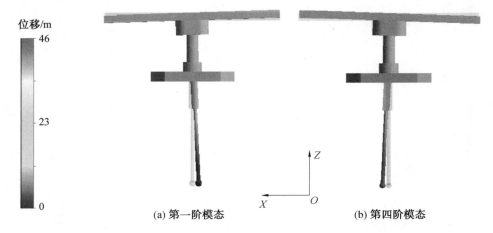

(a) 第一阶模态　　　　　　　　　(b) 第四阶模态

图 5.28　衔铁组件第一阶和第四阶模态振型

由圆角挡板和直角挡板的振动特性计算结果可知,两种挡板在 X 方向的振动主要是瞬态液动力激发第一阶固有频率引起的,两种挡板的峰值频率 624 Hz 和 649 Hz 都十分接近第一阶模态振型的固有频率。由之前的研究内容可知,瞬态气穴诱发的瞬态液动力脉动频谱分布较宽,包含众多的频率成分,因此在第一阶固有频率附近的液动力脉动极易诱发衔铁组件的振动。而第四阶固有频率下的振动成分较少,这主要是由于系统阻尼对高频振动的抑制作用造成的。

同时,母东杰对伺服阀发生自激振荡时喷嘴背压腔的压力脉动进行了测量,供油压力为 16 MPa 时,低频段脉动频率为 378 Hz。由于本书使用单向流固耦合的方法计算衔铁组件的自激振动,忽略了挡板位移引起的喷嘴背压腔压力变化。但是仍然可以将本书衔铁组件第一阶固有频率与实验测量的喷嘴背压腔压力脉动频率进行对比,可以发现,本书衔铁组件第一阶固有频率 650 Hz 高于压力脉动频率 370 Hz,这是由于本书采用单向流固耦合的方法计算衔铁组件的振动时,不考虑衔铁组件变形对于流场的影响,即忽略了两侧喷嘴的液压弹簧效应。而彭敬辉的研究表明,考虑液压弹簧之后,衔铁组件的固有频率会有所下降,这一变化恰好可以说明本书衔铁组件的振动是伺服阀自激振荡发生时喷嘴背压腔压力脉动的原因之一。

同理,可以分别计算喷嘴入口压力为 5 MPa 以及 6 MPa 时圆角挡板和直角挡板在 X 方向的振动特性,结果如图 5.29 和图 5.30 所示。从中可以发现,随着喷嘴入口压力的升高,挡板的振幅逐渐加大,但是振动的本质仍然是流场载荷激发第一阶固有频率引起的,因此不同条件下各挡板振动的峰值频率仍然集中在第一阶固有频率附近,振动的具体时域和频域参数见图中标注。

5.4.3　挡板在垂直工作方向(Y 方向)的振动特性

喷嘴入口压力为 4 MPa 时,圆角挡板和直角挡板衔铁组件在瞬态液动力作用下 Y 方

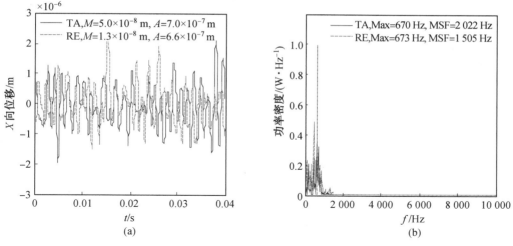

图 5.29　喷嘴入口压力为 5 MPa 时不同挡板衔铁组件在 X 方向的振动

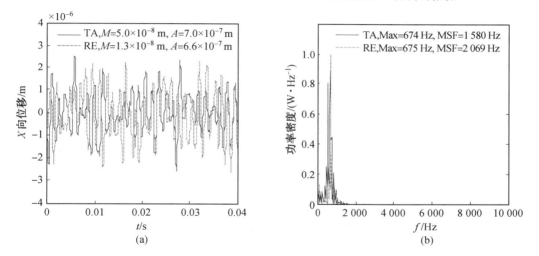

图 5.30　喷嘴入口压力为 6 MPa 时不同挡板衔铁组件在 X 方向的振动

向的变形如图 5.31 所示。与衔铁组件 X 方向的变形类似,由于法兰盘的固定作用,Y 方向的最大变形也发生在衔铁组件的上下两端,即衔铁处与反馈杆末端,而且二者变形方向相反。

　　喷嘴入口压力为 4 MPa 时圆角挡板和直角挡板 O 点处沿 Y 方向的振动计算结果如图 5.32 所示。由于系统阻尼的作用,两种挡板在 Y 方向的振动也比较平缓,圆角挡板的振幅为 5.1×10^{-7} m,峰值频率为 952 Hz。直角挡板的振幅为 4.5×10^{-7} m,峰值频率为 970 Hz。同样,对比彭敬辉等人的模态分析结果可以发现,衔铁组件在 Y 方向的振动主要受第三阶和第五阶模态振型的影响,如图 5.33 所示,其中第三阶模态振型为衔铁组件在 YZ 平面内绕固定法兰盘的摆动,第五阶模态振型是衔铁组件在 YZ 平面内的一弯振动。同时衔铁组件第三阶固有频率为 950 Hz,第五阶固有频率为 1 890 Hz。由此可见,两种挡板在 Y 方向的振动主要是由瞬态液动力激发第三阶固有频率引起的,两种挡板的

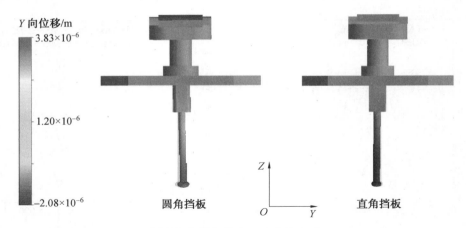

图 5.31　　不同挡板衔铁组件在 Y 方向的变形($t = 0.01$ s)

峰值频率 952 Hz 和 970 Hz 都十分接近衔铁组件的第三阶固有频率 950 Hz。由于系统阻尼的抑制作用,第五阶固有频率附近的振动成分较少。

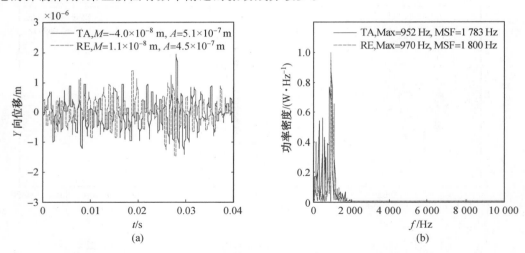

图 5.32　　喷嘴入口压力为 4 MPa 时不同挡板衔铁组件在 Y 方向的振动

　　同时,根据母东杰的研究,供油压力为 16 MPa 时,喷嘴背压腔压力脉动频谱在第三阶固有频率附近的峰值为 840 Hz。同样由于本书忽略了喷嘴射流的液压弹簧效应,背压腔压力脉动频率仍然低于本书衔铁组件第三阶固有频率。

　　同样,可以计算不同挡板形状的衔铁组件在喷嘴入口压力为 5 MPa 和 6 MPa 时的 Y 方向振动特性,结果如图 5.34 和图 5.35 所示。与 X 方向的振动特性类似,喷嘴压力的上升会引起振动幅值的增加,但是 Y 方向振动的本质仍然是流场载荷激发第三阶固有频率引起的,因此不同条件下各挡板在 Y 方向振动的峰值频率仍然集中在第三阶固有频率附近,振动的具体时域和频域参数见图中标注。

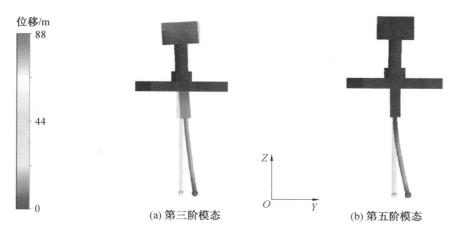

(a) 第三阶模态　　　　　　　　(b) 第五阶模态

图 5.33　衔铁组件第三阶和第五阶模态振型

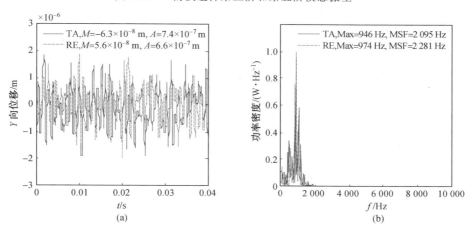

图 5.34　喷嘴入口压力为 5 MPa 时不同挡板衔铁组件在 Y 方向的振动

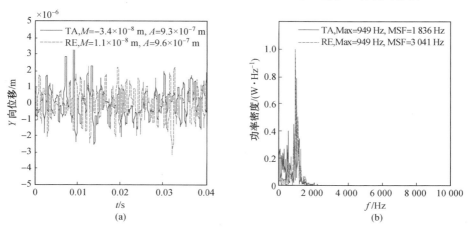

图 5.35　喷嘴入口压力为 6 MPa 时不同挡板衔铁组件在 Y 方向的振动

5.5　本章小结

　　本章首先针对圆角挡板和直角挡板结构上的差异定性地分析了二者在流场中的受力情况，指出了圆角挡板曲面结构与直角挡板平面结构的受力区别。其次对于两种挡板在正对喷嘴出口表面受到的主液动力进行了稳态计算，并将计算结果与理论经验值做了比较。之后分别对圆角挡板 TV 面和直角挡板 RV 面所受到的瞬态涡流力进行了计算，并对计算结果进行了时域和频域分析。通过对比涡流力脉动频率特性和相同流动条件的气穴、流场压力脉动频率，发现圆角挡板 X 和 Y 方向涡流力脉动主要受挡板壁面正应力的作用，因此与瞬态气穴以及流场中的压力脉动紧密相关；直角挡板 X 向涡流力来自黏性切应力，Y 向涡流力来自正应力，由于产生机理的不同，直角挡板仅有 Y 向涡流力脉动受流场瞬态气穴现象以及压力脉动的影响。最后，基于流固耦合的方法，计算了衔铁组件在液动力载荷作用下的自激振动特性，研究发现，挡板在瞬态液动力作用下的振动频率主要受其固有频率的影响，频谱分布较为集中，其中 X 方向振动的峰值频率接近衔铁组件第一阶固有频率，Y 方向振动的频率则接近衔铁组件第三阶固有频率。

第6章 喷嘴挡板前置级 瞬态气穴实验研究

本书第3至5章通过数值仿真的方法对圆角挡板和直角挡板在不同喷嘴入口压力下的瞬态气穴现象及其诱发的流场压力脉动、挡板瞬态液动力以及挡板振动做了研究,明确了其内在的联系。本章采用实验的方法对喷嘴挡板前置级瞬态气穴以及瞬态液动力进行研究。通过搭建喷嘴挡板前置级流场观测实验台,首先研究了圆角挡板和直角挡板的零位泄漏流量以及挡板主液动力随喷嘴入口压力的变化。随后利用高速摄像机对不同挡板形状在不同喷嘴入口压力下的气穴流场进行拍摄,重点关注流场中气穴形态随时间的变化过程,最后利用图像处理方法对拍摄得到的瞬态气穴图像进行分析,得出实验中气穴形态演变规律,并与仿真结果做了对比,验证了前文瞬态气穴以及瞬态液动力研究的正确性。

6.1 实验原理及实验台组成介绍

为了验证前文圆角挡板和直角挡板流场中瞬态气穴以及瞬态液动力仿真结果的正确性,本章搭建了喷嘴挡板前置级瞬态气穴观测实验台。图6.1为实验台原理图,从中可以看出实验台由9部分组成,分别是泵源组件、节流阀、入口压力表、出口压力表、高速摄像机、流量计、计算机、喷嘴挡板组件以及光源,其中泵源组件1由液压泵、电机、过滤器、溢流阀以及压力表组成,通过调节溢流阀可以控制液压泵的出口压力。液压泵的出口通过节流阀2和入口压力表3分别与喷嘴挡板组件8的左右两个喷嘴入口相连。因此,通过调节左右两个节流阀的开口大小,可以进一步精确控制两个喷嘴的开关以及喷嘴入口压力,相应的压力值也可以由压力表测量并显示。同时,喷嘴挡板组件的出口处接有压力表4和流量计6分别测量出口压力以及出口流量。喷嘴挡板组件采用透明有机玻璃进行密封,并在其后方放置光源9照亮流场。高速摄像机5放置于喷嘴挡板组件的前方,用于拍摄不同条件下流场中气穴形态的动态变化过程,并将拍摄所得图像保存到计算机7中,为后续的图像处理做准备。

图6.2为实验台照片,各部件与及其连接与原理图完全一致。实验中泵源采用榆次液压YL8024型动力单元,其中齿轮泵的额定转速为1 400 r/min,额定流量为1.4 L/min。喷嘴入口处的压力表量程为0～16 MPa,不确定度为2.5%。由于喷嘴挡板出口处压力较低,所以出口处选用小量程压力表,其量程为0～1 MPa,不确定度为1%。出口处选用无锡求信流量仪表公司的LZD－15型金属管浮子流量仪测量喷嘴挡板组件的零位泄漏流量,其量程为0～0.06 m³/h,不确定度为1%。

喷嘴挡板组件由喷嘴、挡板、挡板腔、前盖、后盖以及固定螺钉组成,其结构如图6.3

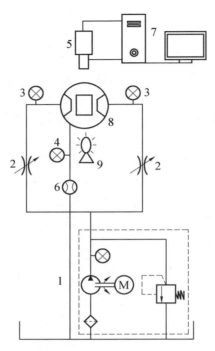

图 6.1　喷嘴挡板装置瞬态气穴观测实验原理图

1— 泵源组件；2— 节流阀；3— 入口压力表；4— 出口压力表；5— 高速摄像机；

6— 流量计；7— 计算机；8— 喷嘴挡板组件；9— 光源

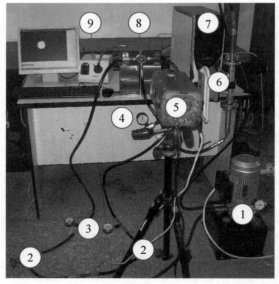

图 6.2　瞬态气穴观测实验台照片

1—泵源组件；2—节流阀；3—入口压力表；4—出口压力表；5—高速摄像机；6—流量计；7—计算机；8—喷嘴挡板组件；9—卤素灯光源

所示。挡板腔用于固定挡板，使其处于两个喷嘴中心，组件由前后两个透明的有机玻璃盖密封，便于流场的照明和拍摄。实验中不同形状的挡板如图 6.4 所示，其具体尺寸见表 6.1，表中参数意义与第 3 章相同。

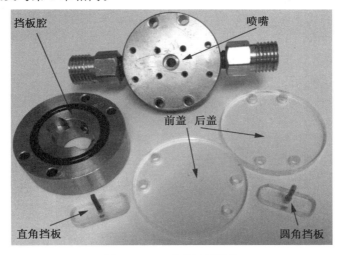

图 6.3　双喷嘴挡板结构

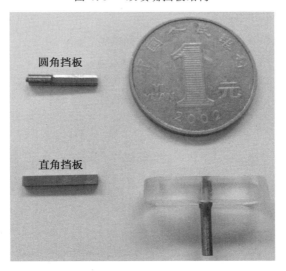

图 6.4　圆角挡板和直角挡板尺寸

表 6.1　圆角挡板和直角挡板尺寸参数

挡板类型	D/mm	W/mm	L/mm	加工误差 /mm
圆角挡板	2.0	1.5	5.5	±0.01
直角挡板	2.0	1.5	5.5	±0.01

本书使用约克公司生产的 Phantom V12.1 高速摄像机对不同流动条件下的瞬态气穴分布进行拍摄，该高速摄像机在不同拍摄速度下得到的图像质量不同，随着拍摄速度的增加，图像质量逐步下降。其拍摄图像的最大分辨率为 1 280×800，在该分辨率下拍摄速

度为每秒 6 242 帧,当图像分辨率下降到 128×80 时,拍摄速度可以达到每秒 100 万张。本书为了尽可能得到较高质量的气穴分布图像,同时又能尽量捕捉到气穴形态的高频变化,拍摄频率选为每秒 20 000 帧。实验中,当喷嘴入口压力较高时,流场中产生大量气穴气泡,流场亮度会急剧下降,严重影响流场观测。因此为了清晰地观测气穴形态变化,在喷嘴挡板组件的一侧使用光纤公司生产的 X2－R150 型卤素灯作为光源进行流场照亮。高速摄像机以及卤素灯光源如图 6.5 所示。实验中所用到的所有元器件具体参数见表 6.2。

(a) 高速摄像机

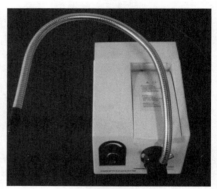
(b) 卤素灯光源

图 6.5　瞬态气穴拍摄元器件

表 6.2　实验台元器件具体参数

设备	参数	
喷嘴	型号	SFL218
泵源组件	型号	YL8024
	额定功率	750 W
	额定转速	1 400 r/min
	最大流量	1.4 L/min
入口压力表	量程	0～16 MPa
	精确度	2.5%
出口压力表	量程	0～1 MPa
	精确度	1%
出口流量计	型号	LZD－15
	量程	0～0.06 m³/h
	精确度	1%
卤素灯	型号	X2－R150
高速摄像机	型号	Phantom V12.1
	最大像素	1 280×800
	最小像素	128×80
	最大帧数	1 000 000
	最小曝光时间	300 ns

本书在对喷嘴挡板前置级流场瞬态气穴以及瞬态液动力进行实验研究时,都选择指

定流场的进出口压力,具体压力值分别由进出口处的压力表进行监测,这样可以保证实验与数值仿真具有完全相同的边界条件。同时,实验中采用的液体介质为 MIL − H − 5606 型航空液压油,该液压油的具体参数见表 6.3,根据相关文献对其性质的研究,室温下该液压油的饱和蒸气压约为 3 000 Pa。最后,实验中挡板的位置由于安装误差的影响,并非恰好位于两侧喷嘴的中央,与数值仿真中完全位于中位的挡板略有区别。

表 6.3　　MIL − H − 5606 型航空液压油性质

形态	密度 /(kg·m⁻³)	黏度 /(N·s·m⁻²)	表面张力 /(N·m⁻¹)
液态	850	0.008 5	0.027 3
气态	0.025	110^{-5}	—

6.2　喷嘴挡板装置零位泄漏流量实验研究

喷嘴挡板装置的零位泄漏流量是伺服阀重要的工作性能指标之一,它不仅表征了伺服阀零位时的能量损失,也反映了喷嘴挡板的流量压力敏感性。本书利用浮子式流量计分别测量了圆角挡板和直角挡板在不同喷嘴入口压力下的零位流量。尽管由于气穴的影响,前置级流场呈现极度不稳定性,但是实验中流量计并非安装于喷嘴挡板组件的出口处,而是位于距出口约 0.3 m 的下游,因此从流量计中可以读出相对稳定的测量值。

圆角挡板和直角挡板在不同喷嘴入口压力下的零位泄漏流量测量值和相应的仿真计算值如图 6.6 所示,TS 为圆角挡板,RS 为直角挡板。从图中可以看出,实验中在相同的喷嘴入口压力下,圆角挡板和直角挡板的零位泄漏流量几乎相同,都随喷嘴入口压力的上升而上升,而且其上升趋势相似,说明圆角挡板和直角挡板有相似的压力流量工作特性。同时,对于相同的喷嘴入口压力,两种挡板形状的零位流量测量值都略低于仿真结果,圆角挡板实验和仿真的平均相对偏差为 39.3%,直角挡板实验和仿真的平均相对偏差为 45.8%。造成误差的原因主要有两点:首先,实验中前置级流场的入口与出口压力都与仿真设定值有一定的偏差,由于实际安装位置的限制,实验中喷嘴入口处的压力表位于喷嘴

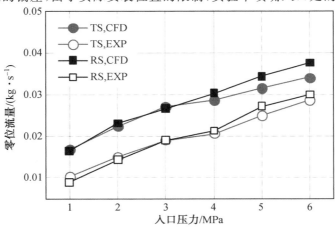

图 6.6　圆角挡板和直角挡板的零位泄漏流量仿真与实验对比

上游约 0.2 m 处，而出口压力表位于前置级下游约 0.3 m 处，受沿程损失的影响，喷嘴入口处的压力值要略低于仿真值，出口处则相反，实验值略高于仿真设定值，因此实验中喷嘴挡板前置级流场的出入口压差小于仿真压差，导致仿真得到的零位泄漏量偏大；其次，实验中由于喷嘴挡板的尺寸比较小，很难保证挡板正好处于两侧喷嘴的中间，因此实验测量的喷嘴挡板压力流量特性往往受到挡板非中位因素的影响，与仿真中的中位挡板压力流量特性存在一定误差。

6.3　挡板主液动力实验研究

由第 5 章的内容可知，无论是圆角挡板还是直角挡板，其主液动力主要是由于喷嘴挡板之间的冲击射流引起的。第 5 章推导了挡板主液动力的经验公式，利用该公式计算了挡板在不同喷嘴入口压力下受到的主液动力值，并与仿真结果做了对比。由第 5 章的内容可知，挡板主液动力计算公式由于使用了喷嘴挡板间隙流量系数 C_{df}，所以计算结果的准确性在一定程度上依赖于该系数的选择。当流量系数选择不当时，经验公式的计算结果并不能反映真实的挡板主液动力特性。基于以上原因，本书为了更加精确地研究圆角挡板和直角挡板的主液动力，改用半经验公式的方法分别对两种挡板的主液动力进行实验研究。

由于实验中的喷嘴挡板装置尺寸较小，并且安装在一个完全密闭的狭小空间中，直接使用传感器对液动力进行测量比较困难。因此本书对主液动力经验公式进行了改进，使用半经验公式的方法进行测量。其主要思想是利用实验测量的零位流量值计算实际挡板的流量系数 C_{df}，进而计算不同挡板的主液动力。

首先，根据式（5.6）可以推导出喷嘴挡板流量系数与零位泄漏流量之间的关系，结果为

$$C_{df} = Q \Big/ \left(2\pi D_N x_{f0} \sqrt{\frac{2}{\rho} P_c} \right) \tag{6.1}$$

然后根据实验测量的零位泄漏流量可以分别计算出任意挡板在不同喷嘴入口压力下的流量系数，并取其代数平均值作为该挡板的流量系数，最后代入式（5.9）中计算挡板主液动力值。

根据上一节中圆角挡板和直角挡板的零位泄漏流量，计算得到两种挡板的流量系数分别为 0.42 和 0.53，将其代入主液动力计算公式可以得出不同情况下的挡板主液动力，计算结果与数值仿真结果的对比如图 6.7 所示，TS 为圆角挡板，RS 为直角挡板。从图中首先可以发现，由于圆角挡板和直角挡板的流量系数较为接近，所以根据二者计算得到的挡板主液动力也比较接近。但是由半经验公式计算得到的挡板主液动力仍然略低于仿真计算值，圆角挡板的平均相对偏差为 33.8%，直角挡板的平均相对偏差为 17.1%。造成误差的主要原因有两点：首先，与第 5 章的分析类似，利用半经验公式计算主液动力时，虽然使用了更加精确的流量系数，在一定程度上提高了计算精度，但本质上研究区域仍然是喷嘴出口正对的有限圆形区域，而仿真中用来计算主液动力的挡板表面要大于该圆形区域，所以仿真得到的主液动力值略大于实验值；其次，由上一节的零位流量误差分析可知，

由于实验中前置级流场的出入口压差以及挡板位置的影响,实验测量的零位流量值略小于仿真计算结果,因此,由实验流量值计算而来的流量系数也小于仿真中的流量系数,进而导致依靠半经验公式得到的主液动力值比仿真计算值偏小。尽管如此,使用半经验公式的方法计算挡板主液动力时,使用的流量系数是根据不同挡板形状以及不同流动条件测量而得,并非根据经验人为指定,因此还是会在一定程度上提高主液动力的计算精度。

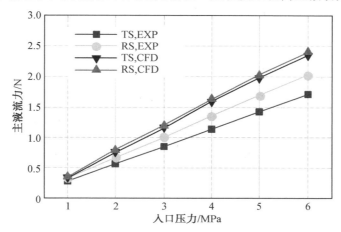

图 6.7　　圆角挡板和直角挡板的主液动力仿真与实验对比

6.4　喷嘴挡板前置级瞬态气穴图像处理方法

6.4.1　瞬态气穴图像前处理

在喷嘴挡板前置级瞬态气穴的观测实验中,对圆角挡板和直角挡板在不同喷嘴入口压力下使用高速摄像机分别拍摄了流场中气穴形态的演变过程。在对不同流动情况下拍摄得到的气穴图像进行分析之前,必须对其进行一系列的预先处理,本书统称为图像的前处理。前处理的目的是消除照片在拍摄和传输过程中产生的噪声,并且对图像的灰度值进行拉伸以突出显示气穴形态并且弱化气穴周围的流场像素,使得气穴区域能够被后续处理程序更好地分辨与捕捉。因此,本书对气穴瞬态图像的前处理主要包括噪声滤波和灰度拉伸两个步骤,本节以下内容将对每个步骤的详细操作进行介绍。

数字图像在产生和传输的过程中会受到电子元器件、信号线路干扰等因素影响,导致最终保存在计算机中的图像质量下降,影响相应的后续图像分析结果。因此在进行后续的图像处理之前,有必要对图像进行滤波处理,降低图像中包含的噪声。常用的数字图像滤波器大致可以分为两类:一种是空域滤波器;一种是频域滤波器。相比于频域滤波器,空域滤波器具有计算简单、概念直观等优点,可以满足本书实验中拍摄图像的滤波要求,因此本书选用空域滤波器对气穴图像进行前处理。

常用的空域滤波器有平滑滤波器、锐化滤波器以及中值滤波器等。平滑滤波器类似低通滤波器,信号的低频部分可以通过,而高频部分被减弱,由于图像的边缘往往属于高频分量,所以平滑滤波器会使图像的边缘细节失真。而锐化滤波器虽然能够很大程度上使图像的边缘更加清晰,但图像中原本清晰的部分在滤波之后质量容易下降,也不利于后续图像处理。基于以上两点,本书选择中值滤波器对实验拍摄的气穴图像进行处理,中值滤波器可以在抑制图像噪声的同时,尽可能保留图像边缘处的细节特征。

中值滤波器的基本原理是利用一个含有奇数点的滑动窗口逐一对图像中的像素点进行操作,每次操作时先将所有窗口中的像素点按灰度值进行排序,输出中间位置的像素作为特定点的像素值。采用 7×7 矩形滑动窗口对气穴图像进行滤波的结果如图 6.8 所示,可以发现中值滤波既可以使气穴边缘不被模糊,又可以在一定程度上消除图像中的噪声。

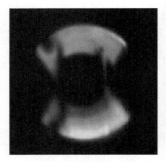 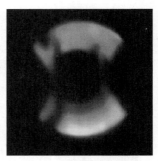

　　　　(a) 原始图像　　　　　　　　　　(b) 滤波后图像

图 6.8　采用中值滤波的气穴拍摄图像

灰度拉伸的主要思想是按照一定的规律改变图像的灰度值,使得图像整体的灰度范围发生变化,明暗更加分明,轮廓更加清晰,便于后续的图像处理与分析。通常灰度变换分为两种形式:一种是线性变换,即输入灰度值范围与变换后的输出灰度值范围二者呈线性关系;另一种为非线性变换,输入与输出之间是非线性关系。相比于线性变换,非线性变换的调整更加灵活,可以针对不同灰度范围的像素做不同的调整。本书在对拍摄所得的气穴图像进行灰度拉伸时,选择非线性变换中的伽马(Gamma)校正,其主要数学表达式为

$$g(x,y)=kf(x,y)^{\frac{1}{\gamma}} \tag{6.2}$$

式中　　$f(x,y)$——输入灰度值;

　　　　$g(x,y)$——输出灰度值;

　　　　γ——校正量;

　　　　k——常数一般取 1。

γ 取值不同时灰度拉伸效果如图 6.9 所示。当 $\gamma > 1$ 时如图中浅灰线所示,低灰度值的拉伸效果比较明显,灰度值为 $[0,0.2]$ 的范围经变化之后范围约为 $[0,0.6]$,相比而言,高灰度值变化较小。$\gamma < 1$ 的变化则正好相反,高灰度区域的拉伸效果大于低灰度区域。

对于特定的图像,如何选取恰当的 γ 值才能实现最优灰度拉伸效果从而满足后续图像处理的要求并没有一个明确的标准,必须针对特定的情况进行分析。对喷嘴挡板气穴观测实验中拍摄得到的图像使用不同的 γ 值进行灰度拉伸,结果如图 6.10 所示。原始图像由于流场气穴的大面积分布可见度较低,因此需要使用 γ 值大于 1 的函数对原始图像

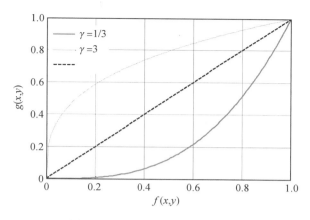

图 6.9　γ 函数灰度拉伸示意图

中低灰度值区域进行重点拉伸，图 6.10(b) 中 γ＝1.3，由于 γ 值较小，流场中一些像素点拉伸过度，图像质量下降。而图 6.10(c) 中 γ＝1.7，γ 值相对合适，既可以清楚地显示气穴形态分布，又不会使图像质量下降。

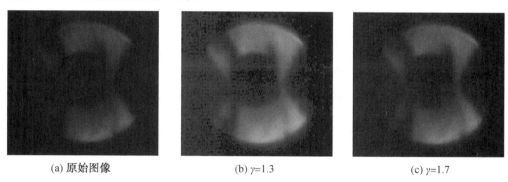

(a) 原始图像　　　　　　　　　(b) γ=1.3　　　　　　　　　(c) γ=1.7

图 6.10　　不同 γ 值处理的流场气穴图像

6.4.2　瞬态气穴图像结构相似度检测法

在喷嘴挡板前置级流场观测实验中，针对不同的流动情况，使用高速摄像机拍摄了流场中气穴形态变化的瞬态过程。为了更加精确地对流场中的气穴进行定量分析，并且研究气穴形态随时间的变化规律，必须对拍摄所得的图像进行进一步的处理和分析。本书使用结构相似度检测法对瞬态气穴照片进行处理。结构相似度检测法（structural similarity index measurement）简称 SSIM 法，是用来衡量两幅图像之间相似度的一种方法，该方法区别于其他图像评价方法的最重要特征是 SSIM 方法将图像中被拍摄物的形状独立建模为一个参数，使得该参数独立于图像的亮度和对比度，并与亮度和对比度共同构成了衡量两幅图像之间相似程度的三要素。由于人类视觉的主要原理是靠区分图像的结构信息来实现判断，在一定程度上与 SSIM 的思想吻合，因此 SSIM 方法被广泛地应用于人类视觉的图像分析与检测之中。

SSIM 方法在计算两幅图像 p_1 和 p_2 的结构相似性系数时，方法为

$$S(p_1,p_2)=[l(p_1,p_2)]^\alpha[c(p_1,p_2)]^\beta[s(p_1,p_2)]^\gamma \tag{6.3}$$

式中　　$l(p_1,p_2)$——亮度相似性函数；

$c(p_1,p_2)$——对比度相似性函数；

$s(p_1,p_2)$——结构相似性函数；

α、β、γ——均为大于 0 的常数，分别是亮度加权系数、对比度加权系数与结构加权系数，默认都等于 1，表示在衡量两幅图像的相似度时，亮度、对比度以及结构 3 个因素是同等重要的。

两幅图像的亮度相似性函数 $l(p_1,p_2)$ 定义为

$$l(p_1,p_2)=\frac{2u(p_1)u(p_2)+c_1}{u^2(p_1)+u^2(p_2)+c_1} \tag{6.4}$$

式中　　$u(p_1)$ 与 $u(p_2)$——图像 p_1 和 p_2 的灰度均值，计算表达式见下式；

$g(x,y)$——图像的灰度矩阵值；

c_1——为了避免函数出现奇异性的小量，本书中 $c_1=0.02$。

$$u(p_i)=\frac{1}{MN}\sum_{y=1}^{M}\sum_{x=1}^{N}g_i(x,y) \tag{6.5}$$

式中　　M 与 N——灰度矩阵的行数与列数。

两幅图像的对比度相似性函数 $c(p_1,p_2)$ 定义式为

$$c(p_1,p_2)=\frac{2d(p_1)d(p_2)+c_2}{d^2(p_1)+d^2(p_2)+c_2} \tag{6.6}$$

式中　　$d(p_1)$ 与 $d(p_2)$——两幅图像的灰度方差，其计算方法为

$$d(p_i)=\frac{1}{MN}\sum_{y=1}^{M}\sum_{x=1}^{N}[g_i(x,y)-u]^2 \tag{6.7}$$

同理，c_2 的作用与 c_1 类似，本书中 $c_2=c_1$。

最后，两幅图像的结构相似性函数 $s(p_1,p_2)$ 定义式为

$$s(p_1,p_2)=\frac{e(p_1,p_2)+c_3}{d(p_1)d(p_2)+c_3} \tag{6.8}$$

式中　　$e(p_1,p_2)$——两幅图像的灰度协方差，其计算方法为

$$e(p_i,p_j)=\frac{1}{MN-1}\sum_{y=1}^{M}\sum_{x=1}^{N}[g_i(x,y)-u(p_i)][g_j(x,y)-u(p_j)] \tag{6.9}$$

对于两幅图像，分别计算出亮度、对比度以及结构 3 种相似性函数之后，为了计算最终的相似性系数，必须首先确定亮度加权系数 α、对比度加权系数 β 和结构加权系数 γ 的值。由于 3 个系数是分别用来衡量亮度、对比度和结构 3 种图像要素在计算相似性系数时的重要程度，默认情况下三者都为 1，表示 3 种要素处于同等重要的地位。然而，在实际的处理计算中，图像之间的区别或者相似性在亮度、对比度以及结构三方面的体现不可能是完全等同的。一般而言，对于特定类型的图像其相似性往往会集中体现于某种要素上，而在其他要素上图像的分辨率可能会有所降低。因此对于确定类型的图像，如何根据图像特点选取适当的亮度、对比度以及结构加权系数，是能否成功捕获图像特征进而分析其相似性的关键。因此，本书基于结构相似度检测的气穴图像后处理方法如图 6.11 所示，经过前处理之后的气穴图像，分别计算其与基准图像之间的亮度相似性系数、对比度相似

性系数以及结构相似度系数,最后基于 3 个系数,得出气穴图像变化引起的总的结构相似性系数。

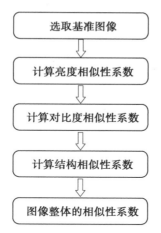

图 6.11　瞬态气穴后处理流程图

　　本书在使用 SSIM 方法分析喷嘴挡板前置级气穴瞬态图像之前,首先利用一组测试图像,分别研究亮度加权系数 α、对比度加权系数 β 和结构加权系数 γ 对于 SSIM 方法计算结果的影响。本书所使用的测试图像描述了矩形区域内部一个红色椭圆的周期性运动,如图 6.12 所示,在 $t=\Delta T$ 时刻椭圆处于矩形区域的最左端,并开始向右运动,每隔 ΔT 时刻采集一幅椭圆的位置图像,直到 $t=7\Delta T$ 时,该椭圆运动到矩形区域的最右端,完成一个周期的运动。在下一时刻 $t=8\Delta T$ 时,椭圆又会回到 $t=\Delta T$ 时的最左端,开始下一个周期的运动。由以上描述可知,椭圆运动周期为 $7\Delta T$,即该组测试图像每隔 7 张重复一次。

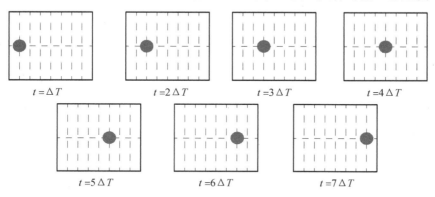

图 6.12　结构相似度检测法测试图像

　　首先对亮度加权系数 α 进行研究,使用连续采集的 50 张图像作为研究对象,假设每张图像之间的时间间隔为 1 s,即 $\Delta T=1$ s,并且选择第一张图像作为基准,即在 50 张图像中依次计算每张图像与第一张图像的相似性系数,最后研究相似性系数的变化规律。在使用 SSIM 方法计算时,分别使用不同的亮度加权系数 α,计算结果如图 6.13 所示。可以看出,当 $\alpha=0.5,\beta=0.5,\gamma=0.5$ 时,计算所得的相似性系数变化周期为 7 s,与图像的变化周期完全一致,说明该相似性系数可以精确地反映图像的周期性变化。同时,由计算结果可以发现,图像的每一个周期性变化中,只有唯一一幅图像与第一张图像之间的相似性系数为1,周期内的其他图像与第一张图像之间的相似性系数都基本不变,约为0.8。当保持 β 和 γ 的值不变,改变 α 的值,分别令 $\alpha=0.1$,$\alpha=1.0$ 时,计算结果与 $\alpha=0.5$ 的情形几乎相同,由于 α 是图像亮度的加权值,改变 α 的值计算结果基本保持不变,说明该组图像之间的变化并非由亮度决定。这一点也可以从图像的组成进行说明,因为测试图像反映的是浅灰色椭圆球在矩形区域内的周期性运动,椭圆的运动只是引起其位置变化,即浅灰色像素点在不同的图像中处于不同的位置,但每幅图像中浅灰色像素点和白色像素点的总量一直保持不变。所以针对本书的测试图像,改变亮度加权系数并不能引起相似性计算结果的变化。

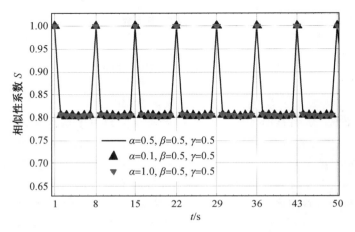

图 6.13　　不同 α 值的测试图像计算结果

其次对 SSIM 方法中的对比度加权系数 β 进行研究,方法与研究亮度加权系数 α 完全一致,也使用 50 张测试图像,对于不同的 β 值,计算结果如图 6.14 所示。从计算结果可以发现,对于测试图像,改变 β 值也不能引起相似性计算结果的变化。这也是因为本书使用的测试图像在对比度上并不存在变化,因为对比度描述的是图像中最暗和最亮区域之间的差值,而浅灰色椭圆的运动在本质上并没有改变每幅图像的对比度。

最后,使用相同的方法对结构加权系数 γ 进行研究,计算结果如图 6.15 所示,从中可以看出,相似性计算结果随着 γ 值的不同而变化。当 $\alpha=0.5$,$\beta=0.5$,$\gamma=0.5$ 时,相似性计算结果的最大值为1,最小值约为0.8,二者相差0.2。当 γ 减小为0.1以后,相似性计算结果的最大值仍然为1,但最小值增加到0.96,整体计算结果的波动幅值大大缩小,仅为0.04。反之,当 γ 增加到1.0以后,计算结果的最小值约为0.65,计算结果的整体波动幅值增加到0.35左右。由此可以看出,对于本书使用的测试图像,适当增加结构加权系数 γ 可以使相似性计算结果的波动幅值增加,这主要是因为测试图像之间的区别主要表现在椭圆位置的不同,从本质上看,这属于图像结构的变化,而并非图像亮度与对比度的变化。所以,针对主要在结构上变化的图像,增加结构加权系数 γ 有利于更加清楚和精确地分辨图像之间的变化与区别。

在喷嘴挡板前置级实验中,气穴的动态特性主要体现为气穴形态的不断变化,气穴在

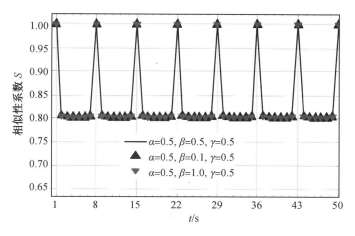

图 6.14　　不同 β 值的测试图像计算结果

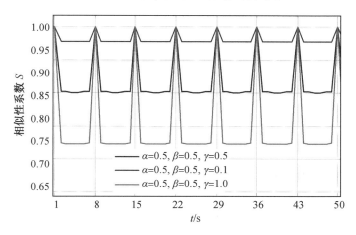

图 6.15　　不同 γ 值的测试图像计算结果

低压区产生,随着液流运动,最后到达高压区溃灭消失。因此,使用高速摄像机拍摄得到的一系列气穴形态的瞬态图像,其主要区别在于不同照片中气穴的分布形状与分布位置不同,而由于气穴形态变化引起的图像亮度和对比度的差异并不突出。因此本书在使用 SSIM 方法分析瞬态气穴分布图像时,适当地增大了结构加权系数 γ 值,最终计算中 $\alpha=0.5,\beta=0.5,\gamma=1.0$。

　　因此,本书对于不同流动条件下喷嘴挡板前置级流场中瞬态气穴的实验研究详细步骤如图 6.16 所示,整个过程分为气穴图像拍摄、气穴图像前处理和气穴图像后处理三部分。其中气穴图像拍摄主要是使用高速摄像机对不同流动条件下圆角挡板和直角挡板流场中气穴形态演变的瞬态过程进行拍摄,获得一系列气穴分布图像;气穴图像前处理主要分为两个步骤,分别是图像中值滤波以及图像灰度拉伸,中值滤波主要用来消除图像拍摄和传输过程中引入的噪声,而灰度拉伸可以突出显示气穴形态,从而得到更加准确的气穴图像分析结果;最后,对瞬态气穴图像进行后处理,得出气穴形态演变的定量分析结果,使用结构相似度检测法可以得到不同流动条件下气穴形态演变所对应的结构相似度系数变化规律,将不同气穴图像之间的差异定量转化为结构相似度系数的变化,随后对结构相似度系数进行时域和频域分析,以便更加深入地研究气穴形态的变化规律,其中利用频域分析可以获得气穴形态变化的峰值频率以及均方根频率,并与第3章的仿真计算结果进行对比。

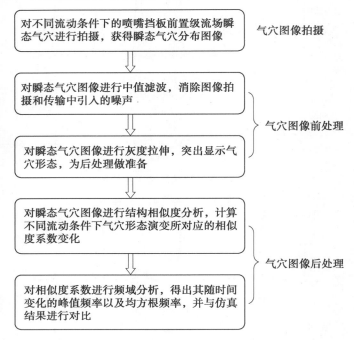

图 6.16　　瞬态气穴的拍摄与分析流程图

最后,本书对喷嘴挡板前置级流场中的瞬态气穴分布图像分别使用传统的基于灰度值的处理方法和相似度检测法进行了分析,对比了两种方法在处理瞬态气穴图像时的不同。

图6.17为圆角挡板喷嘴入口压力5 MPa时,在喷嘴中心面挡板边缘处云气穴从附着气穴主体上脱落的典型过程。取该流动条件下400幅连续的气穴分布图像进行分析,首先使用基于图像灰度值的处理方法,选择最基本的灰度均值法,即分析每幅图像之间灰度平均值随时间的变化,并计算其频率参数,结果如图6.18所示,图像之间灰度变化的峰值频率为1 596 Hz,均方根频率为4 270 Hz。对于同样的图像,忽略中值滤波与灰度拉伸等前处理过程,仅使用相似度检测法对其进行处理,结果如图6.19所示,图像相似度系数变化的峰值频率为1 744 Hz,均方根频率为5 538 Hz。由第3章的内容可知,喷嘴入口压力为5 MPa时,圆角挡板喷嘴中心面的面平均气穴脉动峰值频率为1 746 Hz,均方根频率为5 107 Hz。

由此可见,基于灰度值的处理方法,其峰值频率与均方根频率均低于相似度检测法的计算结果。而且与相似度检测法相比,灰度值脉动的时域分布较为平缓,频谱中的高频成分较少。这主要是由于基于灰度值的处理方法仅考虑图像的灰度变化,当流场中的气穴形态改变时,尤其是气穴只存在位置上的变化,而没有面积上的变化时,基于灰度值的处理方法往往不能很好地分辨图像之间的差异,因此计算所得的频率参数略低,气穴运动所

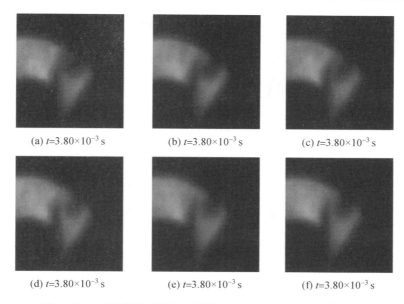

(a) $t=3.80\times10^{-3}$ s　　　　(b) $t=3.80\times10^{-3}$ s　　　　(c) $t=3.80\times10^{-3}$ s

(d) $t=3.80\times10^{-3}$ s　　　　(e) $t=3.80\times10^{-3}$ s　　　　(f) $t=3.80\times10^{-3}$ s

图 6.17　　圆角挡板喷嘴入口压力为 5 MPa 时云气穴脱落过程

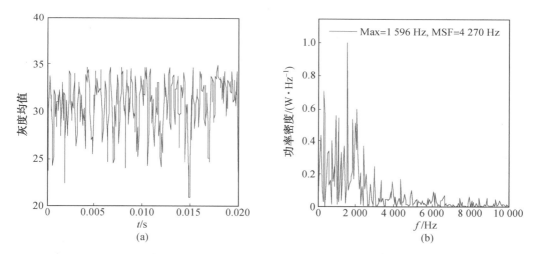

图 6.18　　基于图像灰度值的计算结果

导致的许多高频成分没有被捕捉到。相比而言,相似度检测法将图像的亮度、对比度与结构同时建模,任何一种要素引起的图像间差异都能够被很好地分辨,因此更加适合分析瞬态气穴引起的图像间差异,而且相似度检测法的计算结果也更加接近相应的仿真结果。其他流动条件下不同图像处理方法的计算结果类似,本书对其不做详细介绍。

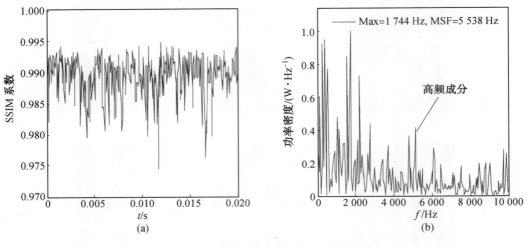

图 6.19　　基于相似度检测法的计算结果

6.5　喷嘴挡板前置级瞬态气穴的实验观测

6.5.1　圆角挡板瞬态气穴特性研究

从 1 MPa 到 6 MPa,对圆角挡板在喷嘴中心面处的气穴形态分别进行拍摄,结果如图 6.20 所示,与之相对应的仿真结果如图 6.21 所示。拍摄中考虑瞬态气穴的实际可观测性,喷嘴入口压力大于 6 MPa 时,流场中大量的气穴使图片亮度急剧下降,很难从中分辨

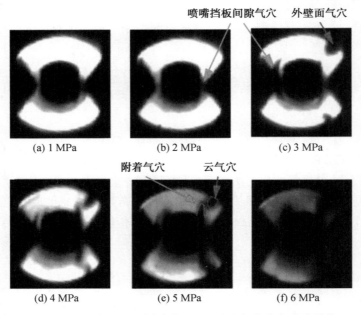

图 6.20　　圆角挡板不同喷嘴入口压力的气穴分布实验图像

气穴形态,因此实验设定 6 MPa 为最高拍摄压力。从拍摄结果可以发现,当喷嘴入口压力低于 2 MPa 时,流场中的气穴主要集中于挡板正对喷嘴的左右两个侧面,挡板圆角处的气穴并不明显;而相同条件下的仿真结果表明,当喷嘴入口压力分别为 1 MPa 和 2 MPa 时,除了在喷嘴挡板间隙处有少量气穴之外,更多的气穴现象发生在挡板的 4 个圆角处,但是该处的气穴在实验结果中并没有被明显地观测到,这主要是因为挡板圆角处的气穴在喷嘴入口压力较低时分布面积较小,在图像中小范围黑色阴影状的气穴紧挨挡板,很难分辨挡板与气穴的分界面。

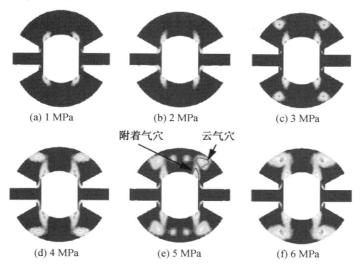

图 6.21　圆角挡板不同喷嘴入口压力的气穴分布仿真结果

　　当喷嘴入口压力上升到 3 MPa 时,从拍摄结果可以看出,流场中的气穴现象明显增加,但是左右两侧的气穴形态并不对称。在流场左侧,气穴主要分布于喷嘴挡板之间的间隙处;而在流场右侧,除了喷嘴挡板间隙处的气穴之外,在流场上下两侧紧贴外壁面的区域也观测到了明显的气穴,这种气穴分布的不对称性主要是由于实验中挡板的安装位置偏差引起的,由于实验中挡板并不是完美地处于两个喷嘴中间,所以导致流场结构和气穴形态也并非完全左右对称。同时,从喷嘴入口压力为 3 MPa 的仿真结果可以发现,随着压力的升高,挡板圆角处的气穴面积有所增加,而且在流场外壁面处也出现了气穴现象,与拍摄结果中的流场右侧相吻合。当喷嘴入口压力为 4 MPa 时,实验流场右侧的气穴明显增加,在挡板右侧的圆角处也可以观察到明显的气穴分布,并逐渐与外壁面处的气穴相连,相比而言,流场左侧的气穴形态变化并不明显,挡板左侧圆角处并没有出现明显的气穴,说明实验中挡板的不对称安装导致左侧喷嘴挡板间隙较小,喷嘴入口压力升高并没有导致左侧大量气穴的发生。

　　当喷嘴入口压力升高到 5 MPa 时,实验中挡板流场右侧的气穴面积极大增加,圆角处气穴已与外壁面气穴完全相连。同时,流场左侧的气穴也有所增强,可以在挡板左上圆角处明显地观测到气穴存在。与相同条件下的数值结果相比,流场右侧的气穴分布形态与仿真更加吻合。而且实验中挡板圆角处的气穴现象相对稳定,主要附着在挡板表面,为附着气穴。与附着气穴相比,靠近流场外壁面处的气穴极其不稳定,为云气穴,气穴动态特性主要表现为云气穴位置形态随时间的变化。最后,当喷嘴入口压力上升到 6 MPa 以后,实验和仿真流场的气穴分布与 5 MPa 类似,但是气穴量明显增加,拍摄流场明显变暗。

从不同喷嘴入口压力下气穴形态的拍摄结果以及与仿真结果的对比可以发现,流场中的气穴大致可以分为附着气穴和云气穴两类,而且实验中由于挡板的安装位置误差影响,挡板右侧流场的气穴分布更加明显,与仿真结果的一致性更好,因此本书后续对于特定流动状况下的瞬态气穴研究主要针对实验拍摄流场的右半部分进行,而且主要研究气穴形态比较清晰的 4 MPa、5 MPa、6 MPa 3 种情况。

图 6.22 描述了喷嘴入口压力为 4 MPa 时,附着气穴从挡板边缘生长脱落并且最终形成云气穴的过程,其中上方为仿真计算结果,下方为拍摄图像。仿真计算中气穴形态从脱落到向下游运动的整体演变过程比较清晰。相比而言,在实验拍摄中,由于流场尺度非常小,而且拍摄速度较快,虽然气穴的轮廓形态以及边缘细节不够清晰,但是依然可以分辨出云气穴脱落以及向下游运动的过程。

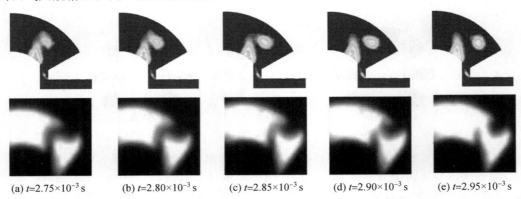

$\quad$(a) $t=2.75\times10^{-3}$ s$\qquad$(b) $t=2.80\times10^{-3}$ s$\qquad$(c) $t=2.85\times10^{-3}$ s$\qquad$(d) $t=2.90\times10^{-3}$ s$\qquad$(e) $t=2.95\times10^{-3}$ s

图 6.22　圆角挡板喷嘴入口压力为 4 MPa 时气穴瞬态变化的实验与仿真对比

使用 SSIM 方法对气穴图像进行分析,为了与仿真结果对比,也取 0.02 s 之内的拍摄结果进行研究,其中选取第一张图像作为基准图像,其他图像与基准图像之间的相似性系数变化规律如图 6.23 所示,可以看出,不同图像之间的相似性系数在 0.995 附近波动,说明图像间的相似程度很高,云气穴的脱落及运动过程造成的图像间差异比较微弱。对相似性系数进行频域分析,相似性系数频谱大致包含两个峰值,其主频率为 1 446 Hz,第二峰值频率为 3 591 Hz,由于实验流场中只包含附着气穴与云气穴两种气穴形态,因此可以认为两个明显的峰值频率分别代表附着气穴和云气穴的变化频率。由第 3 章的分析可知,附着气穴脉动频率比云气穴高,因此可以认为 1 446 Hz 代表云气穴脉动频率,3 591 Hz 为附着气穴脉动频率。相同流动条件下,从第 3 章圆角挡板面平均气穴脉动频谱中可得云气穴频率的计算值为 1 399 Hz,而附着气穴脉动频率范围较宽,分布在 2 000 Hz 到 4 000 Hz 之间,与实验结果均比较接近。同时,实验中相似性系数均方根频率为 4 799 Hz,极大地低于仿真中面平均气穴脉动的均方根频率 8 099 Hz,说明实验中对气穴变化的高频成分采集较差,不能够较多地分辨气穴高频脉动,这主要是由以下原因造成的。首先,高速相机在高速拍摄过程中,所得图像的分辨率有限,不能够捕捉流场中很多细节信息,导致流场中一些高频成分的缺失;其次,实验拍摄所使用的时间步长小于仿真所使用的时间步长,同样造成时间尺度上许多流场细节信息的缺失。

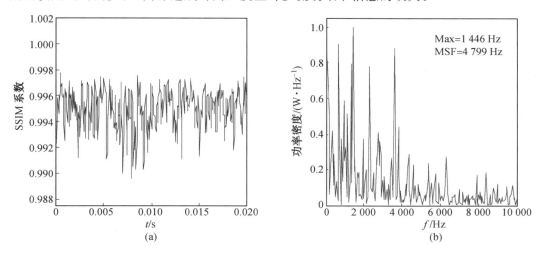

(a)　　　　　　　　　　　　(b)

图 6.23　圆角挡板喷嘴入口压力为 4 MPa 时气穴图像的 SSIM 计算结果

图 6.24 为喷嘴入口压力为 5 MPa 时云气穴脱落过程的仿真与实验对比,与 4 MPa 的拍摄结果相比,流场中的云气穴分布面积更大,形态也更加清晰,从拍摄结果中可以清楚地分辨出云气穴从附着气穴上脱落并向下游运动的过程。

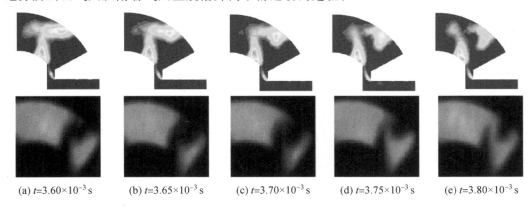

(a) $t=3.60\times10^{-3}$ s　(b) $t=3.65\times10^{-3}$ s　(c) $t=3.70\times10^{-3}$ s　(d) $t=3.75\times10^{-3}$ s　(e) $t=3.80\times10^{-3}$ s

图 6.24　圆角挡板喷嘴入口压力为 5 MPa 时气穴瞬态变化的实验与仿真对比

喷嘴入口压力为 5 MPa 时拍摄图像的 SSIM 计算结果如图 6.25 所示,时域上相似性系数的脉动范围比 4 MPa 的计算结果更大,最小值约为 0.975,说明图像间的差异有所增强,这主要是由于 5 MPa 时云气穴形态更加清晰,其脱落、运动过程更加明显,造成图像间的差异更大。 在频域上,相似性系数变化的峰值频率为 1 746 Hz,均方根频率为 5 107 Hz,附着气穴引起的高频脉动成分并不明显,说明随着喷嘴入口压力的升高,云气穴动态特性占据主导地位。相同条件下圆角挡板面平均气穴峰值频率为 1 591 Hz,均方根频率为 9 085 Hz,仍然是峰值频率较为接近实验结果。

最后,喷嘴入口压力上升到 6 MPa 时的实验与仿真结果对比如图 6.26 所示,从实验图像中可以发现流场中的大面积气穴现象已经严重地影响了整个拍摄过程,所得到的图

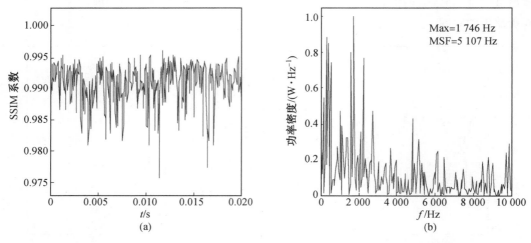

图 6.25　　圆角挡板喷嘴入口压力为 5 MPa 时气穴图像的 SSIM 计算结果

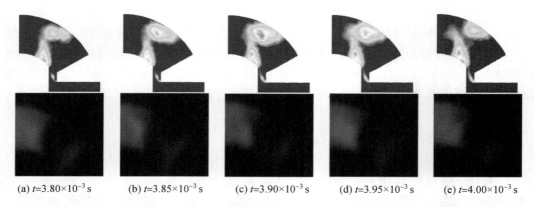

(a) $t = 3.80 \times 10^{-3}$ s　　(b) $t = 3.85 \times 10^{-3}$ s　　(c) $t = 3.90 \times 10^{-3}$ s　　(d) $t = 3.95 \times 10^{-3}$ s　　(e) $t = 4.00 \times 10^{-3}$ s

图 6.26　　圆角挡板喷嘴入口压力为 6 MPa 时气穴瞬态变化的实验与仿真对比

像亮度普遍较低,很难通过肉眼分辨出不同图像中的气穴形态,只能通过数值计算结果和图像处理手段分析气穴特性。

　　对 6 MPa 的拍摄图像进行相似性分析,其结果如图 6.27 所示。时域上相似性系数的变化范围更大,说明图像间的差异随着喷嘴入口压力的升高而逐渐增加,最小值约为0.96。在频域上,相似性系数变化的峰值频率为 1 995 Hz,均方根频率为 5 153 Hz。同样,峰值频率较为接近相同条件下面平均气穴的峰值频率 1 999 Hz,而均方根频率则远低于仿真结果 10 210 Hz。

　　最后,不同喷嘴入口压力下圆角挡板气穴脉动频率的实验值与仿真值对比见表 6.4,如前所述,实验和仿真所得的峰值频率较为接近,而由于拍摄分辨率以及拍摄速度的影响,二者的均方根频率有较大差距。

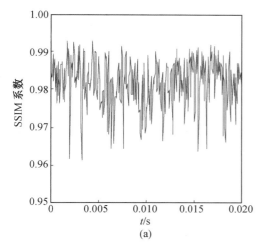
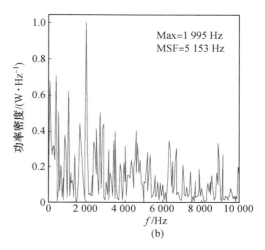

图 6.27　圆角挡板喷嘴入口压力为 6 MPa 时气穴图像的 SSIM 计算结果

表 6.4　圆角挡板气穴脉动频率实验值与仿真值对比

频率	实验	仿真	相对偏差
4 MPa 峰值频率 /Hz	1 446	1 399	3.25%
5 MPa 峰值频率 /Hz	1 746	1 591	8.88%
6 MPa 峰值频率 /Hz	1 995	1 999	0.20%
4 MPa 均方根频率 /Hz	4 799	8 009	66.89%
5 MPa 均方根频率 /Hz	5 107	9 085	77.89%
6 MPa 均方根频率 /Hz	5 153	10 210	98.14%

6.5.2　直角挡板瞬态气穴特性研究

图 6.28 为不同喷嘴入口压力下拍摄得到的直角挡板气穴图像,图 6.29 为相应的仿真结果。从中可以发现,当喷嘴入口压力在 3 MPa 以下时,流场中的气穴现象较少,主要分布在喷嘴挡板间隙处,实验与仿真结果较为一致。当喷嘴入口压力为 4 MPa 时,仿真结果显示流场中主要以云气穴为主,集中分布在紧贴外壁面的流场四周,而在实验流场中,气穴呈不对称分布,挡板右侧气穴比较明显,尤其是右上角有较为清晰的附着气穴,右下角则观察不到附着气穴的存在,这主要是因为挡板安装误差导致了右上角处的射流强度较高,引起了明显的气穴现象。当喷嘴入口压力上升到 5 MPa 时,流场中的气穴面积也随之增加,在实验图像中,左侧喷嘴挡板间隙处开始出现较为明显的气穴,同时,挡板右上角处开始出现清晰的附着气穴和云气穴,直到喷嘴入口压力为 6 MPa 时,流场右上角已经几乎全部被云气穴覆盖,使得肉眼观测十分困难。

综上所述,在直角挡板仿真结果中,气穴现象在喷嘴入口压力大于 3 MPa 时出现,主要以云气穴为主,气穴面积随着喷嘴入口压力的升高而增加。在实验观测中,气穴现象也是在喷嘴入口压力大于 3 MPa 时出现,但是由于挡板安装位置误差的影响,挡板右上角的射流强度更高,导致该处不仅可以观测到云气穴,更有明显的附着气穴存在。尽管实验中挡板右上角的气穴形态与仿真结果不完全一致,但由于该处云气穴形态比较清晰,所以后续关于气穴特性的分析主要使用挡板右上角的气穴分布与仿真结果进行对比。

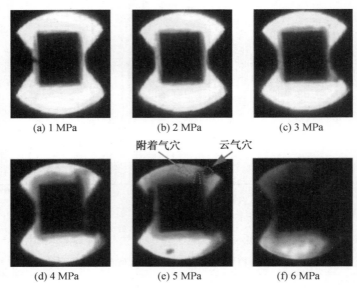

图 6.28　　直角挡板不同喷嘴入口压力的气穴分布实验图像

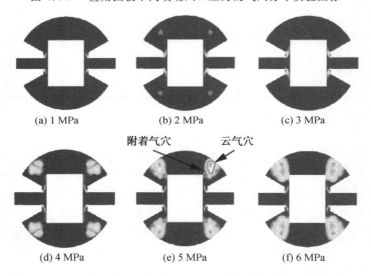

图 6.29　　直角挡板不同喷嘴入口压力的气穴分布仿真结果

　　图 6.30 描述了喷嘴入口压力为 4 MPa 时，直角挡板流场中云气穴从产生、发展到最后在下游溃灭的动态过程。在实验拍摄结果中，由于附着气穴的影响，云气穴分布较小，而且边缘形态的清晰度也远低于仿真结果，但是从中仍然可以分辨出与仿真结果类似的气穴形态演变过程。

　　基于 SSIM 方法的实验图像分析结果如图 6.31 所示，与圆角挡板 4 MPa 的实验结果类似，时域上相似性系数的变化范围较小，最小值约为 0.988，表明各拍摄图像间的差异较小，这也是由于云气穴的形态相对较小，变化不够明显造成的。频域上，相似性系数变化的峰值频率为 1 297 Hz,表征了云气穴的形态变化,而 4 000 Hz 附近的高频脉动则表征了附着气穴的形态变化,相似性系数变化的均方根频率为 5 445 Hz。相同条件下直角挡板的面平均气穴脉动峰值频率为 1 385 Hz,均方根频率为 5 359 Hz,二者均与实验结果较为相似。

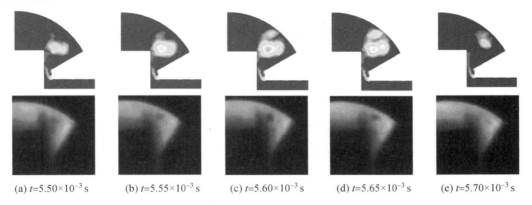

(a) $t=5.50\times10^{-3}$ s　　(b) $t=5.55\times10^{-3}$ s　　(c) $t=5.60\times10^{-3}$ s　　(d) $t=5.65\times10^{-3}$ s　　(e) $t=5.70\times10^{-3}$ s

图 6.30　直角挡板喷嘴入口压力为 4 MPa 时气穴瞬态变化的实验与仿真对比

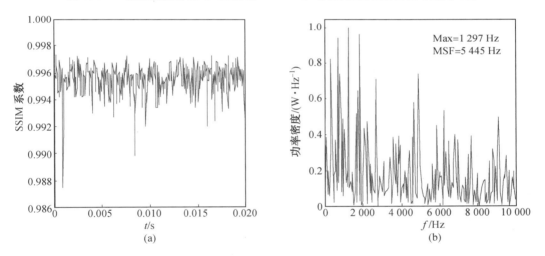

图 6.31　直角挡板喷嘴入口压力为 4 MPa 时气穴图像的 SSIM 计算结果

喷嘴入口压力为 5 MPa 时的云气穴形态演变过程如图 6.32 所示,与 4 MPa 相比,云气穴现象更加明显,集中分布于流场的右上角,仿真和实验结果都描述了云气穴从产生发展到最后接近溃灭的整个过程。

实验图像的 SSIM 分析结果如图 6.33 所示,喷嘴入口压力的升高使得流场中的云气穴可以被清楚地观测与拍摄,因此云气穴引起的流场差异也更大,相似性系数在时域上的变化范围更广,最小值约为 0.95。频域上,相似性系数变化的频谱分布更加单一,其峰值频率为 1 394 Hz,均方根频率为 5 642 Hz,峰值频率略大于 4 MPa 时的计算结果,均方根频率也比 4 MPa 时的结果略有上升。相同条件下直角挡板面平均气穴脉动峰值频率为 1 428 Hz,均方根频率为 6 664 Hz,前者更加接近实验值。

最后,当喷嘴入口压力为 6 MPa 时,流场的右上角已经全部充满气穴(图 6.34)。仿

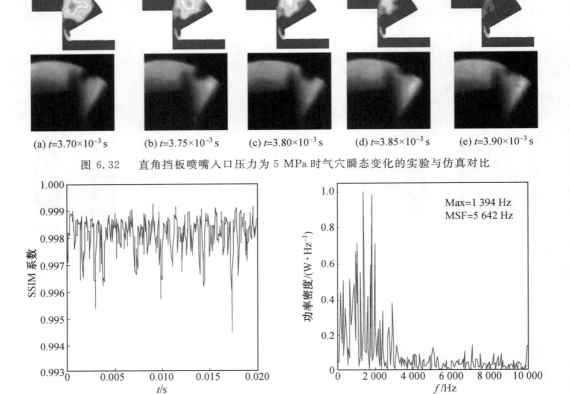

(a) $t=3.70\times10^{-3}$ s　　(b) $t=3.75\times10^{-3}$ s　　(c) $t=3.80\times10^{-3}$ s　　(d) $t=3.85\times10^{-3}$ s　　(e) $t=3.90\times10^{-3}$ s

图 6.32　　直角挡板喷嘴入口压力为 5 MPa 时气穴瞬态变化的实验与仿真对比

图 6.33　　直角挡板喷嘴入口压力为 5 MPa 时气穴图像的 SSIM 计算结果

真结果显示,尽管气穴在不同时刻一直保持较大的分布面积,但是气穴形态仍然存在一定的变化,只是很难用肉眼分辨出具体的气穴形态变化规律。

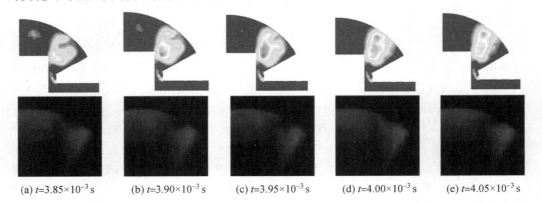

(a) $t=3.85\times10^{-3}$ s　　(b) $t=3.90\times10^{-3}$ s　　(c) $t=3.95\times10^{-3}$ s　　(d) $t=4.00\times10^{-3}$ s　　(e) $t=4.05\times10^{-3}$ s

图 6.34　　直角挡板喷嘴入口压力为 6 MPa 时气穴瞬态变化的实验与仿真对比

6 MPa 时拍摄图像的 SSIM 计算结果如图 6.35 所示,时域上相似性系数随着喷嘴入口压力的上升其变化范围继续增加,说明 SSIM 方法仍然能够分辨大范围的云气穴形态变化。而且相似性系数变化的频谱分布也比较单一,存在明显的峰值频率,进一步说明流场之间的变化主要是由于云气穴动态特性引起的,该峰值频率 1 596 Hz 也较为接近相同条件下的面平均气穴峰值频率 1 511 Hz。同样,由于拍摄条件的限制,相似性系数变化的均方根频率为 5 838 Hz,低于面平均气穴脉动的均方根频率 7 255 Hz。

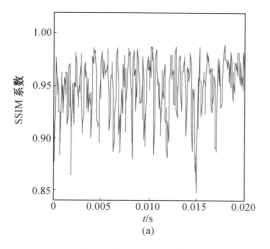 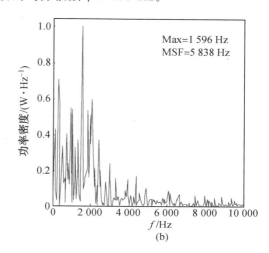

图 6.35　直角挡板喷嘴入口压力为 6 MPa 时气穴图像的 SSIM 计算结果

最后,不同喷嘴入口压力下直角挡板气穴脉动频率的实验值与仿真值对比见表 6.5,与圆角挡板类似,实验和仿真所得的峰值频率相对接近,二者的均方根频率有较大差距。

表 6.5　直角挡板气穴脉动频率实验值与仿真值对比

频率	实验	仿真	相对偏差
4 MPa 峰值频率 /Hz	1 297	1 385	6.78%
5 MPa 峰值频率 /Hz	1 394	1 428	2.44%
6 MPa 峰值频率 /Hz	1 596	1 511	5.33%
4 MPa 均方根频率 /Hz	5 445	5 359	1.58%
5 MPa 均方根频率 /Hz	5 642	6 664	15.34%
6 MPa 均方根频率 /Hz	5 838	7 255	19.53%

6.6　本 章 小 结

本章首先介绍了喷嘴挡板前置级瞬态气穴观测实验台的原理及组成,给出了实验中各个装置的详细参数。实验分别测量了圆角挡板以及直角挡板在不同流动条件下的零位泄漏流量以及挡板主液动力,并与仿真结果做了对比。然后,使用高速摄像机分别拍摄了圆角挡板以及直角挡板在不同喷嘴入口压力下的气穴形态变化,并且建立了针对喷嘴挡板前置级气穴形态的图像处理方法,通过对拍摄图像进行前处理以及相似性分析,得出了圆角挡板和直角挡板在不同流动条件下的瞬态气穴变化规律。研究表明,不同流动条件下气穴形态脉动峰值频率的实验结果与仿真结果基本接近,而受到图像分辨率以及拍摄速度的影响,气穴脉动均方根频率的实验值与仿真值存在一定差异。

　　本章通过对不同形状挡板的瞬态气穴进行观测与分析,进一步明确了不同流动条件下喷嘴挡板前置级中气穴形态的演变规律,验证了瞬态气穴数值分析结果的正确性。

第7章　衔铁组件的干模态振动特性仿真

结构在真空中的固有频率和固有模态称为干模态,当需要考虑周围介质影响时的模态称为湿模态。衔铁组件实际工作时所处工况十分复杂,欲研究其振动特性,对衔铁组件进行精确的理论建模十分必要。本章主要针对衔铁组件未安装至阀芯时(即干模态)的振动特性进行有限元建模和数值仿真。首先,对力矩马达衔铁组件进行受力分析,建立了其未考虑流体作用时的有限元模型。其次,由模态分析、谐响应分析和瞬态响应分析系统研究了衔铁组件的振动特性,为衔铁组件在其他复杂工况下的振动特性研究奠定了理论基础。

7.1　双喷嘴挡板伺服阀的结构及工作原理

双喷嘴挡板伺服阀是伺服阀中应用最为广泛的一种结构形式,该型伺服阀内的自激噪声问题亦表现得更为突出,本书将主要针对该型伺服阀内衔铁组件的自激振动特性进行研究。图7.1为双喷嘴挡板伺服阀及衔铁组件的结构原理图。该伺服阀主要由两部分组成:电磁部分和液压部分。电磁部分为永磁动铁式力矩马达,由永久磁铁、导磁体、线圈、衔铁等组成,可将电气信号转换为机械运动。液压部分又称两级液压放大器,可将机械运动转换为大功率液压信号。其前置级放大器为双喷嘴挡板液压阀,用以放大力矩马达输出力矩。功率级放大器为四通滑阀,其由液压力驱动可实现对流量或压力的控制。衔铁、弹簧管、挡板以及反馈杆组成的衔铁组件通过反馈杆与滑阀相连,作为平衡机构构成力－位移反馈回路实现伺服阀的闭环精确控制。

由图7.1(a)可见在衔铁与导磁体之间共有4个工作气隙,当控制电流 $\Delta i = i_1 - i_2$ 为0时,工作气隙内仅有图示方向的极化磁通,衔铁在对称永磁力的作用下处于中位。当控制电流为正时,线圈内产生图示方向的控制磁通。此时②、④气隙内极化磁通与控制磁通方向相同,而①、③气隙内磁通方向相反。②、④气隙内磁通密度增加并大于①、③气隙内磁通密度,力矩马达将会产生逆时针方向电磁力矩,驱动衔铁组件逆时针转动。当衔铁组件变形产生的反力矩与电磁力矩平衡时,衔铁组件将停留在一个平衡位置,其转角与控制电流成正比。衔铁组件的旋转使得喷嘴挡板两侧间隙改变,滑阀两端腔室将产生压力差,进而推动阀芯左移。反馈杆末端随阀芯一起左移,使得挡板趋于中位,滑阀两腔压差降低,阀芯将最终受力平衡停止运动。由于力－位移反馈机制的存在,滑阀阀芯的最终位移也将与控制电流成正比,从而实现对伺服阀流量的精确控制。

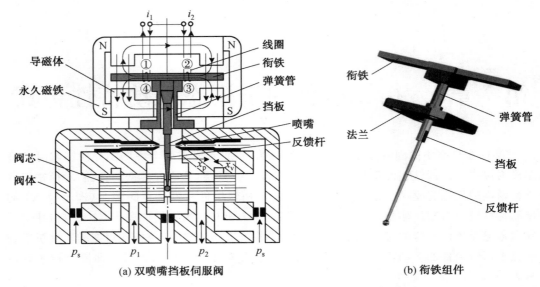

(a) 双喷嘴挡板伺服阀　　　　　　　(b) 衔铁组件

图 7.1　　双喷嘴挡板伺服阀及衔铁组件结构原理图

7.2　衔铁组件的有限元建模

7.2.1　衔铁组件的模态空间动力学方程

将衔铁组件看作一线性多自由度系统,其动力学方程可写为

$$J\ddot{\boldsymbol{\theta}} + B\dot{\boldsymbol{\theta}} + K\boldsymbol{\theta} = T \tag{7.1}$$

式中　　T——广义力矩阵;

　　　　$\boldsymbol{\theta}$——位移矩阵;

　　　　J——惯性矩阵;

　　　　B——阻尼矩阵;

　　　　K——刚度矩阵。

对于线性时不变系统,若其存在 n 阶主模态,系统中每一点的物理响应均可用 n 阶模态响应的线性叠加表示。即物理空间与模态空间存在如下坐标变换:

$$\boldsymbol{\theta} = \boldsymbol{\Phi} \boldsymbol{q} = \sum_{i=1}^{n} \boldsymbol{\Phi}_i q_i \tag{7.2}$$

式中　　$\boldsymbol{\Phi}$——模态矩阵,表征模态振型;

　　　　q——模态坐标。

在模态坐标系下,式(7.1)可写为

$$J\boldsymbol{\Phi}\ddot{\boldsymbol{q}} + B\boldsymbol{\Phi}\dot{\boldsymbol{q}} + K\boldsymbol{\Phi}\boldsymbol{q} = T \tag{7.3}$$

两端左乘 $\boldsymbol{\Phi}^{\mathrm{T}}$,有

$$J_r\ddot{\boldsymbol{q}} + B_r\dot{\boldsymbol{q}} + K_r\boldsymbol{q} = \boldsymbol{\Phi}^{\mathrm{T}}T \tag{7.4}$$

式中　　J_r——模态惯性矩阵,$J_r = \boldsymbol{\Phi}^{\mathrm{T}}J\boldsymbol{\Phi}$;

B_r—— 模态阻尼矩阵，$B_r = \boldsymbol{\Phi}^T B \boldsymbol{\Phi}$；

K_r—— 模态刚度矩阵，$K_r = \boldsymbol{\Phi}^T K \boldsymbol{\Phi}$。

对于比例阻尼系统，由于模态正交性，J_r、B_r 和 K_r 均为对角矩阵，此时式（7.4）已完全解耦。第 i 阶模态的动力学方程可以写为

$$J_i(\ddot{q}_i + 2\zeta_i\omega_i\dot{q}_i + \omega_i^2 q_i) = \boldsymbol{\Phi}_i^T T \tag{7.5}$$

式中　　ω_i—— 第 i 阶固有频率；

ζ_i—— 第 i 阶阻尼比；

J_i—— 第 i 阶惯性参数；

$\boldsymbol{\Phi}_i$—— 第 i 阶振型；

q_i—— 第 i 阶模态坐标，可理解为第 i 阶模态的加权系数。

当模态参数（如固有频率、模态阻尼、模态惯性参数、模态振型等）已知时，式（7.5）可解，再由式（7.2）即可得物理空间振动位移。模态参数是每个结构的固有属性，其获取过程即称为模态分析。模态分析是获取结构振动特性的重要手段，同时也是一系列复杂动力学分析的基础，如谐响应分析、瞬态响应分析等。本章将通过数值仿真的方法获取衔铁组件的模态参数，研究其振动特性。

为建立等效的有限元动力学模型，首先对衔铁组件受力情况进行分析。衔铁组件工作过程中所受外力矩主要有电磁力矩 T_d、喷嘴射流力产生的负载力矩 T_{L1} 以及反馈杆变形产生的负载力矩 T_{L2}，如图 7.2 所示。

分析空气中衔铁组件未与阀芯相连时的振动特性，将仅考虑电磁力矩 T_d 的作用。当衔铁在中位附近工作时，其所受电磁力矩 T_d 通常可以简化为

$$T_d = K_t\Delta i + K_m\theta \tag{7.6}$$

式中　　K_t—— 中位力矩常数，$N \cdot m/A^{-1}$；

K_m—— 磁弹簧刚度，$N \cdot m/rad$；

θ—— 衔铁组件转角，rad。

于是，衔铁两端所受电磁力为

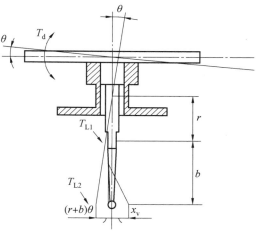

图 7.2　衔铁组件受力图

$$F = \frac{T_d}{2a} = \frac{K_t}{2a}\Delta i + \frac{K_m}{2a^2}x \tag{7.7}$$

式中　　a—— 磁极面中心至衔铁转动中心的距离，m；

x—— 衔铁末端（磁极面中心）偏离中位的距离，m。

式（7.6）显示电磁力矩是控制电流与衔铁转角的函数。其中 $K_t\Delta i$ 是衔铁中位时由控制磁通产生的电磁力矩，与控制电流成正比。$K_m\theta$ 是衔铁转动时由于气隙变化产生的附加电磁力矩。该力矩与衔铁转角成正比，促使衔铁进一步远离中位，其作用类似于一个负刚度弹簧，也被称为磁弹簧力矩。当磁弹簧刚度与机械弹簧管刚度位于同一量级时，其对衔铁组件振动特性的影响将不可忽略。

7.2.2　衔铁组件的干模态有限元模型

基于有限元法的计算模态分析是获取模态参数的有效手段之一，ANSYS 软件作为一款技术成熟的大型有限元法分析软件，在结构动力学等众多领域得到了广泛而成功的应用。本书将利用 ANSYS 软件建立衔铁组件的有限元模型，并进行一系列不同工况下的振动特性分析。

本书仿真和实验所用衔铁组件来自航天某院，该院所提供衔铁组件各部分材料属性见表 7.1，表中数据亦为目前伺服阀生产厂家所普遍采用的材料特性，故具有一般代表性。根据材料属性及模型结构特点，将衔铁、弹簧管、挡板和反馈杆作为独立的体单独建模，后采用粘接操作合并耦合面以保证数据的连续传输。由于衔铁组件结构的不规则性（如锥形曲面边界），本书采用 SOLID187 单元建立有限元模型。该单元为高阶三维十节点四面体单元，其所具有的二次位移特性可更好地模拟模型中的不规则边界，单元结构如图 7.3 所示。当磁弹簧刚度不可忽略时，以弹簧单元 COMBIN40 模拟其影响。该单元具有阻尼器、弹簧滑行器和间隙功能，可模拟线性弹簧阻尼系统，其单元结构如图 7.4 所示。

表 7.1　衔铁组件的材料属性

部件	材料	密度 $\rho/(\mathrm{kg \cdot m^{-3}})$	弹性模量 E/GPa	泊松比 μ
衔铁	1J50	8 200	157	0.3
弹簧管、法兰	QBe1.9	8 230	125	0.35
挡板、反馈杆	3J1	8 000	190	0.3

网格划分是有限元分析的关键环节，合理的网格划分方式可在保证计算精度的条件下节省计算资源，提高计算效率。鉴于衔铁组件各部件结构各异、尺寸不一（如薄壁弹簧管、细长反馈杆），统一的网格尺度不能兼顾计算精度与速度。自由网格划分法是一种高自动化的网格划分技术，可利用 Smart Size 智能控制技术自动控制网格数量和疏密程度。本书设定 Smart Size 为四级精度并针对弹性结构反馈杆和弹簧管做网格细化处理，衔铁组件未安装至阀芯时的干模态有限元模型如图 7.5 所示。该工况下将仅考虑法兰处机械约束而不考虑流场及阀芯的影响，由于衔铁组件通过法兰孔固定于阀体，故将其面位移做全约束处理，如图中粗线框出的部分所示。

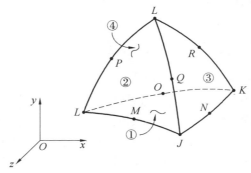

图 7.3　SOLID187 单元结构图

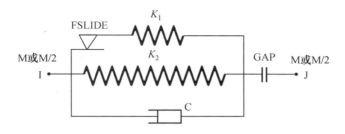

图 7.4　COMBIN40 单元结构图

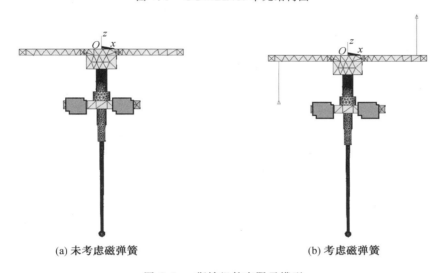

(a) 未考虑磁弹簧　　　　　　　　　(b) 考虑磁弹簧

图 7.5　衔铁组件有限元模型

7.3　衔铁组件振动特性的有限元分析

7.3.1　模态分析

模态特性是结构体的固有属性,与结构所受外载荷无关,且受阻尼特性影响较小。模态分析往往基于结构的无阻尼自由振动方程,由式(7.1)可知物理坐标系下衔铁组件的无阻尼自由振动方程为

$$\boldsymbol{J}\ddot{\boldsymbol{\theta}} + \boldsymbol{K}\boldsymbol{\theta} = \boldsymbol{0} \tag{7.8}$$

经拉氏变换并令 $s = \mathrm{j}\omega$,上式变为

$$(-\omega^2\boldsymbol{J} + \boldsymbol{K})\boldsymbol{\theta}(\omega) = \boldsymbol{0} \tag{7.9}$$

经模态变换,有

$$(-\omega^2\boldsymbol{J} + \boldsymbol{K})\boldsymbol{\Phi}\boldsymbol{q} = \boldsymbol{0} \tag{7.10}$$

由于 $\boldsymbol{q} \neq \boldsymbol{0}$,则对于第 i 阶模态,有

$$(-\omega_i^2\boldsymbol{J} + \boldsymbol{K})\boldsymbol{\Phi}_i = \boldsymbol{0} \tag{7.11}$$

求解此特征方程可得衔铁组件的固有频率及其对应的模态振型。

1. 模态参数提取

伺服阀自激噪声频率多集中于 3 000 ~ 4 000 Hz 频段,故本书主要研究衔铁组件在 0 ~ 4 500 Hz 内的振动特性。利用图 7.5(a) 所示有限元模型,在 ANSYS 中采用 Block Lanczos(分块兰索斯) 法提取衔铁组件的模态参数。该方法是求解稀疏对称矩阵的常用方法之一,在特征值求解的计算精度和速度上具有较大优势。未计磁弹簧刚度时衔铁组件固有频率计算结果见表 7.2,各阶模态下的振型如图 7.6 所示。

表 7.2　衔铁组件固有频率计算结果

阶数	频率 f/Hz	阶数	频率 f/Hz
1	604.9	6	2 653.4
2	729.6	7	2 858
3	783.7	8	3 796.4
4	1 114	9	3 806.6
5	1 288.1		

由表 7.2 可知,衔铁组件在 0 ~ 4 500 Hz 内共出现九阶固有频率,第一阶固有频率为 604.9 Hz,第九阶固有频率增加至 3 806.6 Hz。由模态振型图可观察各阶模态下的特定振动形态,可见衔铁组件的振动主要表现为三个平面内的转动及多阶弯曲振动,最大振动位移主要发生在衔铁两端、反馈杆中部及末端。且随阶数提高,衔铁组件的振动愈加扭曲。其中,第一、二阶模态表现为衔铁组件在 xOz 和 xOy 平面内的整体转动;第三阶模态主要表现为反馈杆在 yOz 平面内的一阶弯曲振动,不动点约位于弹簧管中部;第四、五、六、七阶模态表现为衔铁组件在 xOz 和 yOz 平面内的二阶弯曲振动,两个不动点的位置随阶数增加沿反馈杆轴向逐渐向两端移动,第六阶模态之后上端不动点的位置已移至衔铁组件外部;第八阶模态主要表现为衔铁的两端翘曲振动;第九阶模态则表现为衔铁组件在 xOz 平面内的三阶弯曲振动。

第一、四、六、八、九阶振型主要表现为 xOz 平面(衔铁组件工作平面) 内的振动,将作为之后的重点研究模态。

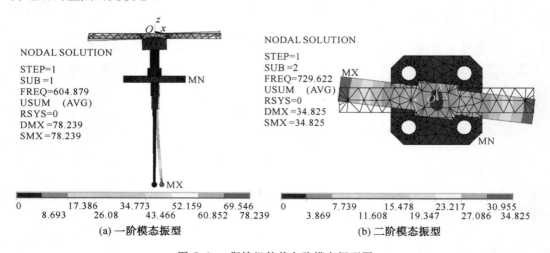

(a) 一阶模态振型　　　　　　　　(b) 二阶模态振型

图 7.6　衔铁组件前九阶模态振型图

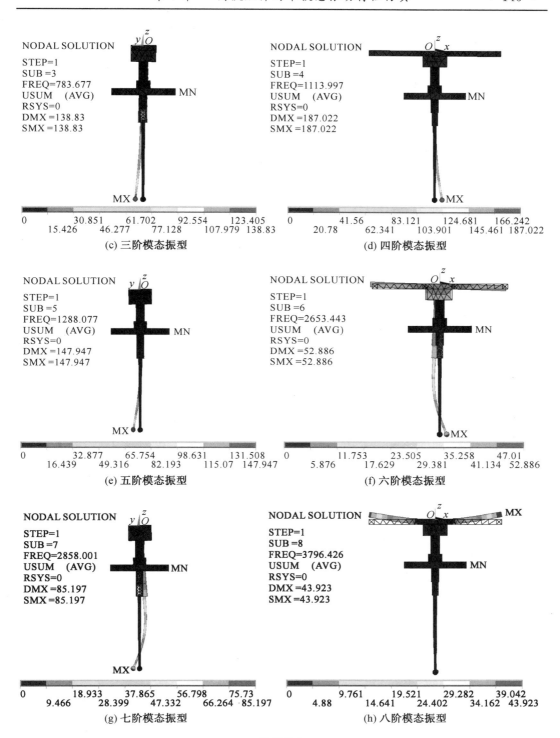

(c) 三阶模态振型

(d) 四阶模态振型

(e) 五阶模态振型

(f) 六阶模态振型

(g) 七阶模态振型

(h) 八阶模态振型

续图 7.6

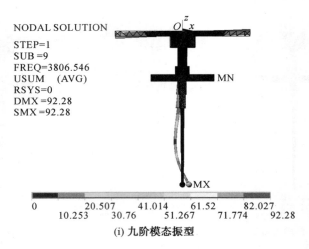

NODAL SOLUTION
STEP=1
SUB =9
FREQ=3806.546
USUM　(AVG)
RSYS=0
DMX =92.28
SMX =92.28

| 0 | 20.507 | 41.014 | 61.52 | 82.027 |
| 10.253 | 30.76 | 51.267 | 71.774 | 92.28 |

(i) 九阶模态振型

续图 7.6

考虑磁弹簧刚度时,采用 Block Lanczos 法对图 7.5(b) 所示有限元模型进行模态分析。伺服阀厂家所提供力矩马达结构参数见表 7.3,弹簧单元 COMBIN40 的刚度由 $K_s = -\dfrac{K_m}{2a^2}$ 确定为 $-4\ 200\ \text{N} \cdot \text{m}^{-1}$。衔铁组件固有频率计算结果见表 7.4,其工作平面内的模态振型如图 7.7 所示。

表 7.3　力矩马达结构参数

参数	数值
中位力矩常数 $K_t/(\text{N} \cdot \text{m} \cdot \text{A}^{-1})$	0.288
磁弹簧刚度 $K_m/(\text{N} \cdot \text{m} \cdot \text{rad}^{-1})$	2.357
控制电流 $\Delta i/\text{A}$	0.01
磁极面中心至衔铁转动中心的距离 a/mm	16.75

表 7.4　衔铁组件固有频率计算结果

阶数	频率 f/Hz	阶数	频率 f/Hz
1	516.7	6	2 648.9
2	729.6	7	2 858
3	783.7	8	3 758.4
4	1 103.7	9	3 796.5
5	1 288.1		

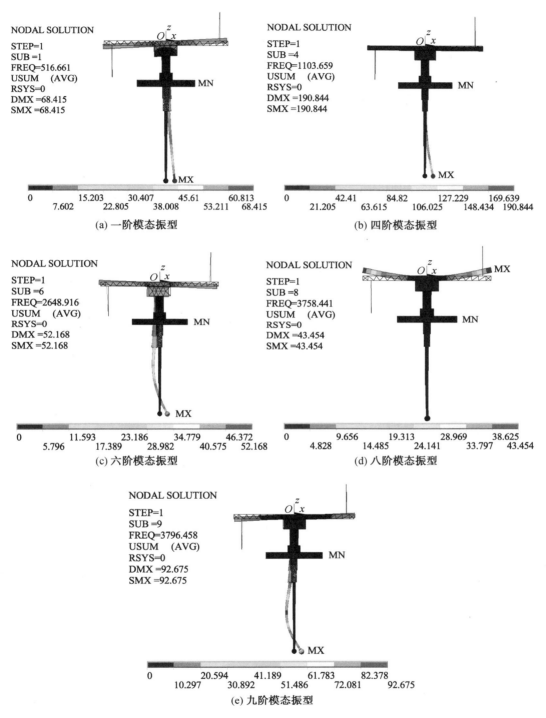

图 7.7　衔铁组件工作平面内模态振型图

对比表 7.2 和表 7.4 可知,磁弹簧刚度主要影响衔铁组件工作平面内的固有频率,而对其余两个平面内的固有频率并无影响。其中,第一阶固有频率降低约 14.58%,第四、六、八、九阶固有频率最大降幅约为 1%。对比图 7.6 和图 7.7 可知,磁弹簧刚度并未影响衔铁组件模态振型。

2. 关键几何参数对模态特性的影响

几何参数是影响结构机械特性的重要因素,分析几何参数对模态特性的影响对衔铁组件振动规律及抑振措施的研究具有重要意义。作为衔铁组件中主要的弹性结构元件,弹簧管和反馈杆对其模态特性走势具有决定性作用。下面将基于图 7.5(a) 所示干模态有限元模型,分析弹簧管和反馈杆中的关键结构参数对衔铁组件模态特性的影响规律。

(1) 弹簧管厚度对模态的影响。其余参数不变,分别取弹簧管厚度为 0.06 mm、0.07 mm 和 0.08 mm,模态分析结果见表 7.5。

表 7.5　弹簧管厚度对固有频率的影响

弹簧管厚度 / mm	频率 f/Hz								
	f_1	f_2	f_3	f_4	f_5	f_6	f_7	f_8	f_9
0.06	589.3	708.8	768.9	1 111.5	1 275.1	2 595.7	2 816.1	3 783.3	3 799
0.07	626.6	759.1	803.3	1 117.7	1 307	2 733.2	2 912.9	3 811.4	3 817.9
0.08	659.3	804.4	830.3	1 123.7	1 337.3	2 848.5	2 992.5	3 830.3	3 838.5

由表 7.5 可知,弹簧管厚度增加使得各阶固有频率升高,这是由于厚度增加使弹簧管刚度值升高所致。其中,弹簧管厚度的改变对六、七阶固有频率的影响较大。由振型图可知该两阶模态主要表现为衔铁组件的二阶弯曲振动,其中弹簧管变形较为显著。

(2) 弹簧管长度对模态的影响。其余参数不变,分别取弹簧管长度为 3 mm、5 mm 和 7 mm,模态分析结果见表 7.6。

表 7.6　弹簧管长度对固有频率的影响

弹簧管长度 / mm	频率 f/Hz								
	f_1	f_2	f_3	f_4	f_5	f_6	f_7	f_8	f_9
3	783.7	912	971.1	1 186.1	1 665.6	3 381.7	3 387.9	3 872.6	4 220.2
5	635.3	765.3	812.7	1 123.8	1 341.2	2 807.7	2 946.3	3 812.9	3 833.6
7	533.3	652.1	700.8	1 090.8	1 180.9	2 286.3	2 649.3	3 747.9	3 767.3

由表 7.6 可知,弹簧管长度增加使得各阶固有频率降低,这是由于长度增加使弹簧管刚度值降低所致。其中,弹簧管长度的改变对四、八阶固有频率的影响较小。由振型图可知该两阶模态主要表现为反馈杆的一阶弯曲振动和衔铁的两端翘曲振动,而弹簧管变形较为微弱。

(3) 反馈杆长度对模态的影响。其余参数不变,分别取反馈杆长度为 10 mm、20 mm 和 30 mm,模态分析结果见表 7.7。

表 7.7　反馈杆长度对固有频率的影响

反馈杆长度 /mm	频率 f/Hz								
	f_1	f_2	f_3	f_4	f_5	f_6	f_7	f_8	f_9
10	650.1	729.7	969.1	2 549.7	2 624.7	3 510.3	3 797.0	5 430	6 129.2
20	622.8	729.5	860.6	1 394.8	1 511.5	2 711.8	3 047.7	3 796.1	4 105.5
30	536.4	595.7	729.7	819.8	1 098.1	2 478.0	2 507.3	3 177.6	3 796.1

由表 7.7 结合振型图可知,除二、八阶模态外,反馈杆长度增大使得各阶固有频率降低,这是由于反馈杆长度增加使其刚度值减小所致。第二、八阶模态主要表现为衔铁部分的振动,而反馈杆变形微弱,故该两阶固有频率变化较小。对于反馈杆弯曲变形显著的四、五、七、九阶模态,其固有频率受反馈杆长度变化的影响较大。反馈杆长度改变引起的固有频率不均衡变化易导致模态跃迁现象的发生,即部分相邻模态间顺序发生改变,使得高阶模态转化为低阶模态。例如当反馈杆长度由 10 mm 增加为 20 mm 时,第七、八阶模态发生交换。

(4)反馈杆两端直径对模态的影响。其余参数不变,分别改变反馈杆两端直径,模态分析结果分别见表 7.8 和表 7.9。

表 7.8　反馈杆大端直径对固有频率的影响

大端直径 /mm	频率 f/Hz								
	f_1	f_2	f_3	f_4	f_5	f_6	f_7	f_8	f_9
0.8	594.8	709.5	729.7	891.5	1 125.4	2 654.3	2 861.9	3 786.6	3 796.6
1.2	603.3	729.7	805.4	1 379.9	1 536.9	2 682.6	2 922.5	3 796.0	3 818.9
1.6	590.4	729.7	783.3	1 631.9	1 791.2	2 823.8	3 333.9	3 795.2	4 024.4

表 7.9　反馈杆小端直径对固有频率的影响

小端直径 /mm	频率 f/Hz								
	f_1	f_2	f_3	f_4	f_5	f_6	f_7	f_8	f_9
0.4	613.4	729.7	797.4	1 054.0	1 214.2	2 620.5	2 768.6	3 647.5	3 796.6
0.6	603.4	729.5	780.4	1 117.0	1 293.8	2 655.8	2 867.3	3 795.9	3 822.6
0.8	589.6	729.5	746.5	1 118.1	1 322.8	2 678.0	2 936.9	3 795.7	3 930.8

由表 7.8、表 7.9 结合振型图可知,同反馈杆长度影响效果,反馈杆两端直径对二、八阶固有频率几乎无影响。随端部直径增加,其余阶固有频率呈现先升高后降低的趋势。这是由于端部直径的增加使得反馈杆刚度和转动惯量同时增大,当反馈杆刚度增加所占比重较大时,固有频率升高,反之降低。端部直径的变化同样会引起模态跃迁现象,例如当反馈杆大端直径由 0.8 mm 增加为 1.2 mm 时,第二、三阶以及八、九阶模态发生交换。

综上可知,衔铁组件关键几何参数改变时,其固有频率变化较为平缓。伺服阀设计时,仅需在本书基础上针对灵敏度较高的几何参数进行重点分析。

7.3.2　谐响应分析

结构在周期性外力下做受迫振动时会产生周期性的振动响应,周期性外力可分解为若干特定频率下的简谐激励之和,当简谐激励的频率与结构固有频率相近时,结构的振动响应将发生急剧变化,即有共振现象发生。谐响应分析可用以确定结构在一种或多种同频率简谐激励作用下的稳态响应,并给出特定频段内结构振幅随频率变化的规律。谐响应分析结果常用于预测结构对疲劳、共振等有害现象的承受能力,同时可利用谐振峰辨识部分模态参数(如固有频率)。

谐响应分析即针对下式所示简谐载荷下动力学方程求解,即

$$\boldsymbol{J\ddot{\theta}} + \boldsymbol{B\dot{\theta}} + \boldsymbol{K\theta} = \{Te^{i\varphi}\}\, e^{\bar{\omega}t} \tag{7.12}$$

式中　　T——载荷的幅值;

　　　　φ——载荷的初始相位;

　　　　$\bar{\omega}$——载荷的频率。

上式通常有以下形式的解:

$$\boldsymbol{\theta} = \{Ae^{i\varphi}\}\, e^{\bar{\omega}t} \tag{7.13}$$

式中　　A——位移的幅值;

　　　　φ——载荷的初始相位。

谐响应分析不可忽视阻尼特性的影响,阻尼模型的精确与否将直接决定结构动力学分析结果的可靠性。国内外众多学者对阻尼特性的预测做了大量理论研究,目前常用的黏性阻尼、模态阻尼、复合阻尼等多是基于经验假设提出,尚不能准确模拟实际结构的阻尼特性。精确阻尼模型的确立多是通过动态实验和参数辨识结合的方式,然而在设计分析阶段,现有阻尼模型依然是仿真计算中的重要参考依据。

对于比例阻尼系统,瑞利(Rayleigh)阻尼是结构动力学分析中常用的阻尼模型之一。该模型由质量阻尼系数 α 和刚度阻尼系数 β 确定,阻尼系数与模态阻尼比 ξ_i 之间有如下关系:

$$\xi_i = \frac{\alpha}{2\omega_i} + \frac{\beta\omega_i}{2} \tag{7.14}$$

由式(7.14)可知,对于特定的某阶固有频率应有相对应的阻尼系数。为便于动力学仿真,对于某关心频率范围 $\omega_i \sim \omega_j$,可假定起止固有频率处的振型阻尼比均为 ξ,则该频段的 Rayleigh 阻尼系数可由下式确定:

$$\begin{cases} \alpha = \dfrac{2\omega_i\omega_j\xi}{\omega_i + \omega_j} \\[3mm] \beta = \dfrac{2\xi}{\omega_i + \omega_j} \end{cases} \tag{7.15}$$

1. 电磁力作用下衔铁组件的谐响应分析

电磁力是驱动衔铁组件动作的主要动力,分析电磁力作用下衔铁组件的动态特性,有助于揭示电磁力工作频率与自激噪声的耦合关系。电磁力作用下的谐响应分析将基于图7.5(b)所示考虑磁弹簧刚度的有限元模型,在衔铁两端磁极面中心处以集中力的形式施

加大小相等、方向相反的电磁力。当控制电流幅值为 0.01 A 时，由公式 $F = \dfrac{K_t}{2a}\Delta i$ 计算可知衔铁一端电磁力大小为 0.086 N。阻尼矩阵由 Rayleigh 阻尼模型确定，由表 7.4 取 $\omega_1 =$ 3 246.27 rad/s、$\omega_9 = 23\ 852.23$ rad/s，ξ 按经验值取 0.03，经式（7.15）计算可得 $\alpha = 171.44$、$\beta = 2.21 \times 10^{-6}$。由式（7.14）可得模态阻尼比随频率变化关系，如图 7.8 所示。可见 Rayleigh 阻尼模型所确定模态阻尼比在频率范围 $\omega_1 \sim \omega_9$ 内基本保持不变。

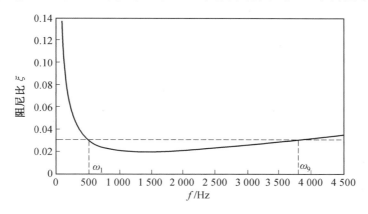

图 7.8　Rayleigh 阻尼模态阻尼比随频率变化关系

　　模态叠加谐响应分析法是一种基于模态分析结果、利用模态振型加权求和的方式求解结构稳态响应的计算方法，具有较高的计算效率与计算精度。由模态分析结果可知，衔铁组件模态振型中最大变形多出现在衔铁两端、反馈杆中部及反馈杆末端，故选择此三处节点作为关键点观察其谐响应变化规律，关键点位置如图 7.9 所示。基于模态叠加法计算 $0 \sim 4\ 500$ Hz 内三关键点在 x、y 和 z 方向的稳态响应，结果如图 7.10 所示。

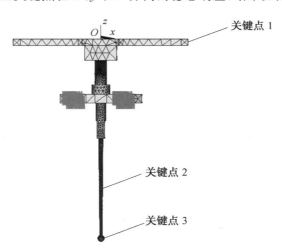

图 7.9　衔铁组件三关键点位置示意图

　　由图 7.10 可知，电磁力作用下衔铁组件在 x、z 方向的振动显著，在 y 方向的振动几乎可以忽略不计，其振动能量多集中在 $0 \sim 2\ 000$ Hz 的中低频段。由图 7.10(a)、(c) 可知，

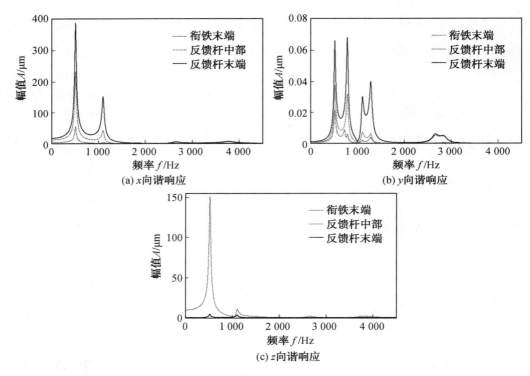

图 7.10　　衔铁组件三关键点处谐响应

x、z 方向谐响应曲线在 $0 \sim 4\,500$ Hz 内共出现 4 处谐振峰,分别对应第一、四、六、九阶固有频率。三关键点处谐振峰随频率增加均呈递减趋势,在一阶固有频率处谐振峰达到最大值。由图 7.7 可知,第一、四、六、九阶模态主要表现为衔铁组件在 xOz 平面内的转动、二阶和三阶弯曲振动,故电磁力主要激发衔铁组件在工作平面内的振动模态。同时可以发现,对于第八阶模态(衔铁两端在 xOz 平面内的翘曲振动),关键点 1 处谐曲线并未出现相应谐振峰。这是由于第八、九两阶固有频率较为接近,第八阶模态响应在同等阻尼力作用下要弱于第九阶模态所致。

2. 载荷及阻尼对稳态响应的影响

(1)载荷的影响。在衔铁两端磁极面中心处施加电磁力,分别令电磁力为 0.043 N、0.086 N 和 0.172 N,所得反馈杆末端 x 向谐响应曲线如图 7.11 所示。

由图 7.11 可知,结构稳态响应随载荷大小呈正比变化,载荷大小并未改变谐曲线的能量分布。当阻尼特性不变时,减弱外部激励仅能减小谐振幅而不能完全抑制谐振。

对于实际的伺服阀力矩马达,由于制造或安装误差,衔铁端部所受电磁力往往并不完全沿衔铁轴线 AB 对称分布,此时电磁力加载位置相对轴线 AB 有一 y 向偏移,如图 7.12 中 O_2 和 O_2' 所示。当 y 向偏移为 0.05 mm 时,分别在 O_2 和 O_2' 处施加大小相等、方向相反的电磁力 0.086 N,所得三关键点在 y 向的谐响应曲线如图 7.13 所示。

由图 7.13 可知,y 向谐响应曲线在 $0 \sim 4\,500$ Hz 内共出现 3 处明显谐振峰,分别对应第三、五、七阶固有频率。由振型图可知,第三、五、七阶模态主要表现为衔铁组件在 yOz

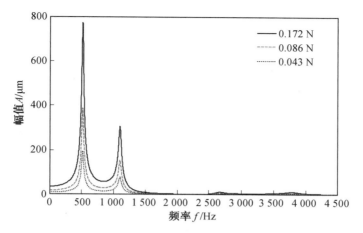

图 7.11　电磁力大小对 x 向谐响应的影响

图 7.12　电磁力加载位置

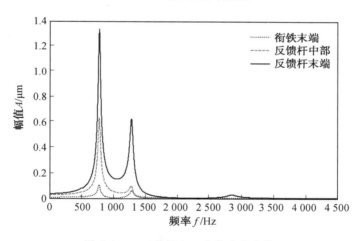

图 7.13　三关键点 y 向谐响应曲线

平面内的一阶和二阶弯曲振动。这是由于加载位置的偏移使得衔铁两端承受绕轴线 AB 的力矩 T_y，从而激发出衔铁组件在 yOz 平面内的振动模态。对比图 7.10(b) 可知，加载位置的改变使得 y 向谐曲线能量分布规律大不相同。由于 T_y 值较小，与 x、z 向振动相比，加载位置偏移所导致的 y 向振动依然较为微弱。

（2）阻尼的影响。在 Rayleigh 阻尼模型中，假定起止固有频率处的振型阻尼比均为 ξ，由此确定阻尼系数。分别令 ξ 值为 0.03、0.15 和 0.30，所得反馈杆末端 x 向谐响应曲线如图 7.14 所示。

由图 7.14 可知，结构稳态响应随阻尼比增加而急剧减小，阻尼比对高频特性影响显著。当阻尼比为 0.15 时,高频谐振峰几近消失,可见选用合适的阻尼可完全抑制高频谐振的发生。

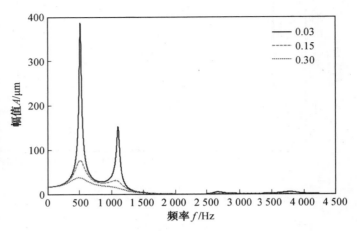

图 7.14　　阻尼比大小对谐响应的影响

模态叠加法中,Rayleigh 阻尼最终转化为模态阻尼参与结构稳态响应求解,故模态阻尼比是谐曲线能量分布特性的直接影响因素。以一、四阶模态为例,说明模态阻尼比对谐振能量分布的影响。分别改变 ξ_1、ξ_4 取值,并保持其余阶次模态阻尼比为 0.03,三种情形下反馈杆末端 x 向谐响应曲线如图 7.15 所示。

由图 7.15 可知,模态阻尼比主要影响该阶模态附近频率处稳态响应,模态阻尼比的分布将直接决定谐曲线能量分布特性。由于 Rayleigh 阻尼模型所确定各阶模态阻尼比基本保持不变,这势必影响最大谐振频率点的预测。准确测定结构实际模态阻尼比将是构建精确阻尼模型并预测谐振能量分布的有效途径。

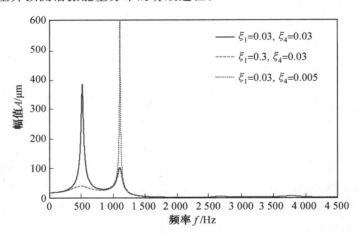

图 7.15　　模态阻尼比分布对 x 向谐响应的影响

7.3.3　瞬态响应分析

瞬态响应分析是用以确定结构在任意载荷作用下随时间变化的动态响应的一种方

法,又被称为时间历程分析。由于载荷与时间相关,结构瞬态响应中包含重要的惯性和阻尼特征。研究结构动态响应特性对模态参数辨识尤其是阻尼参数的辨识具有重要意义。

瞬态响应分析往往基于以下动力学方程:

$$J\ddot{\boldsymbol{\theta}} + B\dot{\boldsymbol{\theta}} + K\boldsymbol{\theta} = \{T(t)\} \tag{7.16}$$

瞬态响应分析时,连续时间 t 被离散成若干个时间点。在任一离散时间点,依据达朗贝尔原理将上式转化为静力学方程,其中 $J\ddot{\boldsymbol{\theta}}$ 和 $B\dot{\boldsymbol{\theta}}$ 分别被看作惯性力和阻尼力。ANSYS 软件利用纽马克(Newmark)时间积分法求解离散后的静力学方程,从而获取结构的瞬态动力学响应。

同谐响应分析,本书同样采用模态叠加法及 Rayleigh 阻尼模型计算瞬态响应。电磁力以集中力的形式施加在磁极面中心,衔铁一端电磁力的函数为

$$F = \begin{cases} 0.086\sin 2\pi ft, & 0 \leqslant t < 0.4 \\ 0, & 0.4 \leqslant t \leqslant 0.8 \end{cases} \tag{7.17}$$

当 f 值取第一阶固有频率(516.66 Hz)时,设置时间积分步长为 0.01 ms,计算所得反馈杆末端 x 向瞬态响应如图 7.16 所示。可知前半程瞬态响应为一阶固有频率下的受迫振动,后半程则为结构自由衰减响应。对比图 7.10(a),受迫振动振幅与谐响应分析计算所得一阶谐振峰值相吻合。对多自由度系统而言,自由衰减响应可以看作各阶模态下单自由度自由衰减响应的线性组合。对自由衰减响应信号做频域分析,其功率谱密度如图 7.17 所示。

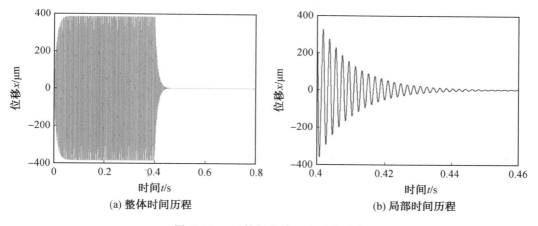

(a) 整体时间历程   (b) 局部时间历程

图 7.16   反馈杆末端 x 向瞬态响应

由图 7.17 可知,自由衰减响应信号中所包含主要频率成分为 516.66 Hz,即第一阶固有频率下单自由度自由衰减响应在系统总的自由衰减响应中占主导地位。故谐振频率下的自由衰减响应具有较明显的单阶模态特征,对其做参数辨识处理即可准确获取该阶模态下的主要模态参数(如固有频率、模态阻尼比)。

当 f 值取非谐振频率(1 300 Hz)时,计算所得反馈杆末端 x 向瞬态响应如图 7.18 所示,自由衰减响应功率谱密度如图 7.19 所示。可见,非谐振频率下自由衰减响应包含多种并列成分的模态特征,欲辨识各阶模态下的模态参数,需要更复杂的参数辨识算法且辨识精度较低。

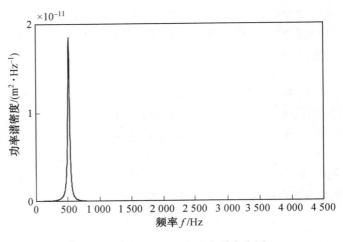

图 7.17　自由衰减响应功率谱密度图

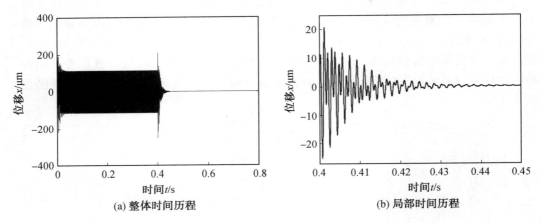

(a) 整体时间历程　　　　　　　　　　(b) 局部时间历程

图 7.18　反馈杆末端 x 向瞬态响应

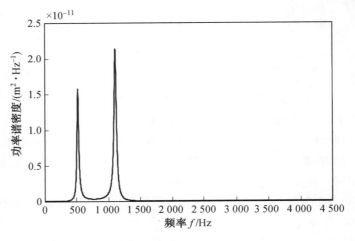

图 7.19　自由衰减响应功率谱密度图

7.4　本章小结

　　本章主要针对衔铁组件的干模态振动特性进行了有限元建模和数值仿真。通过受力分析建立了考虑和未考虑磁弹簧影响时衔铁组件的干模态有限元模型,通过模态分析获取了衔铁组件在 $0 \sim 4\,500$ Hz 内的模态参数,并分析了磁弹簧刚度及关键几何参数对模态特性的影响。仿真结果表明,衔铁组件在 $0 \sim 4\,500$ Hz 内共存在九阶模态,主要振动形式表现为 3 个平面内的转动及多阶弯曲振动,随阶数升高,衔铁组件的振动愈加扭曲。基于 Rayleigh 阻尼模型,采用模态叠加法对电磁力作用下的衔铁组件进行了谐响应分析,得到了衔铁组件在简谐激励作用下的稳态响应及其随频率变化的规律。同时分析了载荷及阻尼对衔铁组件稳态响应的影响。谐响应分析结果显示,电磁力主要激发衔铁组件在工作平面内的振动模态,振动能量主要分布在反馈杆的 x 向振动和衔铁的 z 向振动。阻尼对谐响应特性影响显著,选用合适的阻尼可完全抑制高频谐振的发生。通过瞬态响应分析研究了衔铁组件在简谐电磁力作用下随时间变化的自由衰减响应,分析结果表明谐振频率下的自由衰减响应具有较明显的单阶模态特征,该结论为模态阻尼比的测试方法研究奠定了理论基础。

第8章　衔铁组件的干模态参数辨识

为准确获取衔铁组件的干模态振动特性并验证有限元模型的有效性,本章采用实验模态分析的方法获取衔铁组件工作平面(xOz 平面)内的模态参数,如固有频率、阻尼比等。弹簧管作为衔铁组件中的精密元件,其厚度仅为 $60 \sim 80\ \mu m$,传统的模态激励方法(如力锤激励法和激振器激励法)极易造成弹簧管的破裂,因此实验中采用更为安全的电磁激励和声波激励法进行模态测试。此外,由于衔铁组件结构轻巧(总重约为 9 g),为避免实验中传感器附加质量的引入,采用激光位移传感器实现关键部位振动位移的非接触式测量。

8.1　电磁激励下的模态参数辨识

8.1.1　实验原理及组成

采用电磁激励的模态测试原理图如图 8.1 所示,该实验系统主要由被测物、控制模块、供电模块和测量模块等组成,整体实物如图 8.2 所示。供电模块采用自制电流反馈式伺服放大器,该放大器可消除负载阻抗变化造成的相位滞后和增益变化,使输出电流与输入电压呈比例关系,可为力矩马达提供稳定的电流供应。控制模块包括计算机和 D/A 转换器,D/A 转换器采用研华 PCI－1710 数据采集卡。该采集卡具有 2 路模拟量输出端口,采样频率高达 100 kHz,可将计算机所产生数字信号转换为 $0 \sim 10$ V 模拟电压信号,继而

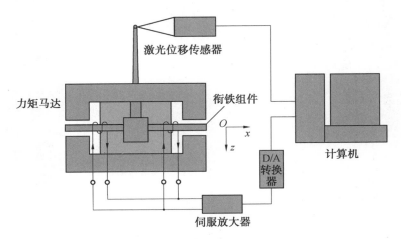

图 8.1　电磁激励的模态测试原理图

控制伺服放大器输出电流在 $-10 \sim 10$ mA 内等比变化。测量模块采用日本基恩士公司生产的 LK－G5000 型激光位移传感器,其最高采样频率可达 392 kHz,测量范围为 $17 \sim 23$ mm,重复测量精度为 10 nm,可实现微米级振动的高精度动态测量。实验中由激光位移传感器获取被测物(衔铁组件)振动位移,通过相应算法辨识其模态参数。

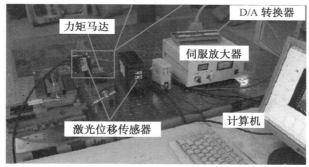

图 8.2　电磁激励的模态测试实验台

8.1.2　固有频率测试

固有频率测试即获取系统的频率响应,当系统阻尼比较小时,谐振频率即可看作系统的固有频率。统计法是一种利用宽频激振与傅里叶变换技术快速获取系统频率响应的方法,该方法可通过单次激振获取系统在宽频带范围内各频率点处的响应特性,故而具有测试速度快、测试效率高的显著优点。理论上,当激励信号为理想脉冲时,系统在无限带宽上的频率响应将被完整激发。由于理想脉冲信号实际不可获取,工程中往往采用正弦扫频信号、阶跃信号、白噪声信号、伪随机信号等其他宽频信号进行代替。

本实验采用正弦扫频激振技术获取衔铁组件的频率响应。测试过程如下:由计算机产生幅值恒定、频率连续变化的扫频电压信号,经伺服放大器放大转化为电流信号后,输入线圈产生电磁力,继而驱动衔铁组件按指定规律振动,由激光位移传感器测量关键点处的振动位移。为精确获取高频振动特性,实验中数据采集卡及激光位移传感器的采样频率均设为 100 kHz。由快速傅里叶变换技术获取位移信号功率谱密度图,图中谐振峰对应频率即为衔铁组件固有频率。为准确辨识 $0 \sim 4\,500$ Hz 内的全部固有频率,实验中采用分段扫频测试法,反馈杆末端 x 向位移功率谱密度如图 8.3 所示。

由图 8.3 可知,各段功率谱密度曲线中较显著谐振峰处频率分别为 530 Hz、1 112 Hz、2 640 Hz、3 768 Hz。为防止频率遗漏,分别测量衔铁末端、反馈杆中部、反馈

杆末端三关键点处 x 向位移,由位移功率谱密度图获取衔铁组件工作平面内全部固有频率,结果见表 8.1。

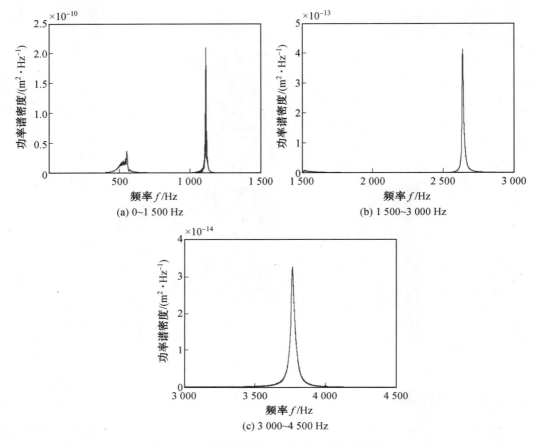

(a) 0~1 500 Hz

(b) 1 500~3 000 Hz

(c) 3 000~4 500 Hz

图 8.3　反馈杆末端 x 向位移功率谱密度图

表 8.1　固有频率辨识结果

阶数	1	2	3	4
固有频率 /Hz	530	1 112	2 640	3 768

8.1.3　谐响应测试

正弦扫频法是一种快速识别系统固有频率的方法,但由于信噪比低、可控性差,该方法存在一定误差。为验证正弦扫频法测试结果的准确性,并对照有限元模型的谐响应分析结果,本书采用逐点扫频法获取衔铁组件在 x 向的谐响应曲线。逐点扫频法即采用给定频率的正弦信号作为激励信号,测量该频率下系统的稳态响应。在关注频段内改变频率值,即可测出其他频率点处的响应特性。逐点扫频法的基本思想即采用"打点"的方式测量系统的谐响应特性曲线,继而获取系统的固有频率及谐振能量分布规律。测试过程如下:实验中由计算机产生幅值恒定、频率逐步变化的一系列正弦信号,分别激励衔铁组件振动并记录其稳态响应。实验中将初始频率间隔设为 50 Hz,在幅值变化剧烈的共振区域将频率间隔减小至 10 Hz、1 Hz。为消除瞬态特性的影响将每一频率下的动态响应测量时间设为 10 s。

当采用理想正弦信号激励系统时,系统的稳态输出理论上应为同等频率的正弦波,而实际系统的稳态输出往往发生正弦畸变现象,即输出信号包含随机噪声或激励信号频率整数倍的谐波成分。欲准确获取系统的谐响应特性,必须从系统稳态输出中分离出基频信号的幅值和相位。本实验采用基于傅里叶级数的拟合方法实现采集信号中基频成分的提取和分离。下面简述傅里叶级数拟合的基本原理。

傅里叶级数是由三角函数构成的无穷级数,它适合于对周期型函数进行描述。在工程领域中,非正弦周期函数 $f(t)$ 一般均满足狄利克雷条件,则函数 $f(t)$ 可展开为收敛的傅里叶级数,即

$$f(t) = a_0 + \sum_{k=1}^{m} (a_k \cos k\omega t + b_k \sin k\omega t) \tag{8.1}$$

式中　a_0、a_k、b_k——傅里叶拟合方程的系数。

式(8.1)是由无限个谐波叠加而成的,当仅需要拟合信号中的基频成分时,可将式(8.1)写为

$$f(t) = a_0 + a_1 \cos \omega t + b_1 \sin \omega t \tag{8.2}$$

当采集到的离散数据序列为 $Y(t)$ 时,有

$$Y(t) = a_0 + a_1 \cos \omega t + b_1 \sin \omega t \tag{8.3}$$

写成矩阵的形式为

$$\boldsymbol{Y} = \boldsymbol{HX} \tag{8.4}$$

式中　$\boldsymbol{X}$——傅里叶系数矩阵,且 $\boldsymbol{X} = [a_0, a_1, b_1]^{\mathrm{T}}$;

　　　$\boldsymbol{Y}$——采集到的离散数据矩阵,且 $\boldsymbol{Y} = [Y(t_1), Y(t_2), \cdots, Y(t_n)]^{\mathrm{T}}$;

　　　$\boldsymbol{H}$——谐波项矩阵,且 $\boldsymbol{H} = \begin{bmatrix} 1 & \cos \omega t_1 & \sin \omega t_1 \\ \vdots & \vdots & \vdots \\ 1 & \cos \omega t_n & \sin \omega t_n \end{bmatrix}$

采用最小二乘法对式(8.4)进行求解,可得

$$\boldsymbol{X} = (\boldsymbol{H}^{\mathrm{T}} \boldsymbol{H})^{-1} \boldsymbol{H}^{\mathrm{T}} \boldsymbol{Y} \tag{8.5}$$

由上式即可辨识出傅里叶级数拟合方程的系数。至此可得稳态正弦响应信号的幅值为 $A = \sqrt{a_1^2 + b_1^2}$。基于傅里叶级数的曲线拟合结果如图 8.4 所示,可见该方法能够较好拟合测量所得正弦响应信号并准确获取其稳态响应振幅。

通过获取整频段的稳态振幅,即可绘制衔铁组件 3 处关键点在 x 方向的谐响应曲线,如图 8.5 所示。在电磁激励下,衔铁组件 x 方向谐响应曲线共出现 4 处谐振峰,主要振动能量集中在 2 000 Hz 以内,辨识所得固有频率值见表 8.2。逐点扫频法所测得谐振频率及振动能量分布与正弦扫频法基本一致,由此亦可证明正弦扫频法的有效性。虽然精度不如逐点扫频法,但正弦扫频法可以快速确定谐振频率所处频段,两种方法结合可大大减少逐点扫频法的测量点数,同时减小对测试件的损害。

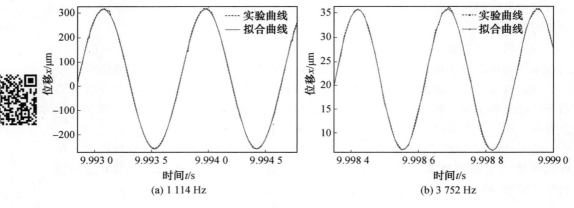

图 8.4   反馈杆中部位移曲线拟合结果

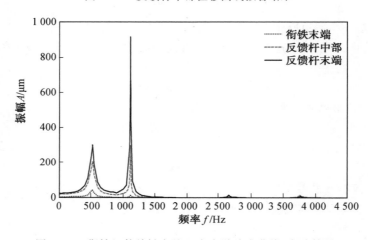

图 8.5   衔铁组件关键点处 x 方向谐响应曲线（实验结果）

表 8.2   仿真与实验所得固有频率和谐振峰值对比

阶数	仿真		实验		偏差 /%	
	频率 /Hz	峰值 /μm	频率 /Hz	峰值 /μm	频率	峰值
1	516.7	385.8	523	301.9	1.2	27.79
4	1 103.7	151.6	1 114	916.5	0.92	83.46
6	2 648.9	5.47	2 646	13.91	0.11	60.68
9	3 796.5	5.53	3 752	9.3	1.19	40.54

　　在电磁力简谐激励下反馈杆末端 x 向谐响应仿真与实验结果对比见表 8.2。由表 8.2 可知，仿真所得衔铁组件固有频率与实验数据吻合良好，最大偏差低于 2%。然而，仿真与实验所得谐振峰值偏差较大，其中第四、六阶谐振峰值偏差均大于 60%。仿真结果显示谐振能量主要集中在低频模态，且随频率升高谐振能量逐渐减弱，这与实验结果不符。

8.1.4　阻尼比测试

由 7.4.2 节仿真分析可知,结构阻尼特性尤其是模态阻尼比的测试对结构动态响应及谐振能量分布的准确预测至关重要。模态阻尼比的辨识误差通常远大于固有频率、振型等模态参数,如何提高其辨识精度一直是工程领域亟须解决的难题。目前,常用的模态阻尼比辨识方法可以分为频域法和时域法两种。其中,频域法主要有半功率带宽法、导纳圆法等,时域法则包括对数衰减法、随机减量法等。频域法可用于包含复杂频率成分机械系统的阻尼比辨识,但存在能量泄漏、过分依赖频率分辨率、不确定性大等缺点;时域法操作简单,可用于仅输出可测条件下的阻尼比辨识,但对于多自由度系统及信噪比较低的时域信号辨识误差较大。由于无法同时测试激励信号和响应信号,为准确获取衔铁组件模态阻尼比,本书采用基于自由衰减响应的时域辨识方法。

一个线性多自由度系统的自由衰减响应可以描述为

$$x(t) = \sum_{i=1}^{m} A_i e^{-\zeta_i \omega_i t} \cos(\omega_{di} t + \varphi_i) \tag{8.6}$$

式中　　A_i——第 i 阶模态的稳态振幅,m;

　　　　ζ_i——第 i 阶模态的阻尼比;

　　　　φ_i——第 i 阶模态的相位角,rad;

　　　　ω_i——第 i 阶模态的无阻尼固有频率,rad;

　　　　ω_{di}——第 i 阶模态的有阻尼固有频率,rad,$\omega_{di} = \omega_i \sqrt{1 - \zeta_i^2}$。

由式(8.6)可知,线性多自由度系统的自由衰减响应可以看作多个单自由度系统自由衰减响应的线性叠加,每个单自由度系统有其对应的阻尼比。基于该理论,为识别机械系统的模态阻尼比,基于时域信号的对数衰减法、希尔伯特法及小波变换法被广泛采用。其中,对数衰减法仅对单自由度机械系统及高信噪比的时域信号辨识精度较高,同时由于人工采点,该方法易引入主观输入误差。希尔伯特法在低信噪比的情况下依然具有较高的辨识精度,但对多自由度系统的阻尼比辨识需借助带通滤波或经验模式分解等手段,易引入信号失真及偏度误差。小波变换法较好地克服了以上两种辨识方法的缺点,对密集模态和低信噪比情况下的阻尼比辨识具有较高精度,但该方法需要准确选定小波因子,且辨识结果依赖于较高的频域分辨率,实际操作较为不便。

针对以上辨识方法的缺陷,本书提出一种基于谐振自由衰减响应和傅里叶级数拟合法的模态阻尼比辨识方法。由 7.4.3 节可知,当以某阶固有频率下的正弦信号激励系统时,该阶模态的自由衰减响应将在系统总的自由衰减响应中占据主导作用,此时可忽略其余模态的贡献。谐振自由衰减响应可以描述为

$$x_i(t) = A_i e^{-\zeta_i \omega_i t} \cos(\omega_{di} t + \varphi_i) \tag{8.7}$$

首先,构造函数 $f_1(t) = a_1 + b_1 \cos \omega_{di} t + c_1 \sin \omega_{di} t$,采用傅里叶级数拟合法辨识可得

谐振频率下自由衰减信号的振幅平均值为 $\overline{A}_1 = \sqrt{b_1^2 + c_1^2}$。

其次,构造函数 $f_2(t) = a_2 + b_2 \mathrm{e}^{-\sigma_i t} \cos \omega_{di} t + c_2 \mathrm{e}^{-\sigma_i t} \sin \omega_{di} t$,采用傅里叶级数拟合法辨识可得信号稳态振幅 $A_i = \sqrt{b_2^2 + c_2^2}$。

信号 $x_i(t)$ 的振幅平均值又可写为

$$\overline{A}_2 = \frac{A_i(\mathrm{e}^{-\sigma_i \Delta t} - 1)}{-\sigma_i \Delta t} \tag{8.8}$$

式中　　Δt——信号 $x_i(t)$ 的时间长度,s;

σ_i——信号 $x_i(t)$ 的衰减系数,$\sigma_i = \zeta_i \omega_i$。

寻找 σ_i 值,使其满足

$$E = |\overline{A}_1 - \overline{A}_2| = \min \tag{8.9}$$

此问题转化为寻找 σ_i 的最优解使得 E 有最小值。此时

$$\zeta_i = -\frac{\sigma_i}{\omega_i} \tag{8.10}$$

当阻尼比较小时,可以认为 $\omega_i = \omega_{di}$。

由上述分析,本书所提出模态阻尼比辨识方法流程图如图 8.6 所示。

为检验上述辨识方法的有效性,构造四自由度阻尼系统的自由衰减响应为

$$x(t) = \sum_{i=1}^{4} A_i \mathrm{e}^{-2\pi f_i \zeta_i t} \cos(2\pi f_i t + \varphi_i) + Ay(t) \tag{8.11}$$

式中　　f_i——第 i 阶模态的有阻尼固有频率,Hz;

$y(t)$——随机白噪声信号;

A——噪声幅值,m。

式(8.11)中主要仿真参数值见表 8.3。当采样频率为 100 kHz、噪声幅值 A 为 0 时,信号 $x(t)$ 的功率谱密度图如图 8.7 所示。可以看到,信号 $x(t)$ 中频率为 3 727 Hz 的振动模态起主导作用,令 $x'(t) = 3\mathrm{e}^{-2\pi f_4 \zeta_4 t} \cos(2\pi f_4 t + \varphi_4)$。利用上述方法辨识该阶模态阻尼比为 $\zeta_4 = 0.190\ 2\%$,辨识误差仅为 0.11%。由辨识所得衰减系数 σ_4 绘制指数衰减曲线,并与信号 $x(t)$ 及信号 $x'(t)$ 对比,结果如图 8.8 所示。可见,不考虑随机噪声时,该方法在目标模态占据主导地位的情况下辨识精度较高。

表 8.3　仿真参数

i	1	2	3	4
A_i/m	1	1	1	3
$\zeta_i/\%$	0.01	0.34	0.12	0.19
f_i/Hz	523	1 114	2 646	3 727
φ_i/rad	$\frac{\pi}{2}$	$\frac{\pi}{5}$	$\frac{\pi}{4}$	$\frac{\pi}{3}$

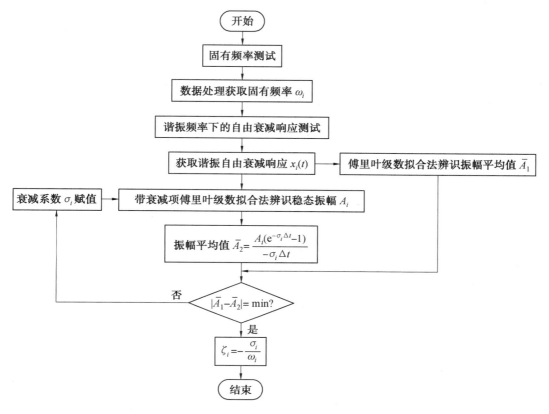

图 8.6　模态阻尼比辨识方法流程图

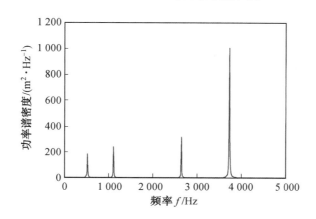

图 8.7　信号 $x(t)$ 功率谱密度图

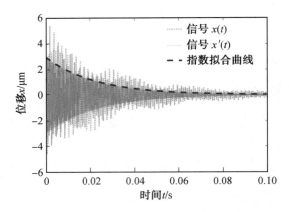

图 8.8　辨识所得指数衰减曲线与原信号对比

当噪声幅值 A 分别为 1 m、2 m 和 3 m 时,第四阶模态阻尼比的计算结果见表8.4。由表 8.4 可知,阻尼比辨识误差随噪声幅值的增加而增大,但在一定噪声范围内,其辨识结果依然具有较高精度。

表 8.4　不同噪声幅值下的阻尼比辨识结果

A/m	理论值 /%	辨识结果 /%	误差 /%
1	0.19	0.187 6	1.26
2	0.19	0.185 1	2.58
3	0.19	0.182 5	3.95

当噪声幅值 A 为 3 m、第四阶稳态幅值 A_4 分别为 0.5 m、1 m 和 10 m 时,第四阶模态阻尼比的计算结果见表8.5。由表8.5 可知,在低信噪比情况下,阻尼比辨识误差随目标模态稳态幅值的增加而减小,故该方法对谐振频率下的自由衰减响应具有较高辨识精度。

表 8.5　不同稳态幅值下的阻尼比辨识结果

A_4/m	理论值 /%	辨识结果 /%	误差 /%
0.5	0.19	0.146 9	22.68
1	0.19	0.168	11.58
10	0.19	0.187 7	1.21

根据8.1.2节固有频率测试结果,分别采用谐振频率下的电磁激励衔铁组件,待衔铁组件达到稳定谐振后停止激励,并记录激励停止前后 10 s 内的动态响应。测得 523 Hz 谐振频率下反馈杆中部的自由衰减响应如图 8.9 所示。

分别采用图 8.6 所示方法辨识各阶阻尼比,辨识所得工作平面内的模态阻尼比见表8.6。由辨识所得衰减系数 σ_i 绘制指数拟合曲线,与谐振自由衰减响应对比,结果如图8.10 所示。由图可知,辨识所得指数拟合曲线与系统峰值衰减趋势吻合良好。

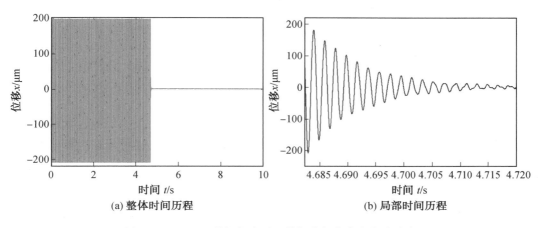

图 8.9　523 Hz 谐振频率下反馈杆中部的自由衰减响应

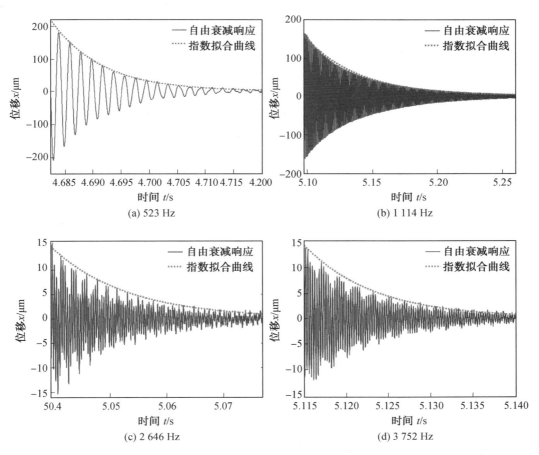

图 8.10　辨识所得指数拟合曲线与谐振自由衰减响应的对比

表 8.6　　阻尼比辨识结果

阶数	1	4	6	9
阻尼比 /%	3.29	0.34	0.45	0.51

8.1.5　修正模型仿真结果与实验结果比较

　　由上述分析可知,仿真与实验所得衔铁组件谐响应特性有一定偏差,这主要是由于仿真中所用 Rayleigh 阻尼模型为经验模型,与衔铁组件实际阻尼特性差异较大引起的。采用表 8.6 中的阻尼比辨识结果,由模态叠加谐响应分析法获取衔铁组件关键点处 x 向谐响应曲线,并与实验结果对比,如图 8.11 所示。以反馈杆末端为例,仿真与实验所得谐振峰值对比见表 8.7。

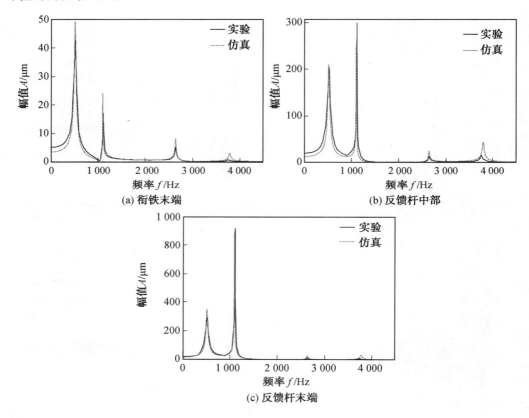

图 8.11　仿真与实验所得 x 向谐响应对比

表 8.7　仿真与实验所得谐振峰值对比

阶数	峰值 /μm		偏差 /%
	仿真	实验	
1	351.9	301.9	14.21
4	886.3	916.5	3.41

续表8.7

阶数	峰值 /μm		偏差 /%
	仿真	实验	
6	27.51	13.91	49.43
9	32.36	9.3	71.26

由图 8.11 可知,修正后仿真结果与实验数据基本吻合。三关键点处谐响应曲线均出现 4 处谐振峰,谐振能量分布亦趋于一致。表 8.7 显示,修正后谐振峰值偏差大大降低,低阶谐振峰值偏差小于 15%。然而,高阶谐振峰值偏差依然较大,第九阶谐振峰值偏差高达 71.26%。这是由于高频谐振能量较弱,更易受噪声干扰。此外,采样频率一定时,随频率升高单个周期内采样点数减小,导致高频谐振峰值及高阶模态阻尼比测量误差增加。

8.2　声波激励下的模态参数辨识

8.1 节阐述了采用电磁激励的模态参数辨识方法,该方法可以准确辨识出衔铁组件在其工作平面内的固有频率、谐响应及阻尼比,并可确保测试过程中弹簧管的安全。然而,电磁激励法将不可避免地引入磁弹簧刚度 K_m 的影响,由第 2 章仿真结果可知,K_m 的引入将使得衔铁组件固有频率值降低。

为消除磁弹簧的影响,本节采用声波激励的方法进行固有频率的测试,其实验原理图如图 8.12 所示。实验中采用正弦扫频激振技术获取衔铁组件的频率响应,由计算机产生幅值恒定、频率连续变化的扫频信号,该信号通过功放机放大输入扬声器产生声波激励,衔铁组件在声波激励下按设定规律振动。由激光位移传感器测量关键点处 x 向振动位移,通过位移功率谱密度图即可辨识出衔铁组件工作平面内的固有频率。声波激励实验台如图 8.13 所示。实验中所用功率放大器为贝尔声大功率功放机,其额定功率为 80 W,信噪比大于 80 dB,可实现音频信号的高保真输出。所用扬声器为八寸中低音扬声器,最

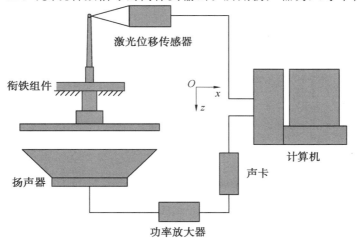

图 8.12　声波激励的模态测试原理图

大功率为 120 W,频响范围为 30 ～ 6 000 Hz,满足衔铁组件固有频率测试所需频宽。

图 8.13　声波激励的模态测试实验台

为准确辨识 0 ～ 4 500 Hz 内的全部固有频率,本实验采用分段扫频法进行测试。反馈杆末端 x 向位移功率谱密度如图 8.14 所示。

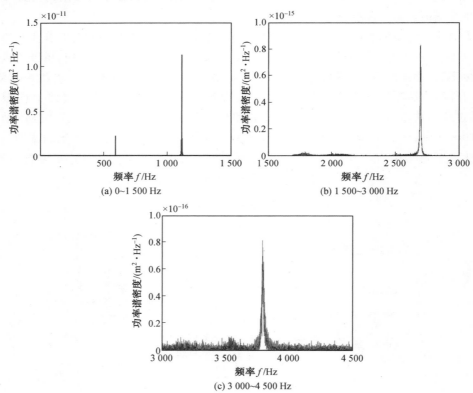

图 8.14　反馈杆末端 x 向位移功率谱密度图

由图 8.14 可知,0 ~ 4 500 Hz 内共出现 4 处显著谐振峰,谐振峰处频率分别为 594.4 Hz、1 112 Hz、2 691 Hz 和 3 793 Hz,此即为衔铁组件工作平面内固有频率。可以看到,声波激励法辨识所得第一阶固有频率较之电磁激励得到显著提升,其余阶固有频率与电磁激励法较为接近。未考虑磁弹簧刚度的仿真模型所得固有频率与实验数据对比见表 8.8。可以看到,仿真结果与实验数据吻合较好,最大偏差低于 2%。

表 8.8　仿真与实验所得固有频率对比

阶数	1	2	3	4
实验 /Hz	594.4	1 112	2 691	3 793
仿真 /Hz	604.9	1 114	2 653.4	3 806.6
偏差 /%	1.77	0.18	1.4	0.36

综上可知,声波激振法消除了磁弹簧刚度的干扰,所辨识出衔铁组件固有频率值更接近真实值。然而,声波激励因其激振力小,易受噪声干扰,需进一步提高信噪比,辨识效果可更加理想。

8.3　本 章 小 结

本章分别采用电磁激励法和声波激励法进行模态测试以获取衔铁组件工作平面内的干模态参数。

在电磁激励模态实验中,通过分段式正弦扫频法获取了衔铁组件的频率响应,由位移功率谱密度图辨识得到固有频率;采用逐点扫频法获取了衔铁组件在不同频率简谐力下的稳态响应,由傅里叶级数拟合法辨识得到谐响应特性;基于谐振自由衰减响应和傅里叶级数拟合法辨识得到工作平面内的模态阻尼比。电磁激励模态实验所得固有频率与考虑磁弹簧的有限元计算结果吻合良好,由于仿真中所用 Rayleigh 阻尼模型与实际阻尼特性差距较大,仿真与实验所得衔铁组件谐响应特性有一定偏差。阻尼模型修正后仿真结果与实验数据基本吻合。为消除磁弹簧的影响,本章同时进行了声波激振下的模态实验,采用分段式正弦扫频法获取了衔铁组件工作平面内的固有频率。实验数据与未考虑磁弹簧的有限元仿真结果吻合良好。

仿真与实验结果的比较表明本书所建立衔铁组件的干模态有限元模型用于其振动特性分析是可行和有效的,从而为更复杂工况(如射流冲击)下衔铁组件的振动特性分析及抑振措施研究奠定了理论基础。

第9章 射流力作用下衔铁组件的振动特性计算

伺服阀工作过程中喷嘴挡板间形成的前置级射流流场极易产生气穴、剪切层振荡等流场不稳定现象,进而引起流场中流量、压力、射流力等流场参数的脉动。前置级流场直接作用于力矩马达衔铁组件,当脉动频率与衔铁组件固有频率耦合时便会引发强烈的流致振动与噪声。因而前置级流场的不稳定性是伺服阀自激噪声产生的重要原因,研究衔铁组件在射流流场中的振动特性对于伺服阀自激噪声的机理揭示及抑制研究具有重要意义。本章将通过数值仿真与理论推导相结合的方法研究射流流场的流场特性,并分析射流力的弹簧效应及其对衔铁组件振动特性的影响。

9.1 喷嘴挡板阀前置级射流流场的 CFD 仿真

计算流体力学(CFD)是一门随计算机的发展而新兴的独立科学,是一门介于计算机、流体力学和数学之间的交叉科学。对大部分复杂流动来说,流体力学的控制方程很难得到解析解,而计算流体力学正是通过采用计算机数值模拟方法求解控制方程,从而模拟分析复杂流体力学问题,具有强大的适应性和广泛的应用性。FLUENT 软件是一款基于有限体积法的数值仿真软件,是目前国内应用最多的 CFD 软件之一。本书采用 FLUENT 软件对不同工况下的射流流场进行数值仿真,可以较真实地模拟射流流场压力、速度分布及射流力变化规律。

9.1.1 CFD 模型的建立

1. 计算域的确定

图 9.1 为单喷嘴挡板结构原理图。油液以总压 p_t 进入油腔,经大截面流道 AB 进入喷嘴内部狭窄流道 CE,后经环形缝隙 $EFGH$ 和 $IJKL$ 与回油腔相通。国内外学者对喷嘴挡板射流力的计算往往选取喷嘴近端截面 DM 至射流出口之间的射流集中区作为研究对象,并假设截面 DM 处总压不变,该假设忽略了喷嘴前段流道因通流面积变化引起的压力损失。当喷嘴挡板间隙改变时,射流流量及压力损失亦随之改变,此时截面 DM 处总压不再为定值。为准确计算射流流场流动特性及喷嘴射流力随间隙变化的规律,本书选取自大截面流道 AB 至射流出口之间流域作为计算域,几何尺寸如图 9.2 所示。考虑双喷嘴挡板阀的对称性,为节省计算资源,建立如图 9.3 所示 1/4 三维流体模型。

喷嘴挡板阀零位间隙取值越小,伺服阀的压力灵敏度越高,同时零位泄漏量也越小。考虑油中污染物颗粒大小,零位间隙通常取值为 $0.025 \sim 0.125\ \mathrm{mm}$,本书选定零位间隙

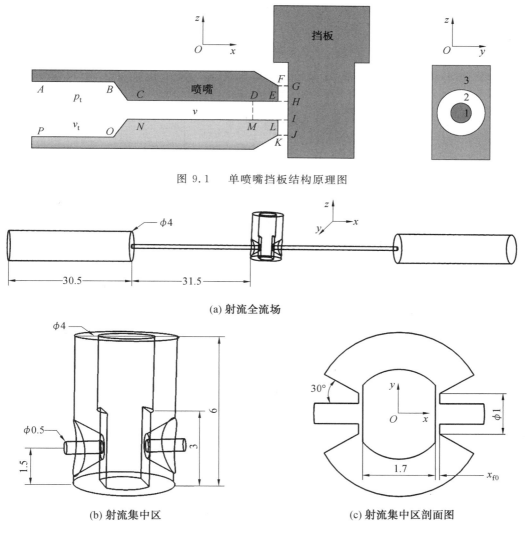

图 9.1　单喷嘴挡板结构原理图

(a) 射流全流场

(b) 射流集中区

(c) 射流集中区剖面图

图 9.2　射流全流场三维模型及具体尺寸

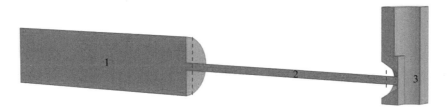

图 9.3　射流流场 1/4 三维流体模型

值为 0.03 mm。

对于形状不规则的复杂流场模型,经常采用 4 节点四面体与 8 节点六面体混合的网格类型进行网格划分。为减小网格总量,本书将图 9.3 所示流场模型分为 3 个区域分别划分网格。喷嘴挡板之间的流场是需要重点研究的区域,对其采用1.2的比率进行等比网格加密,并保证厚度方向至少有3个流体单元。网格详细属性见表9.1,网格最大畸变度均小于0.79,网格质量处于"good"水平。所划分网格如图9.4所示。

表 9.1　　网格详细属性

喷嘴挡板间隙 x_{f0}/mm	最小尺寸/ mm	网格数量	最大畸变度
0.005	0.001 6	3 394 296	0.79
0.01	0.002 8	1 431 662	0.79
0.015	0.003 5	1 163 929	0.79
0.02	0.004	1 077 831	0.78
0.025	0.005	985 769	0.79
0.03	0.006	883 292	0.77

网格加密区

图 9.4　　射流流场网格划分

2. 仿真参数设置

在数值计算中,以实验测试的喷嘴挡板组件为模拟对象,根据实验情况选择压力入口和压力出口边界条件。本书所用喷嘴挡板伺服阀在额定压力下工作时,喷嘴内部压力约为6 MPa。实验中采用单喷嘴射流,为避免射流力过大导致弹簧管的损坏,设置最大喷嘴入口压力为3 MPa。考虑出口液流阻力,将出口压力设置为0.05 MPa。除入口、出口及对称边界之外的所有边界均设置为无滑移固定壁面边界条件。边界条件设置如图9.5所示。

实验中所用油液为10♯航空液压油,其密度为850 kg/m³,动力黏度为0.008 5 Pa·s。对于喷嘴入口压力为6 MPa以下的小间隙喷嘴射流,其最大雷诺数远小于2 000,故此时射流流场流动状态为层流。虽然截面CN及喷嘴出口附近存在局部不稳定流动,但由于所占比例过小,本书仍选择层流模型(laminar)进行仿真计算。仿真中采用有限体积法离散控制方程,速度与压力之间耦合采用SIMPLE算法实现。为获取更高的计算精度,动量方程中的对流扩散项采用二阶迎风格式离散。

9.1.2　喷嘴挡板射流流场特性分析

喷嘴挡板射流力大小主要与喷嘴入口压力、喷嘴挡板间隙以及挡板有效受力面积有关。为与实验情况一致,仿真中挡板尺寸不变且始终处于中位,通过移动喷嘴改变喷嘴挡

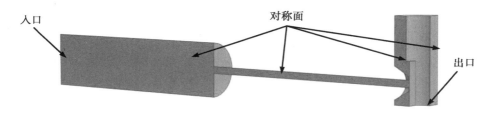

图 9.5　计算域边界条件

板间隙。文中分别计算了不同喷嘴入口压力（1 ～ 3 MPa）、不同喷嘴挡板间隙（0.005 ～ 0.03 mm）下的射流流场特性。

1. 高压大间隙下的射流流场特性

图 9.6 为喷嘴入口压力为 3 MPa、喷嘴挡板间隙为 0.03 mm 时 AH 段中心线处轴向总压及速度分布。从中可以看出在大通流截面 AB 段由于流速较低，几乎没有总压损失。在 CE 段狭窄流道内，首先由于通流截面的收缩流速急剧升高，后经历平缓发展段流速缓慢升高并保持稳定。此时油液流动状态由层流起始段逐步过渡为稳定层流段。层流段的压力损失主要为黏性摩擦引起的沿程损失。而在层流起始段，横截面上流速逐渐由等速分布发展为抛物线分布，如图 9.7 所示。其压力损失除了有黏性摩擦引起的损失外，还有流体动量变化引起的附加损失。在沿程及附加压力损失综合作用下 CE 段总压近似呈线性降低。

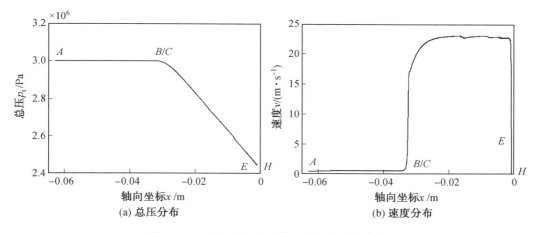

图 9.6　AH 段中心线处轴向总压及速度分布

图 9.8 为喷嘴出口附近速度矢量图。由图可知，液流在喷嘴出口拐角处以一定射流角进入环形缝隙，在缝隙厚度方向流速分布并不对称，靠近挡板一侧流速较高，远离挡板一侧甚至有回流现象发生。距离喷嘴孔不远处射流角逐渐减小为 0，此时流线平行于挡板面，流速分布趋于对称，液体流动状态由喷嘴出口附近的局部不稳定流逐渐发展为辐射状层流流动。

挡板径向静压分布如图 9.9(a) 所示。液流由喷嘴进入环形缝隙时，通流截面急剧减小，由于液流的惯性作用在喷嘴拐角外侧形成一收缩截面，此处流速达到最大，约为

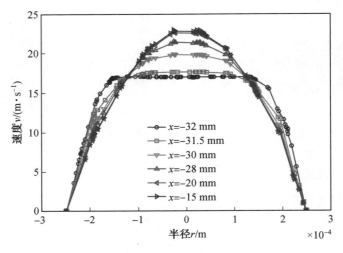

图 9.7　　层流起始段不同横截面处径向速度分布

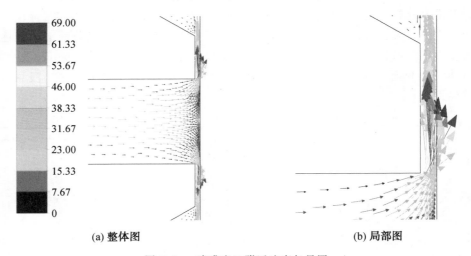

(a) 整体图　　　　　　　　　　　　　　　(b) 局部图

图 9.8　　喷嘴出口附近速度矢量图

69 m/s。动能的增加以及收缩过程产生的局部能量损失使得静压急剧减小。此后液流扩散附壁,通流截面增大,流速开始降低,但此时惯性力依然占据主导作用,流速的快速降低使得静压出现回升。液流进入层流状态后,流速继续降低,惯性力逐渐减小,在黏性力作用下静压逐渐降低至出口压力。

如图 9.9 所示,将挡板正向受力面(矩形面)分为三部分,其中区域 1 为喷嘴对应区域,区域 2 为环形缝隙对应区域,区域 3 为挡板剩余区域。区域 1 中静压呈急剧下降趋势,区域 2 中静压在继续降至最低点后稍有回升再降至出口压力,区域 3 中静压基本保持为出口压力。其静压分布云图如图 9.9(b) 所示,在该图中亦可明显观察到区域 2 中的压力回升现象。

2. 低压小间隙下的射流流场特性

图 9.10 为喷嘴入口压力为 1 MPa、喷嘴挡板间隙为 0.01 mm 时 AH 段中心线处轴向

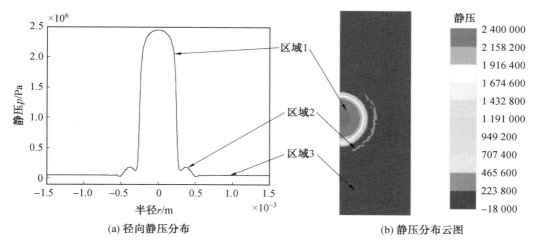

图 9.9　挡板径向静压分布

总压及速度分布。可见随喷嘴入口压力及喷嘴挡板间隙的减小,AH 段最大流速急剧降低,这意味着射流流量的减小,同时 AH 段压力损失亦显著降低,仅为 0.15 MPa。CE 段流道经过收缩截面后流速迅速升高并保持恒定,层流起始段长度大大缩短,液流快速进入层流流动状态。

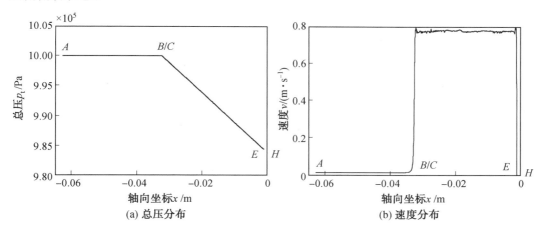

图 9.10　AH 段中心线处轴向总压及速度分布

喷嘴出口附近速度矢量及放大图如图 9.11 所示。可见液流依然以一定射流角进入环形缝隙,并在喷嘴拐角外侧形成收缩截面,流速于此处达到最大值,约为 6.5 m/s。此后射流角迅速降低,液流沿挡板平行方向做辐射状流动,同时流速亦逐渐降低。对比图 9.9 和图 9.11 可知,随喷嘴入口压力及喷嘴挡板间隙的减小射流流量骤减,环形缝隙层流段的长度明显增大,喷嘴出口附近不稳定流所占比例亦随之减小。此时流场中惯性力较弱,液流主要在黏性力作用下流动。

低压小间隙下挡板静压分布如图 9.12 所示。由于区域 1 壁面附近流速极低,其静压几乎保持恒定。当液流进入环形缝隙后,通流截面急剧收缩使得流体动能骤增并伴随着

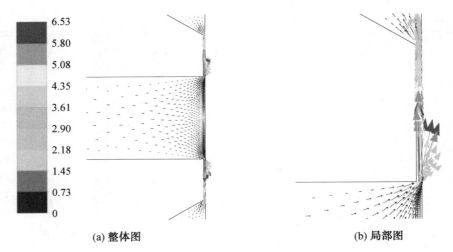

(a) 整体图　　　　　　　　　　　　　　　　　(b) 局部图

图 9.11　　喷嘴出口附近速度矢量图

局部能量损失,静压快速降低。虽然在收缩截面之后流体开始做减速扩散流动,但由于低压小间隙下黏性力占据主导作用,该力使得流速的降低变缓,故此时并未出现压力回升现象。液流在黏性力作用下快速进入层流段,静压按近似对数规律下降至出口压力。

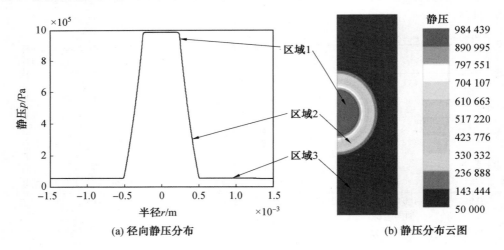

(a) 径向静压分布　　　　　　　　　　　　　　(b) 静压分布云图

图 9.12　　挡板径向静压分布

3. 射流流量及喷嘴射流力变化规律

表 9.2 列出了不同喷嘴入口压力 p_t 和喷嘴挡板间隙 h 下射流流场的流量 Q 和最大雷诺数 Re_{max}。射流流量和最大雷诺数均随喷嘴入口压力和喷嘴挡板间隙的增加而增大。其中最大雷诺数始终低于 1 000,射流流场中流体流动均处于层流状态。

不同射流条件下挡板三区域所受射流力值 F_1、F_2 和 F_3 见表 9.3。由表可知,三区域所受射流力大小均随喷嘴入口压力增加而增大,随喷嘴挡板间隙增加而减小。区域 1 通常被认为是挡板主要受力面,然而从表 9.3 中可以看出当间隙值小于 0.02 mm 时,区域 2、3 受力之和反而大于区域 1 受力,此时若将区域 1 受力等同于挡板所受总射流力则会带来较大计算误差。由表 9.3 计算挡板所受总射流力 F，不同喷嘴入口压力下 F 值随喷嘴挡板间隙变化规律如图 9.13 所示。可见喷嘴入口压力一定时挡板射流力随喷嘴挡板间隙增加而近似呈线性减小。

表 9.2　不同喷嘴入口压力和喷嘴挡板间隙下的射流流量与最大雷诺数

h/mm	1 MPa		2 MPa		3 MPa	
	$Q/(\text{m}^3 \cdot \text{s}^{-1})$	$Re_{\max}$	$Q/(\text{m}^3 \cdot \text{s}^{-1})$	$Re_{\max}$	$Q/(\text{m}^3 \cdot \text{s}^{-1})$	$Re_{\max}$
0.005	1.08×10^{-8}	2.74	2.21×10^{-8}	5.63	3.34×10^{-8}	8.51
0.010	8.08×10^{-8}	20.58	1.64×10^{-7}	41.80	2.45×10^{-7}	62.51
0.015	2.42×10^{-7}	61.57	4.77×10^{-7}	121.36	6.91×10^{-7}	176.08
0.020	4.95×10^{-7}	126.04	9.22×10^{-7}	234.75	1.29×10^{-6}	327.91
0.025	7.91×10^{-7}	201.41	1.41×10^{-6}	358.11	1.92×10^{-6}	487.73
0.030	1.09×10^{-6}	276.34	1.87×10^{-6}	475.50	2.50×10^{-6}	636.72

表 9.3　不同喷嘴入口压力和喷嘴挡板间隙下挡板不同区域射流力分布

h/mm	1 MPa			2 MPa			3 MPa		
	F_1/N	F_2/N	F_3/N	F_1/N	F_2/N	F_3/N	F_1/N	F_2/N	F_3/N
0.005	0.196	0.245	0.170	0.392	0.472	0.170	0.588	0.698	0.171
0.010	0.193	0.238	0.171	0.385	0.449	0.171	0.577	0.650	0.171
0.015	0.185	0.216	0.170	0.369	0.378	0.169	0.518	0.551	0.167
0.020	0.172	0.177	0.169	0.340	0.278	0.167	0.508	0.351	0.166
0.025	0.156	0.136	0.168	0.309	0.183	0.167	0.462	0.199	0.165
0.030	0.139	0.102	0.168	0.277	0.116	0.167	0.416	0.100	0.166

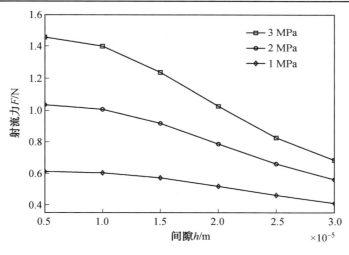

图 9.13　不同喷嘴入口压力下射流力随喷嘴挡板间隙变化规律

9.2　考虑压力损失及流动惯性的射流力简化计算

为进一步得到喷嘴挡板射流流场中各流场参数间的量化关系，对射流流场参数进行解析式推导及简化十分必要。Merritt 依据伯努利方程和动量方程推导了挡板射流力的经典理论公式，由于忽略了流场中的压力损失并仅考虑挡板射流区域的受力，该公式对挡板射流力及喷嘴挡板液压弹簧刚度的求解具有较大误差，甚至与实际的射流力变化规律不符。本节基于 N－S 方程推导了考虑压力损失及流动惯性的射流力简化计算公式。

9.2.1　喷嘴挡板射流流场压力损失

由单喷嘴挡板结构原理图（图 9.1）可知，截面 AP 至截面 EL 间压力损失主要有以下 3 处：①CN 截面处流道收缩导致的局部压力损失 Δp_1；②$CELN$ 区域因液流动量变化及壁面剪切力增量引起的层流起始段附加压力损失 Δp_2；③$CELN$ 区域由黏性摩擦力引起的沿程压力损失 Δp_3。3 处压力损失的计算公式如下：

$$\Delta p_1 = \frac{1}{2}\zeta_1 \rho v^2 \tag{9.1}$$

$$\Delta p_2 = \frac{1}{2}\zeta_2 \rho v^2 \tag{9.2}$$

$$\Delta p_3 = \frac{32\mu v L}{d_1^2} \tag{9.3}$$

式中　　ζ_1——管路突然收缩的局部损失系数，查表可得 $\zeta_1 = 0.42$；

　　　　ζ_2——层流起始段附加损失系数，取文献［228］中值 $\zeta_2 = 1.33$；

　　　　μ——流体的动力黏度，Pa·s；

　　　　ρ——流体的密度，kg/m^3；

　　　　v——CE 段流道的流体平均速度，m/s；

　　　　d_1——CE 段流道的内径，m；

　　　　L——CE 段流道的长度，m。

于是，EL 截面总压可以写为

$$p_t' = p_t - \Delta p_1 - \Delta p_2 - \Delta p_3 \tag{9.4}$$

喷嘴射流经 $EHIL$ 截面进入环形缝隙，由于通流截面减小，在 $EHIL$ 截面外侧会形成一个收缩截面，这一收缩过程同样会产生局部能量损失。但由于收缩截面形成于 $EHIL$ 截面外侧，可以假设 $EHIL$ 截面处总压依然为 p_t'，则 $EHIL$ 截面静压可表示为

$$p_1 = p_t' - \frac{1}{2}\rho v_1^2 \tag{9.5}$$

式中　　v_1——$EHIL$ 截面处平均速度，m/s。

由于 $FGJK$ 截面与回油腔相通，可认为该截面静压即为出口压力。故只要确定环形缝隙处径向静压差便可建立关于流量 Q 的一元方程，从而求解出射流流场中各流场参数。

9.2.2　环形缝隙流径向静压分布

1. 基于压差流理论的径向静压分布

忽略喷嘴出口附近局部湍流流动,假设环形缝隙中流体为不可压缩、轴对称的稳定层流,利用平行平板压差流理论推导可得半径为 r 处环形截面静压为

$$p_r = \frac{6\mu Q}{\pi h^3}\ln\frac{r_2}{r} + p_2 \tag{9.6}$$

式中　　h——喷嘴挡板间隙,m;

　　　　p_2——$FGJK$ 截面的静压,Pa;

　　　　r_2——$FGJK$ 截面的半径,m。

利用 9.1 节 CFD 仿真结果,将入口压力为 3 MPa,喷嘴挡板间隙分别为 0.01 mm、0.02 mm 和 0.03 mm 所对应流量 Q 代入式(9.6),可得环形缝隙径向静压分布,与 CFD 仿真结果对比如图 9.14 所示。

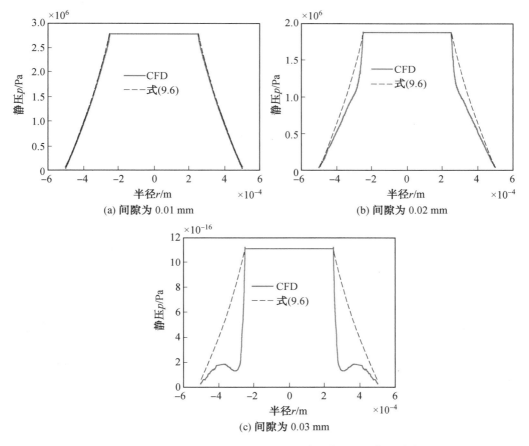

图 9.14　入口压力为 3 MPa 时,不同间隙下径向静压分布

由图 9.14 可知,随喷嘴挡板间隙变化环形缝隙静压力呈现迥然不同的分布规律。当间隙较小时,径向静压基本呈对数规律变化;随间隙增大静压力呈先急剧降低后近对数规

律变化的趋势；当间隙较大时，静压力在急剧下降后又出现压力回升的现象。这说明喷嘴挡板间隙变化时，环形缝隙内流体呈现出截然不同的流动状态。式(9.6)所计算结果可完美吻合 CFD 所得环形缝隙内外两端静压差，然而随着间隙值增加，式(9.6)并不能完整描述环形缝隙径向静压分布规律。

2. 考虑流动惯性的径向静压分布

下面将从完整 N－S 方程入手，推导更为精确的环形缝隙层流段径向静压分布公式。柱面坐标系下(图 9.15)的 N－S 方程组为

$$\begin{cases} \rho\left(\dfrac{\partial v_r}{\partial t}+\left[\boldsymbol{v}\cdot\nabla\boldsymbol{v}\right]_r\right)=\rho g_r-\dfrac{\partial p}{\partial r}+\mu\left[\nabla^2\boldsymbol{v}\right]_r \\[2mm] \rho\left(\dfrac{\partial v_\theta}{\partial t}+\left[\boldsymbol{v}\cdot\nabla\boldsymbol{v}\right]_\theta\right)=\rho g_\theta-\dfrac{1}{r}\dfrac{\partial p}{\partial\theta}+\mu\left[\nabla^2\boldsymbol{v}\right]_\theta \\[2mm] \rho\left(\dfrac{\partial v_z}{\partial t}+\left[\boldsymbol{v}\cdot\nabla\boldsymbol{v}\right]_z\right)=\rho g_z-\dfrac{\partial p}{\partial z}+\mu\left[\nabla^2\boldsymbol{v}\right]_z \end{cases} \tag{9.7}$$

式中　　v_r、v_θ、v_z——r、θ、z 向速度；

　　　　g_r、g_θ、g_z——r、θ、z 向重力加速度；

　　　　∇、∇^2—— 那勃勒算子与拉普拉斯算子；

　　　　$\boldsymbol{v}$—— 柱面坐标系下的速度矢量。

环形缝隙层流为一维稳定流动，则 $v_z=v_\theta=0$。忽略质量力，式(9.7)可简化为

$$\rho v_r\frac{\partial v_r}{\partial r}=-\frac{\partial p}{\partial r}+\mu\left\{\frac{\partial}{\partial r}\left[\frac{\partial(rv_r)}{r\partial r}\right]+\frac{\partial^2 v_r}{\partial z^2}\right\} \tag{9.8}$$

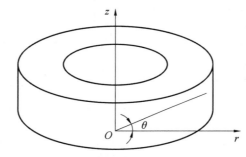

图 9.15　柱面坐标系下的环形缝隙流模型

柱坐标下的连续性方程为

$$\frac{\rho v_r}{r}+\frac{\rho\partial v_r}{\partial r}+\frac{\rho\partial v_\theta}{r\partial r}+\frac{\rho\partial v_z}{\partial z}+\frac{\partial\rho}{\partial t}=0 \tag{9.9}$$

式(9.9)可简化为

$$\frac{-v_r}{r}=\frac{\partial v_r}{\partial r} \tag{9.10}$$

两边积分有

$$v_r=\frac{C_1}{r}=\frac{f(z)}{r} \tag{9.11}$$

将式(9.10)代入式(9.8)，运动方程可整理为

$$\mu \frac{\partial^2 v}{\partial z^2} = -\rho \frac{v^2}{r} + \frac{\partial p}{\partial r} \tag{9.12}$$

对环形缝隙层流流动,当 r 相同时,v_r 沿 z 向近似符合抛物线分布,由式(9.11)可假设 $v_r = \dfrac{az^2 + bz + c}{r}$。考虑边界条件 $v_r(0) = v_r(h) = 0$,有

$$v_r = \frac{az(z - h)}{r} \tag{9.13}$$

由 $Q = \displaystyle\int_0^h 2\pi r v_r \mathrm{d}z$ 可得,$v_r = \dfrac{3Q}{\pi h^3 r}(zh - z^2)$,代入式(9.12)可得

$$\frac{\partial p}{\partial r} = \frac{-6\mu Q}{\pi h^3 r} + \frac{9\rho Q^2}{\pi^2 h^6 r^3}(zh - z^2)^2 \tag{9.14}$$

两边积分可得

$$p = \frac{-6\mu Q}{\pi h^3} \ln r - \frac{9\rho Q^2}{2\pi^2 h^6 r^2}(zh - z^2)^2 \tag{9.15}$$

对环形缝隙层流存在 $\dfrac{\partial p}{\partial z} = \dfrac{\partial p}{\partial \theta} = 0$,取上式质量平均作为 r 环形面上的静压,有

$$p = \frac{\displaystyle\int_0^h p v \mathrm{d}x}{\displaystyle\int_0^h v \mathrm{d}x} = \frac{-6\mu Q}{\pi h^3} \ln r - \frac{27\rho Q^2}{140\pi^2 h^2 r^2} + C_2 \tag{9.16}$$

考虑边界条件 $p(r_2) = p_2$,则

$$p_r = \frac{6\mu Q}{\pi h^3} \ln \frac{r_2}{r} + \frac{27\rho Q^2}{140\pi^2 h^2}\left(\frac{1}{r_2^2} - \frac{1}{r^2}\right) + p_2 \tag{9.17}$$

上式右端第一项表示黏性摩擦导致的压力损失,第二项表示流体流动惯性导致的压力损失。忽略流动惯性的影响可得式(9.6)所示压力分布解析式。

图 9.16 为单喷嘴挡板射流示意图,由图可见喷嘴出口附近流动并非平行于挡板的层流流动,即喷嘴出口附近射流角并不为 0。当射流角很小时,由文献可推导挡板径向长度 B 与该处射流角 φ 的关系式为

$$B = \frac{d_1}{2}\left\{1 - \frac{4h}{d(\pi + 2)}\left[\ln\left(\tan \frac{\varphi}{2}\right) + 1\right]\right\} \tag{9.18}$$

当 φ 足够小时,可认为此时射流为层流流动。本书取 $\varphi \leqslant 0.05$ 时为层流,则 $r_B = B\big|_{\varphi=0.05}$ 即为喷嘴挡板环形缝隙流的层流边界半径。

根据冯·密塞斯(Von Mises)的计算,在理想情况下液流在 $EHIL$ 截面处的射流角应为 $\theta = 21°$。由式(9.5)可得 $EHIL$ 截面静压为

$$p_1 = p_t' - \frac{1}{2}\rho\left(\frac{Q}{\pi dh \sin 69°}\right)^2 \tag{9.19}$$

将环形缝隙流起始段的静压近似看作线性分布,结合式(9.17)可得环形缝隙流整体静压分布为

$$p_r = \begin{cases} p_1 - \dfrac{(p_1 - p_B)(r_1 - r)}{r_1 - r_B}, & r_1 \leqslant r \leqslant r_B \\[4mm] \dfrac{6\mu Q}{\pi h^3} \ln \dfrac{r_2}{r} + \dfrac{27\rho Q^2}{140\pi^2 h^2}\left(\dfrac{1}{r_2^2} - \dfrac{1}{r^2}\right) + p_2, & r_B \leqslant r \leqslant r_2 \end{cases} \tag{9.20}$$

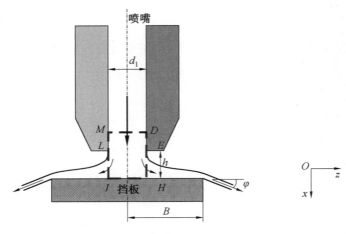

图 9.16　单喷嘴挡板射流示意图

式中　　r_1——喷嘴孔半径,m。

利用 9.1 节 CFD 仿真结果,将入口压力为 3 MPa、喷嘴挡板间隙分别为 0.01 mm 和 0.03 mm 以及入口压力分别为 1 MPa 和 10 MPa、喷嘴挡板间隙为 0.03 mm 时所对应流量 Q 代入式(9.20),所得环形缝隙径向静压分布,与 CFD 仿真结果对比如图 9.17 所示。

由图 9.17 可知,式(9.20)所确定径向静压分布与 CFD 仿真结果吻合良好。取缝隙外径 d_2 为环形缝隙的特征长度,则环形缝隙流的广义雷诺数可表示为 $Re^* = \dfrac{h}{d_2} Re = \dfrac{h}{r_2} \dfrac{\varrho v_r h}{\mu}$,此雷诺数可用以表征惯性力与黏性力之比。图 9.17(a)、(b)、(c)、(d) 所对应最大广义雷诺数分别为 0.16、4.78、2.07 和 10.4。随着喷嘴入口压力与间隙值的增加,惯性力所占的比重也随之增大。当广义雷诺数小于 1 时,黏性力的影响占主导地位,此时仅考虑黏性力影响的式(9.6)足以较好地描述径向静压分布规律,如图 9.17(a) 所示。当广义雷诺数大于 1 时,惯性力的影响不可忽略,此时考虑流体惯性的式(9.20)展现出更好的吻合性,如图 9.17(b)、(c)、(d) 所示。由图 9.17(d) 可知,随着喷嘴入口压力的增加,在喷嘴出口附近逐渐出现负压区,负压区的存在易引起气穴现象的发生,进而引发流场振荡及衔铁组件振动等一系列不稳定问题。下面简要分析静压分布与环形缝隙外径的关系以及减小负压区的措施。当入口压力为 10 MPa、间隙为 0.03 mm 时,环形缝隙最小静压值 $p_{\min}$ 与缝隙外径 d_2 的关系如图 9.18 所示。

由图 9.18 可知,最小静压值随环形缝隙外径增加呈现先降低后升高的趋势。当环形缝隙外径小于层流边界直径 d_B 时,喷嘴射流快速与回油腔连通,最小静压值即出口压力,此时负压区消失。当外径值大于 d_B 时,层流边界处静压 p_B 即为最小静压值。随外径值增加,射流流量随之减小,最小静压逐步升高。当外径值大于 2.8 mm 时,最小静压值大于 0,负压区消失。当外径值为 2.88 mm 时,最小静压值重新变为出口压力,此时环形缝隙静压分布如图 9.19 所示。由图 9.1 可知,环形缝隙外径由喷嘴端面壁厚确定,考虑喷嘴端面壁厚过小易造成喷嘴寿命降低,故喷嘴挡板阀设计时可适当增加喷嘴端面壁厚以提高射流流场稳定性。

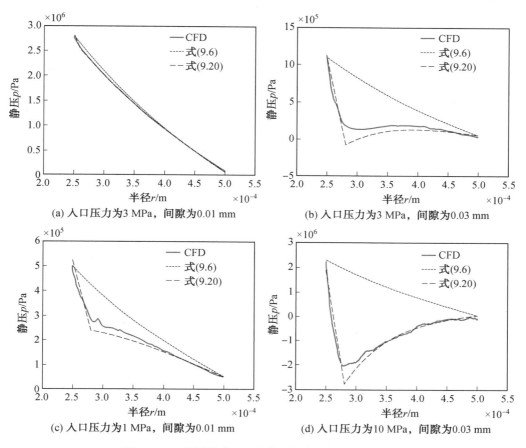

(a) 入口压力为3 MPa，间隙为0.01 mm　　　(b) 入口压力为3 MPa，间隙为0.03 mm

(c) 入口压力为1 MPa，间隙为0.01 mm　　　(d) 入口压力为10 MPa，间隙为0.03 mm

图 9.17　不同喷嘴入口压力和间隙下径向静压分布

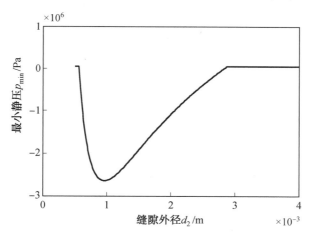

图 9.18　最小静压值随缝隙外径变化关系

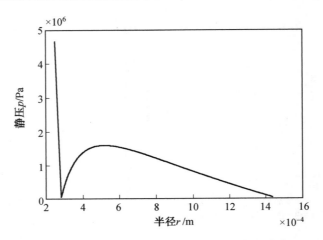

图 9.19　　缝隙外径为 2.88 mm 时径向静压分布

9.2.3　流场参数求解

1. 射流流量求解

由上节论述可知,式(9.6)可完美吻合 CFD 所得环形缝隙内外两端静压差,由式(9.4)～(9.6)可得

$$p_t - \Delta p_1 - \Delta p_2 - \Delta p_3 - \frac{1}{2}\rho v_1^2 = \frac{6\mu Q}{\pi h^3}\ln\frac{r_2}{r_1} + p_2 \tag{9.21}$$

上式可整理为流量 Q 的一元二次方程,即

$$\left[\frac{\rho(\zeta_1 + \zeta_2)}{2\pi^2 r_1^4} + \frac{\rho}{8(\pi r_1 h \sin 69°)^2}\right]Q^2 + \left(\frac{8\mu L}{\pi r_1^4} + \frac{6\mu}{\pi h^3}\ln\frac{r_2}{r_1}\right)Q + (p_2 - p_t) = 0 \tag{9.22}$$

分别令一元二次方程的系数为 a、b 和 c,可得 Q 的解析式为

$$Q = \frac{-b + \sqrt{b^2 - 4ac}}{2a} \tag{9.23}$$

分别计算喷嘴入口压力为 1 MPa、2 MPa 和 3 MPa 时射流流量随喷嘴挡板间隙的变化曲线,并与 CFD 计算结果对比,如图 9.20 所示。可见式(9.23)计算结果与 CFD 数值仿真结果吻合良好,其最大计算偏差小于 4%。射流流量均随喷嘴入口压力和喷嘴挡板间隙的增加而增大。

文献[36]测量了喷嘴挡板间隙为 $\frac{d_1}{15}$(0.033 mm)时,单喷嘴流量随喷嘴入口压力的变化关系。采用式(9.23)计算喷嘴流量与文献[36]中实验结果对比如图 9.21 所示。由图可知计算结果与实验结果较接近,两者的平均偏差为 6.2%,射流流量均随压力差的增加近似呈抛物线形增加。同时可以发现随压差增加,流量计算值逐渐高于实验值。这是由于在流量测量点(流量计)前存在油液泄漏,随喷嘴入口压力增加泄漏量逐渐增加所致。

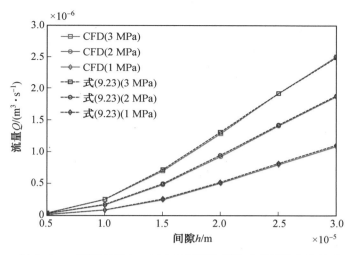

图 9.20　不同喷嘴入口压力下射流流量随喷嘴间隙变化关系

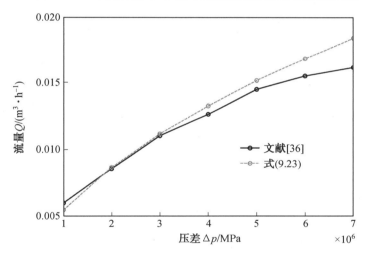

图 9.21　喷嘴挡板间隙为 0.033 mm 时,射流流量随压力差变化关系

2. 射流力求解

挡板在射流流场中受力主要有正向射流力（x 向）和侧向流场力（y、z 向）,其中正向射流力占主导地位,侧向流场力一般较弱且挡板两侧受力可相互抵消,故本书主要考虑挡板正向受力。如图 9.1 所示,将挡板正向受力面（矩形面）分为三部分,在挡板射流力经典计算公式中经常以区域 1 受力近似为总射流力,而由表 9.3 可知欲准确求解挡板射流力,区域 2、3 受力不可忽略。

取图 9.16 中粗虚线所示区域内流体为控制体,由动量方程可得

$$p_{\mathrm{DM}} A_{\mathrm{DM}} - F_1 = \beta \rho Q (v_{\mathrm{EH}} - v_{\mathrm{DM}}) \tag{9.24}$$

式中　　F_1——区域 1 所受射流力,N;

　　　　β——动量修正系数,层流状态下取 $\beta = \dfrac{3}{4}$;

p_{DM}——DM 截面的静压，Pa；

A_{DM}——DM 截面的面积，m^2；

v_{DM}——DM 截面 x 向的平均速度，m/s；

v_{EH}——$EHIL$ 截面 x 向的平均速度，m/s，$v_{EH} = \dfrac{Q}{\pi dh \tan 69°}$。

故区域 1 所受射流力为

$$F_1 = p_{DM} A_{DM} - \beta \rho Q (v_{EH} - v_{DM}) \tag{9.25}$$

由式(9.20)所列环形缝隙流整体静压分布可得区域 2 所受射流力为

$$F_2 = \int_{r_1}^{r_2} 2\pi r p_r \, \mathrm{d}r \tag{9.26}$$

区域 3 处流体与回油腔相通，可认为该处静压与出口压力相同，则区域 3 所受射流力为

$$F_3 = p_2 A_3 \tag{9.27}$$

式中　　A_3——区域 3 的面积，m^2。

至此，单喷嘴挡板所受射流力可写为

$$F = p_{DM} A_{DM} - \beta \rho Q (v_{EH} - v_{DM}) + \int_{r_1}^{r_2} 2\pi r p_r \, \mathrm{d}r + p_2 A_3 \tag{9.28}$$

分别计算喷嘴入口压力为 1 MPa、2 MPa 和 3 MPa 下射流力随喷嘴挡板间隙的变化曲线，并与 CFD 计算结果对比，如图 9.22 所示。可见式(9.28)计算结果与 CFD 数值仿真结果吻合良好，其最大计算偏差小于 2.5%。射流力均随喷嘴入口压力增加而增大，随喷嘴挡板间隙的增加而减小。式(9.28)对喷嘴挡板射流力的计算具有较高的精度。

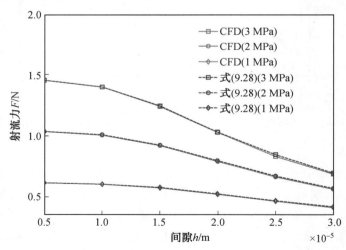

图 9.22　不同喷嘴入口压力下射流力随喷嘴间隙变化关系

由图 9.22 可以发现，当挡板在靠近喷嘴一侧移动时，射流力随挡板位移的增加近似呈线性增大，此时射流力的作用相当于一正刚度的液压弹簧，其与挡板位移的关系可简化为

$$F = K_h x + F_{x_{f0}} \tag{9.29}$$

式中　　K_h—— 液压弹簧刚度，N·m^{-1}；

　　　　x—— 挡板位移，m，靠近喷嘴的方向为正；

　　　　$F_{x_{f0}}$—— 挡板位于中位时的射流力，N。

由图 9.22 经 Matlab 曲线拟合可得喷嘴入口压力为 1 MPa、2 MPa 和 3 MPa 时的液压弹簧刚度分别为

$$\begin{cases} K_{h_{1\ MPa}} = 9.67 \times 10^3 (\text{N} \cdot \text{m}^{-1}) \\ K_{h_{2\ MPa}} = 2.1 \times 10^4 (\text{N} \cdot \text{m}^{-1}) \\ K_{h_{3\ MPa}} = 3.46 \times 10^4 (\text{N} \cdot \text{m}^{-1}) \end{cases} \qquad (9.30)$$

由上式可知，射流力的弹簧刚度随喷嘴入口压力的升高而增加，此时对衔铁组件振动特性的影响也将逐渐增强。

9.3　液压弹簧对衔铁组件振动特性的影响

本节将基于有限元法分析射流力对衔铁组件振动特性的影响。由式（9.29）可知射流力包含两部分：中位射流力及液压弹簧力。喷嘴入口压力一定时，中位射流力为静力，其对衔铁组件模态特性并无影响。故有限元建模时仅需考虑液压弹簧力并以弹簧单元 COMBIN40 模拟其影响，射流力作用下衔铁组件的有限元模型如图 9.23 所示。

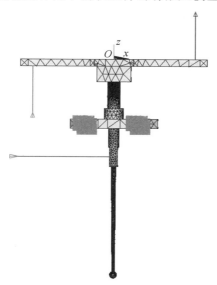

图 9.23　射流力作用下衔铁组件有限元模型

9.3.1　模态分析

分别对喷嘴入口压力为 1 MPa、2 MPa 和 3 MPa 时的衔铁组件进行模态分析，固有频率计算结果见表 9.4，喷嘴入口压力为 3 MPa 时工作平面内振型如图 9.24 所示。

表 9.4　　液压弹簧刚度对固有频率的影响

$K/(\mathrm{N \cdot m^{-1}})$	频率 f/Hz								
	f_1	f_2	f_3	f_4	f_5	f_6	f_7	f_8	f_9
0	516.7	729.6	783.7	1 103.7	1 288.1	2 648.9	2 858	3 758.4	3 796.5
9 670	606.6	729.6	783.7	1 103.7	1 288.1	2 719.3	2 858	3 758.5	3 862.3
21 000	667.5	729.6	783.7	1 103.7	1 288.1	2 774.9	2 858	3 758.5	3 926.3
34 600	695.7	729.6	783.7	1 103.7	1 288.1	2 802.8	2 858	3 758.5	3 963.5

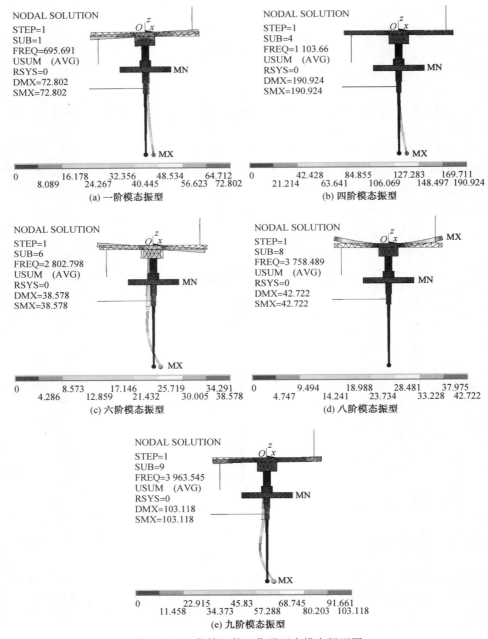

图 9.24　　衔铁组件工作平面内模态振型图

由表 9.4 可知,挡板处液压弹簧主要影响衔铁组件第一、六、九阶固有频率,此三阶固有频率随液压弹簧刚度增加而增大,液压弹簧对其余阶次固有频率并无影响。由振型图可知,第一、六、九阶模态主要表现为工作平面内振动且挡板处 x 向振动显著。第四阶模态中挡板位于不动点附近,第八阶模态挡板主要做 z 向振动,第二、三、五、七阶模态主要表现为非工作平面内振动,此六阶模态中挡板 x 向振动微弱,故液压弹簧对其模态特性几乎无影响。对比图 9.24 和图 7.7 可知,液压弹簧刚度并未影响衔铁组件模态振型。

9.3.2　谐响应分析

分别以液压弹簧刚度为 0 和 34 600 N·m^{-1} 为例,研究电磁力和射流力谐变时液压弹簧对衔铁组件谐响应特性的影响。

1. 电磁力谐变的谐响应特性

射流流场中衔铁组件的阻尼特性未知,仿真时阻尼矩阵仍由 Rayleigh 阻尼模型确定。液压弹簧刚度为 34 600 N·m^{-1} 时,由表 9.4 取 $\omega_1 = 4\ 371.21$ rad/s、$\omega_9 = 24\ 903.4$ rad/s,ζ 按经验值取 0.06,经式(7.15)计算可得 $\alpha = 446.22$、$\beta = 4.1 \times 10^{-6}$。当电磁力在 $0 \sim 4\ 500$ Hz 内谐变时,由模态叠加法计算三关键点在 x、z 方向的稳态响应,结果如图 9.25 所示。

液压弹簧刚度为 0 时,由表 9.4 取 $\omega_1 = 3\ 246.27$ rad/s、$\omega_9 = 23\ 852.23$ rad/s,ζ 按经验值取 0.06,经式(7.15)计算可得 $\alpha = 342.89$、$\beta = 4.43 \times 10^{-6}$。当电磁力在 $0 \sim 4\ 500$ Hz 内谐变时,由模态叠加法计算三关键点在 x、z 方向的稳态响应,结果如图 9.26 所示。

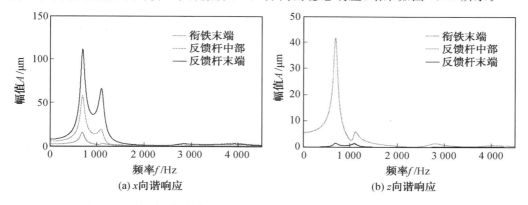

图 9.25　液压弹簧刚度为 34 600 N·m^{-1} 时衔铁组件三关键点处谐响应

由图 9.25 和图 9.26 可知,电磁力谐变时无论存在液压弹簧与否,x、z 向谐响应曲线均出现四处谐振峰,分别对应第一、四、六、九阶固有频率,振动能量均集中在 $0 \sim 2\ 000$ Hz 的中低频段,反馈杆的 x 向振动和衔铁的 z 向振动为主要振动形式。液压弹簧的存在使得谐振峰值出现不同程度的降低,其中第一阶谐振峰值下降最为显著,降幅约为 42%。

2. 射流力谐变的谐响应特性

当喷嘴入口压力存在某种频率的脉动时,挡板处射流力亦以同样的频率脉动。依据

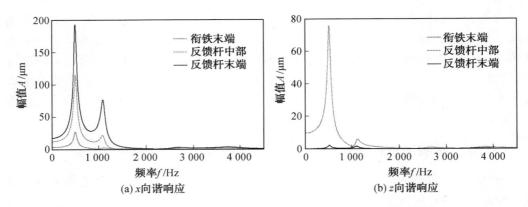

图 9.26　液压弹簧刚度为 0 时衔铁组件三关键点处谐响应

文献[234]中测试数据,假设喷嘴入口压力脉动幅值为 0.06 MPa。当喷嘴入口压力为 3 MPa 时,由式(9.28)可得中位射流力的振幅为 0.014 N。由于压力脉动幅值较小,可认为此时液压弹簧刚度保持不变。当中位射流力在 0 ～ 4 500 Hz 内谐变时,由模态叠加法计算三关键点在 x、z 方向的稳态响应,结果如图 9.27 所示。

作为对照,当液压弹簧刚度为 0 时,假设中位射流力的振幅依然为 0.014 N 谐响应分析结果如图 9.28 所示。

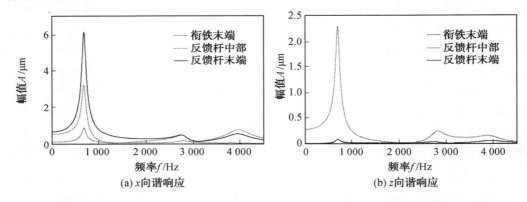

图 9.27　液压弹簧刚度为 34 600 N·m^{-1} 时衔铁组件三关键点处谐响应

由图 9.27 和图 9.28 可知,射流力谐变时无论存在液压弹簧与否,x、z 向谐响应曲线均出现 3 处谐振峰,分别对应第一、六、九阶固有频率,振动能量均集中在 0 ～ 1 000 Hz 的低频段,反馈杆的 x 向振动和衔铁的 z 向振动为主要振动形式。由振型图可知,第四阶模态振型中挡板位于不动点附近,在此处施加激励将无法激振出第四阶模态,故而导致谐曲线中该阶谐振峰的丢失。液压弹簧的存在使得谐振峰值出现不同程度的降低,其中第一阶谐振峰值下降最为显著,降幅约为 55%。

本章 9.1 与 9.2 节分别采用 CFD 仿真与理论推导的方法研究了射流流场压力、流量特性随喷嘴挡板间隙变化的关系,仿真与解析计算结果均显示射流流量与射流力均随挡板位移近似呈线性变化。同时本节分析了射流力谐变时衔铁组件的谐响应特性,可知当射流流场压力脉动频率与衔铁组件固有频率耦合时,即可引发衔铁组件的强烈共振。本

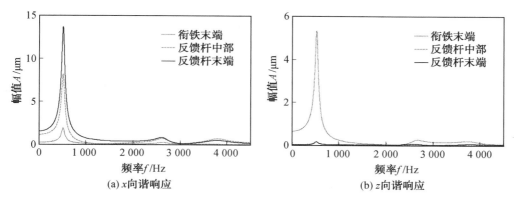

图 9.28 液压弹簧刚度为 0 时衔铁组件三关键点处谐响应

章研究结果很好地解释了衔铁组件产生自激振动的原理:当射流流场中压力脉动的频率与衔铁组件固有频率耦合时,将引起衔铁组件的强烈共振。衔铁组件的共振又会加剧射流流场的不稳定性,并反过来促进衔铁组件的振动。

9.4 本 章 小 结

本章建立了喷嘴挡板阀前置级射流流场中自大截面流道至射流出口之间完整流域的 CFD 模型,采用 Fluent 软件对不同工况下的射流流场特性进行了数值仿真,重点分析了高压大间隙及低压小间隙两种工况下射流流场的速度、压力分布特性,同时获取了射流流量及喷嘴射流力随喷嘴入口压力和喷嘴挡板间隙的变化规律。仿真结果显示,随喷嘴入口压力和喷嘴挡板间隙的增加,射流流速逐渐增大,流场中惯性力的作用逐渐增强,环形缝隙层流段的长度不断减小,挡板处压力分布趋于复杂并出现压力回升现象。

基于 N—S 方程对射流流场参数进行了解析式推导及简化,建立了考虑流动惯性效应的环形缝隙径向静压分布公式,基于压力平衡方程求解了射流流量解析式,由动量定理和静压方程给出了射流力计算公式。解析式计算结果与 CFD 数值仿真结果吻合良好,具有较高计算精度。计算与仿真结果均显示射流力随挡板位移的增加近似呈线性增大,其作用相当于一正刚度液压弹簧。

基于有限元法分析了射流力弹簧效应对衔铁组件振动特性的影响。模态分析结果显示液压弹簧主要影响衔铁组件第一、六、九阶固有频率,使其随液压弹簧刚度增加而增大,对模态振型几乎无影响。由谐响应分析研究了电磁力和射流力谐变时液压弹簧对衔铁组件谐响应特性的影响。仿真结果显示,液压弹簧的存在使得谐振峰值出现不同程度的降低,但并未改变谐振能量分布规律。

第 10 章　　射流力作用下衔铁组件的振动特性实验

为验证射流力的液压弹簧效应及其对衔铁组件模态特性的影响,本章主要进行了射流力作用下衔铁组件的振动特性实验。由于喷嘴挡板组件结构的特殊性,直接测量喷嘴射流力与喷嘴挡板间隙的关系十分困难,本章提出通过测量衔铁偏转位移间接推算喷嘴射流力及喷嘴间隙的方法。为减小实验误差,首先推导了考虑变截面屈曲变形的铁摩辛柯(Timoshenko)梁理论以准确计算衔铁组件弹性元件刚度及射流力下挡板与衔铁偏转位移的几何关系。其次通过静态特性实验和模态实验深入研究了射流力下衔铁组件的振动特性,并验证了理论分析结果。

10.1　　衔铁组件弹性元件的刚度计算与测试

衔铁组件弹性元件的结构及其受力情况如图 10.1 所示。未考虑阀芯作用时,衔铁组件工作过程中所受外载荷主要有电磁力和喷嘴射流力,欲求解挡板偏转位移 x_f 及衔铁末端位移 z_a,可将衔铁组件看作变截面悬臂梁处理。

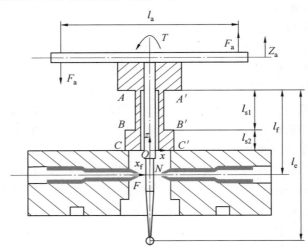

图 10.1　　衔铁组件弹性元件的结构及受力

10.1.1　　弹性元件刚度计算数学模型

1. 剪切变形对短深薄壁梁挠度计算的影响

传统的欧拉－伯努利(Euler－Bernoulli)梁理论对于求解一般变截面悬臂梁挠度问

题可以达到足够的精度,但该理论主要基于如下两种假设:① 平截面在变形前后始终保持为平面;② 平截面变形前后始终与梁中心线垂直。该理论没有考虑剪切变形造成的附加挠度问题,仅适用于细长梁的挠度求解。对于跨高比(L/H)小于 5 的短深梁构件,尤其是剪切刚度较低的短深薄壁梁,Euler — Bernoulli 梁理论所求挠度值具有明显的误差。Timoshenko 梁理论考虑了剪切变形的影响,认为平截面变形后不再垂直于中性面,而是在横向剪切力作用下有一转角,即剪切转角。但 Timoshenko 梁理论仍坚持平截面假设,由于剪应力和剪应变在横截面上并非均匀分布,横截面实际上已非平面,为解决此矛盾需要剪切系数加以修正。

下面以横向受力的悬臂弹簧管为例说明剪切变形对短深薄壁梁挠度计算的影响。图 10.2 为长 l 的悬臂弹簧管的有限元模型及截面尺寸,弹簧管一端固定,另一端承受横向力 F 的作用,有限元仿真中采用 SOLID187 单元构建实体模型。

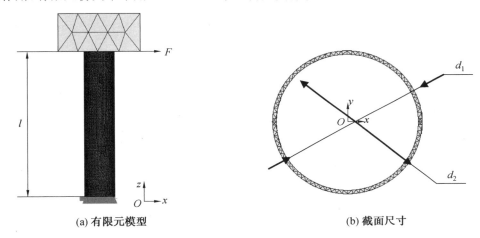

(a) 有限元模型　　　　　　　　　　　　　　(b) 截面尺寸

图 10.2　悬臂弹簧管有限元模型及截面尺寸

由 Euler — Bernoulli 梁理论,弹簧管的挠度为

$$v_x = \frac{F}{EI}\left(\frac{lz^2}{2} - \frac{z^3}{6}\right) \tag{10.1}$$

由 Timoshenko 梁理论,弹簧管的挠度为

$$v_x = \frac{F}{EI}\left(\frac{lz^2}{2} - \frac{z^3}{6}\right) + \frac{\alpha Fz}{GA} \tag{10.2}$$

式中　　E、G——弹簧管的弹性模量(Pa)和剪切模量(Pa);

I、A——弹簧管截面的惯性矩(m^3/s)和截面面积(m^2);

α——剪切系数。

国内外众多学者针对不同截面的剪切系数进行了深入的研究,根据修正方法的不同,剪切系数的数值略有不同。本书采用文献[240]中由虚功原理和单位载荷法推导所得的剪切形式因子 f_s 代替剪切系数,由于计及剪应变沿整个梁高的分布,剪切形式因子在求解剪切挠度时更为精确。

保持弹簧管管径不变,分别针对不同跨高比的弹簧管进行分析。弹簧管的材料属性、截面尺寸及跨度见表 10.1,其中第一组为弹簧管真实尺寸。当 F 为 1 N 时,分别采用有限元法、Euler—Bernoulli 及 Timoshenko 梁理论计算悬臂弹簧管的挠度曲线,3 种方法计算所得最大挠度及与有限元结果计算偏差见表 10.2。

表 10.1　弹簧管的材料属性、截面尺寸及跨度

组	弹性模量 E/GPa	剪切模量 G/GPa	内径 d_2/mm	外径 d_1/mm	跨度 l/mm	跨高比
1	125	46.3	2.472	2.6	5.533	2.13
2	125	46.3	2.472	2.6	13	5
3	125	46.3	2.472	2.6	26	10

表 10.2　弹簧管最大挠度计算结果

组	计算方法	最大挠度 $v_{x\max}$/μm	偏差 /%
1	FEM	1.55	—
	Euler—Bernoulli	1.101	28.97
	Timoshenko	1.57	1.29
2	FEM	15.28	—
	Euler—Bernoulli	14.28	6.54
	Timoshenko	15.38	0.65
3	FEM	116.1	—
	Euler—Bernoulli	114.3	1.55
	Timoshenko	116.5	0.36

由表 10.2 可知,Euler—Bernoulli 梁理论最大挠度计算偏差随跨高比减小明显增大,当跨高比为 2.13 时,偏差高达 28.97%。而 Timoshenko 梁理论的计算偏差保持在 1.3% 以内。该算例充分说明 Euler—Bernoulli 梁理论只适用于细长梁挠度的计算,对短深薄壁梁挠度的求解,考虑剪切变形影响的 Timoshenko 梁理论具有更高的精度。

2. 变截面屈曲变形对挠度计算的影响

由图 10.1 可知,衔铁组件中弹簧管部分实为一变截面构件。由于应力集中作用,变截面处极易发生局部屈曲现象,屈曲转角会对挡板位移的计算造成较大误差。而 Timoshenko 梁理论基于刚性周边假设,并未计及局部屈曲的影响。图 10.3 为弹簧管两个变截面处局部屈曲的示意图。

变截面局部屈曲位移的公式推导较为烦琐,本书采用有限元仿真的方法分析弹簧管截面尺寸不变的情况下,屈曲角度与弹性模量及弯矩的关系。为分析 $B-B'$ 截面屈曲角度,建立如图 10.4(a) 所示变截面弹簧管有限元模型,将 $C-C'$ 截面看作刚性区域并做全约束,弹簧管顶部承受横向力 F 作用,$B-B'$ 截面所受弯矩为 $M=Fl$。分别采用有限元法及 Timoshenko 梁理论计算 AB 段弹簧管挠度,两者之差即为局部屈曲所引起的附加挠度。为减小跨高比引起的解析计算误差,文中采用跨高比大于 5 的弹簧管为例。当跨高比为 10、弹簧管弹性模量为 1.25×10^{11} Pa、弯矩为 0.026 N·m(F 为 1 N) 时,计算所得 AB 段挠度及局部屈曲引起的附加挠度如图 10.5 和图 10.6 所示。由图 10.6 可知,附加挠

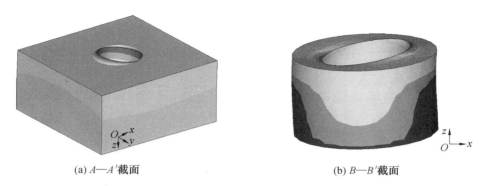

(a) *A—A′*截面　　　　　　　　　(b) *B—B′*截面

图 10.3　变截面处局部屈曲示意图

度曲线近似为一直线,其斜率即为屈曲角度。

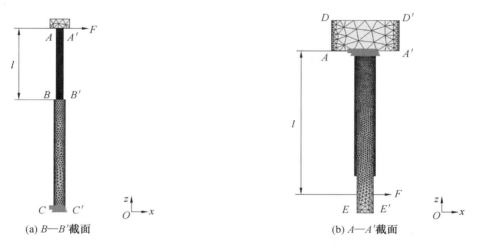

(a) *B—B′*截面　　　　　　　　　(b) *A—A′*截面

图 10.4　屈曲角度计算有限元模型

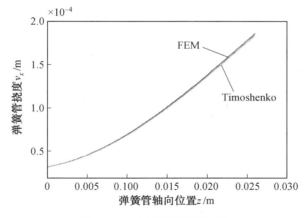

图 10.5　*AB* 段弹簧管挠度

分别改变弹性模量 E 及弯矩 M 值,用上述方法求得 *B—B′* 截面屈曲角度 θ_1 随 E 及 M

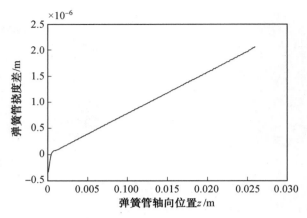

图 10.6　　局部屈曲引起的附加挠度

值变化的规律,见表 10.3。由表 10.3 可以看出,θ_1 与 E 成反比关系,而与 M 成正比,即 $\theta_1 = k_1 \dfrac{M}{E}$。由表 10.3 可推知,$k_1 = 3.8 \times 10^8$ rad · Pa · N^{-1} · m^{-1}。

表 10.3　　弹性模量及弯矩对 B—B' 截面屈曲角度的影响

弹性模量 E/Pa	屈曲角度 θ_1/rad	弯矩 M/(N · m)	屈曲角度 θ_1/rad
1.25×10^8	7.9×10^{-2}	0.026	7.9×10^{-5}
1.25×10^9	7.9×10^{-3}	0.052	1.58×10^{-4}
1.25×10^{10}	7.9×10^{-4}	0.078	2.37×10^{-4}
1.25×10^{11}	7.9×10^{-5}	0.104	3.16×10^{-4}
1.25×10^{12}	7.9×10^{-6}	0.13	3.95×10^{-4}
1.25×10^{13}	7.9×10^{-7}	0.156	4.74×10^{-4}

　　分别改变弹簧管的跨高比为 5 和 15,求得 k_1 值分别为 3.76×10^8 和 3.82×10^8。可知当弹簧管截面尺寸一定时,跨高比对 B—B' 截面屈曲角度的影响甚微。

　　为求解 A—A' 截面屈曲角度,建立如图 10.4(b) 所示有限元模型,将 A—A' 截面与弹簧管所接触环形区域全约束,挡板中部承受横向力 F 作用,A—A' 截面所受弯矩为 $M = Fl$。当方块弹性模量为 1.25×10^{11} Pa、挡板弹性模量为 1.9×10^{11} Pa、弯矩为 $0.015\ 7$ N · m(F 为 1 N) 时,FEM 及 Timoshenko 梁理论计算所得 AE 段挡板挠度及挠度差如图 10.7 和图 10.8 所示。由图 10.8 可知,挠度差曲线依然近似为一直线,其斜率 θ_2 为 AD 段方块转角 θ_3 与 A—A' 截面屈曲角度 θ_4 之和。由于方块边界条件复杂,传统的悬臂梁挠度公式对其并不适用,本书采用有限元法计算其挠度及转角。FEM 计算所得 AD 段方块挠度如图 10.9 所示,其挠曲线斜率即为方块转角。

　　由于 θ_2 及 θ_3 直接影响挡板及衔铁位移计算,本书仅研究 θ_2 及 θ_3 随弹性模量及弯矩变化的规律。由有限元结果可知 θ_2 及 θ_3 依然与 M 成正比关系。M 不变时,分别改变方块及挡板弹性模量,求得 θ_2 及 θ_3 变化规律见表 10.4。

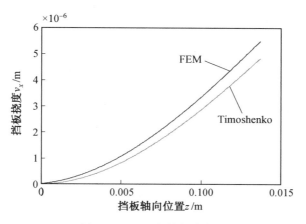

图 10.7　AE 段挡板挠度

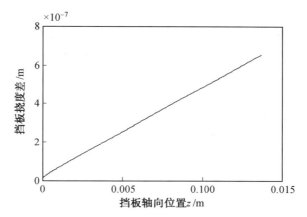

图 10.8　AE 段挡板挠度差

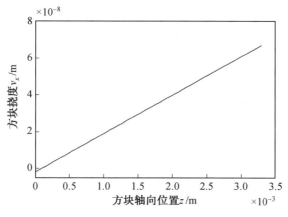

图 10.9　AD 段方块挠度

表 10.4　弹性模量对 A—A' 截面总偏差角及方块 AD 转角的影响

挡板弹性模量 E_f/Pa	方块弹性模量 E_s/Pa	总偏差角 θ_2/rad	方块转角 θ_3/rad	挡板弹性模量 E_f/Pa	方块弹性模量 E_s/Pa	总偏差角 θ_2/rad	方块转角 θ_3/rad
1.9×10^{11}	1.25×10^8	2.84×10^{-2}	2.61×10^{-2}	1.9×10^8	1.25×10^{11}	1.08×10^{-2}	1.49×10^{-5}
	1.25×10^9	2.87×10^{-3}	2.59×10^{-3}	1.9×10^9		1.14×10^{-3}	1.51×10^{-5}
	1.25×10^{10}	3.11×10^{-4}	2.48×10^{-4}	1.9×10^{10}		1.59×10^{-4}	1.67×10^{-5}
	1.25×10^{11}	4.77×10^{-5}	2.09×10^{-5}	1.9×10^{11}		4.77×10^{-5}	2.09×10^{-5}
	1.25×10^{12}	1.59×10^{-5}	1.67×10^{-6}	1.9×10^{12}		3.11×10^{-5}	2.48×10^{-5}
	1.25×10^{13}	1.14×10^{-5}	1.51×10^{-7}	1.9×10^{13}		2.87×10^{-5}	2.59×10^{-5}

分析表 10.4 可知，θ_2 及 θ_3 随 $\ln \dfrac{E_s}{E_f}$ 呈反正切变化，当 $\dfrac{E_s}{E_f}$ 一定时，θ_3 与 E_s 成反比关系，而 θ_2 与 $\min(E_s, E_f)$ 成反比。表 10.4 由 Matlab 拟合工具箱拟合可得

$$\theta_2 = \begin{cases} \dfrac{7.96 \times 10^7 M}{E_s}\left[1.333\arctan\left(1.547\ln \dfrac{E_s}{E_f} + 0.610\,6\right) + 4.821\right], E_s < E_f \\[3mm] \dfrac{1.21 \times 10^8 M}{E_f}\left[2.397\arctan\left(-2.042\ln \dfrac{E_s}{E_f} - 0.476\,2\right) + 4.717\right], E_s \geqslant E_f \end{cases}$$

(10.3)

$$\theta_3 = \frac{7.96 \times 10^7 M}{E_s}\left[-0.390\,2\arctan\left(0.815\,1\ln \frac{E_s}{E_f} + 0.223\,4\right) + 2.05\right] \quad (10.4)$$

3. 衔铁组件弹性元件刚度计算

据图 10.1，令 $l_{s3} = l_f - l_{s1} - l_{s2}$，由 Timoshenko 梁理论推导 BC 段弹簧管的挠度及弯曲转角分别为

$$v_{x\_BC} = \frac{-z^2}{2E_s I_{BC}}\left[T + \left(\frac{z}{3} + l_{s3}\right)F\right] + \frac{\alpha z F}{G_s A_{BC}} \quad (10.5)$$

$$\theta_{BC} = \frac{-z}{E_s I_{BC}}\left[T + \left(\frac{z}{2} + l_{s3}\right)F\right] \quad (10.6)$$

同理，AB 段弹簧管的挠度及弯曲转角分别为

$$v_{x\_AB} = \frac{-z'^2}{2E_s I_{AB}}\left[T + \left(\frac{z'}{3} + l_f - l_{s1}\right)F\right] + \frac{\alpha z' F}{G_s A_{AB}} + c_1 z' + c_2 \quad (10.7)$$

$$\theta_{AB} = \frac{-z'}{E_s I_{AB}}\left[T + \left(\frac{z'}{2} + l_f - l_{s1}\right)F\right] + c_1 \quad (10.8)$$

式中　　$z' = z - l_{s2}$；

c_1——B—B' 截面弹簧管弯曲转角，rad，且 $c_1 = \dfrac{-l_{s2}}{E_s I_{BC}}\left[T + \left(\dfrac{l_{s2}}{2} + l_{s3}\right)F\right] - \theta_1$；

c_2——B—B' 截面弹簧管挠度，m，且 $c_2 = \dfrac{-l_{s2}^2}{2E_s I_{BC}}\left[T + \left(\dfrac{l_{s2}}{3} + l_{s3}\right)F\right] + \dfrac{\alpha l_{s2} F}{G_s A_{BC}}$。

AN 段挡板可看作细长圆柱体，忽略剪切效应其挠度及弯曲转角可写为

$$v_{x\_AN} = \frac{F}{E_f I_{AN}}\left(-\frac{z''^3}{6} + \frac{l_f z''^2}{2}\right) + c_3 z'' + c_4 \tag{10.9}$$

$$\theta_{AN} = \frac{F}{E_f I_{AN}}\left(-\frac{z''^2}{2} + l_f z''\right) + c_3 \tag{10.10}$$

式中　$z'' = l_{s1} + l_{s2} - z$；

c_3——A—A' 截面挡板弯曲转角，rad，且 $c_3 = \frac{l_{s1}}{E_s I_{AB}}\left(T + \frac{2l_f - l_{s1}}{2}F\right) - c_1 + \theta_2$；

c_4——A—A' 截面挡板挠度，m，且 $c_4 = \frac{-l_{s1}^2}{2E_s I_{AB}}\left(T + \frac{3l_f - 2l_{s1}}{3}F\right) + \frac{\alpha F l_{s1}}{G_s A_{AB}} + c_1 l_{s1} +$

c_2。

由式（10.9）可得挡板射流中心处位移为

$$x_f = \frac{F l_f^3}{3E_f I_{AN}} + c_3 l_f + c_4 \tag{10.11}$$

由式（10.4）和式（10.8）可得衔铁末端位移为

$$z_a = \frac{l_a}{2}\left[\frac{l_{s1}}{E_s I_{AB}}\left(T + \frac{2l_f - l_{s1}}{2}F\right) - c_1 + \theta_3\right] \tag{10.12}$$

当 $T=0$ 时，F 与 x_f 之间的刚度为

$$k_{Ff} = \frac{F}{x_f\ |_{T=0}} \tag{10.13}$$

式中

$$x_f\ |_{T=0} = \frac{F l_{s2}(6l_f l_{s3} + 3l_f l_{s2} - 6l_{s1} l_{s3} - 3l_{s1} l_{s2} - 3l_{s2} l_{s3} - l_{s2}^2)}{6E_s I_{BC}} + \frac{F l_{s1}(6l_f^2 - 6l_f l_{s1} + 2l_{s1}^2)}{6E_s I_{AB}} +$$

$$\frac{F l_f^3}{3E_f I_{AN}} + \frac{\alpha F}{G_s}\left(\frac{l_{s1}}{A_{AB}} + \frac{l_{s2}}{A_{BC}}\right) + (l_f - l_{s1})\theta_1 + l_f \theta_2$$

当 $T=0$ 时，F 与 z_a 之间的刚度为

$$k_{Fa} = \frac{F}{z_a\ |_{T=0}} \tag{10.14}$$

式中

$$z_a\ |_{T=0} = \frac{l_a}{2}\left[\frac{(2l_f - l_{s1})l_{s1}F}{2E_s I_{AB}} + \frac{(2l_{s3} + l_{s2})l_{s2}F}{2E_s I_{BC}} + \theta_3 + \theta_1\right]$$

10.1.2　弹性元件刚度测试

为验证理论模型的准确性，作者进行了衔铁组件弹性元件的刚度测试实验，主要研究了挡板射流中心处受力时弹性元件的刚度特性。实验中采用电阻应变式力传感器 EVT—18C—300g（上海游然传感科技有限公司）驱动衔铁组件转动并测量驱动力大小。采用 LK—G5000 型激光位移传感器（日本 KEYENCE 公司）分别测量衔铁末端及射流中心处位移 z_a、x_f，实验原理如图 10.10 所示，实验台照片如图 10.11 所示。力传感器由丝杠螺母机构驱动对挡板施加推力 F，同时将测得的力信号转化为标准电压信号，经由数据采集板采集输入计算机。

实验测得推力 F 与衔铁末端位移 z_a、挡板射流中心位移 x_f 之间的关系如图10.12 所示，同时有限元法、Euler—Bernoulli 梁理论及考虑变截面屈曲变形的 Timoshenko 梁理

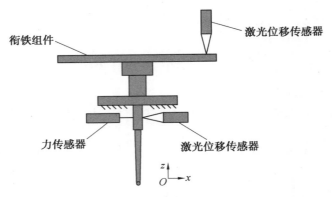

图 10.10　刚度测试实验原理图

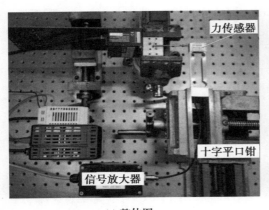

(a) 整体图

(b) 局部图

图 10.11　刚度测试实验台

论所计算结果亦显示在该图中。实验数据经参数拟合可得弹性元件刚度 k_{Fa} 和 k_{Ff}，实验与计算所得刚度比较见表 10.5。

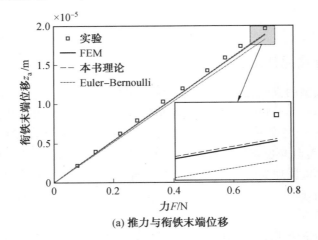

(a) 推力与衔铁末端位移

图 10.12　实验与理论结果对比

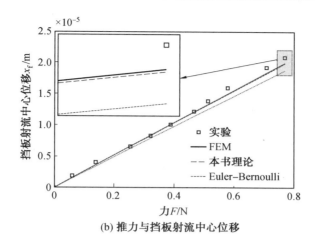

(b) 推力与挡板射流中心位移

续图 10.12

表 10.5　实验与计算刚度比较

条件	$k_{Fa}/(\mathrm{N \cdot m^{-1}})$	偏差 /%	$k_{Ff}/(\mathrm{N \cdot m^{-1}})$	偏差 /%
实验	3.61×10^4	—	3.70×10^4	—
FEM	3.76×10^4	4.16	3.85×10^4	4.05
本书理论	3.75×10^4	3.88	3.87×10^4	4.59
Euler — Bernoulli	3.88×10^4	7.48	4.1×10^4	10.81

　　由图 10.12 可知,衔铁组件弹性元件显现出良好的线性特性,考虑变截面屈曲变形的 Timoshenko 梁理论与 FEM 计算结果吻合良好,且与实验结果更接近。由于 z_a 主要由弹簧管方块弯曲转角确定,而剪切变形不会影响弯曲转角计算,故 Euler — Bernoulli 梁理论对 z_a 计算误差较小,仅为忽略变截面屈曲变形所导致误差。x_f 的计算则同时受剪切变形及屈曲变形的影响,故 Euler — Bernoulli 梁理论对 x_f 具有较大计算误差。表 10.5 中结果显示:在 k_{Fa} 计算中,Euler — Bernoulli 梁理论计算偏差为 7.48%,而在 k_{Ff} 计算中,Euler — Bernoulli 梁理论计算偏差则高达 10.81%,其余两种方法对 k_{Fa} 及 k_{Ff} 的计算偏差均在 5% 以内。由此可知,本书所推导考虑变截面屈曲变形的 Timoshenko 梁理论在衔铁组件弹性元件刚度计算中具有较高的精度。

10.2　射流力静态特性实验

10.2.1　实验原理及组成

　　为研究射流力随喷嘴挡板间隙变化规律并验证考虑压力损失及流动惯性的射流力计算公式的有效性,进行了喷嘴入口压力分别为 1 MPa、2 MPa 和 3 MPa 时射流力的静态特性实验。由于喷嘴挡板组件处于狭小的空间内,直接测量射流力及喷嘴挡板间隙十分困难,采用双喷嘴喷油则无法准确测量射流力及喷嘴挡板间隙。由于喷嘴挡板组件的结构对称性,由单喷嘴射流力与喷嘴挡板间隙的关系即可推导双喷嘴同时供油时射流力与喷嘴挡板间隙的关系,故采用单喷嘴喷油亦可达到预期的实验效果。本实验利用10.1节所建立衔铁组件弹性元件刚度计算公式,提出了如图10.13所示单喷嘴射流力静态特性测试方法。

实验初始时将喷嘴旋入喷嘴挡板腔室并与挡板接触,继续旋入喷嘴直至挡板偏离中位距离为d_1',此时由激光位移传感器记录衔铁末端z向偏转位移d_1。此后喷嘴通油,在喷嘴射流力作用下衔铁组件继续偏转,此时挡板偏转中位距离为d_2',激光位移传感器记录衔铁末端z向偏转位移为d_2。

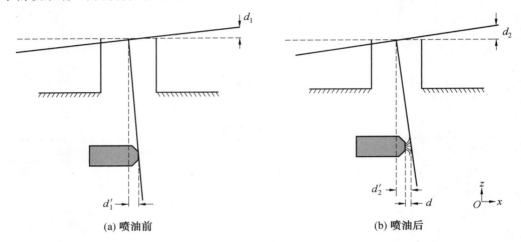

(a) 喷油前　　　　　　　　　　　　　　(b) 喷油后

图 10.13　单喷嘴射流力静态特性测试方法

喷油前衔铁组件在弹簧管变形力矩和喷嘴机械推力作用下受力平衡,此时喷嘴挡板间隙为0,喷嘴推力所对应衔铁末端z向位移为d_1。喷油后衔铁组件在弹簧管变形力矩和流场力作用下达到新的平衡位置,喷嘴挡板之间最终间隙为d,流场力所对应衔铁末端z向位移为d_2。取A为挡板面积且假设挡板无喷流侧流场压力与出口压力相同。利用喷油前后激光位移传感器所记录衔铁末端z向位移,由式(10.13)和式(10.14)可得喷嘴射流力

$$F = k_{\mathrm{Ff}} d_2 + p_2 A \tag{10.15}$$

则喷嘴挡板间隙为

$$d = d_2' - d_1' = \frac{(d_2 - d_1) k_{\mathrm{Ff}}}{k_{\mathrm{Fa}}} \tag{10.16}$$

喷嘴入口压力一定时,改变喷嘴初始位移d_1',使得喷油后衔铁组件停留在不同的平衡位置,即可得到不同喷嘴挡板间隙下射流力变化规律。由于原伺服阀中喷嘴组件不可分离,为实现喷嘴的旋入旋出,实验中采用本课题组设计加工的带螺纹喷嘴组件,其中喷嘴孔直径为0.5 mm,喷嘴组件如图10.14所示。

射流力静态特性实验整体原理图如图10.15所示。实验中所用定量齿轮泵额定输出流量为1.4 L/min,由于喷嘴射流流量远小于泵出口流量,故可用溢流阀调节泵出口压力。由开关阀控制射流油路的开闭,为避免阀口节流效应导致阀后压力随喷嘴挡板间隙变化,实验中开关阀处于完全打开状态。喷嘴入口压力由压力表测定,喷嘴射流最终经回油管路流回油箱。实验台照片如图10.16所示。

图 10.14　带螺纹喷嘴组件照片

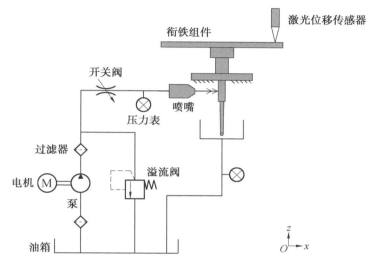

图 10.15　射流力静态特性实验整体原理图

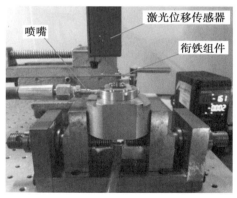

(a) 整体图　　　　　　　　　　　　　　　(b) 局部图

图 10.16　射流力静态特性测试实验台

10.2.2　实验结果及讨论

改变喷嘴旋入深度,由激光位移传感器记录喷油前后衔铁末端 z 向偏转位移,喷嘴入口压力为 1 MPa、2 MPa 和 3 MPa 时的实验数据见表 10.6。

表 10.6　喷油前后衔铁末端 z 向偏转位移

1 MPa		2 MPa		3 MPa	
$d_1/\mu m$	$d_2/\mu m$	$d_1/\mu m$	$d_2/\mu m$	$d_1/\mu m$	$d_2/\mu m$
0.33	11.39	2.50	18.20	1.57	22.67
1.94	11.78	4.66	18.96	2.34	23.17
3.04	12.06	6.25	19.11	3.62	23.71
4.83	12.67	8.05	20.17	4.14	23.99
5.90	12.87	10.60	20.80	5.79	24.90
7.32	13.25	13.23	21.94	6.41	25.25
8.67	13.78	15.50	23.09	7.27	25.63
9.63	13.89	18.26	23.97	8.25	26.38
11.22	14.33	21.70	25.22	9.37	26.96
12.19	14.64	23.42	25.71	10.92	27.79
14.44	15.30	25.10	26.44	14.03	29.57

　　由式(10.15)和式(10.16)可得不同喷嘴入口压力下喷嘴射流力随喷嘴挡板间隙的变化曲线,与计算结果对比如图 10.17 所示。可以看到,喷嘴入口压力一定时喷嘴射流力随喷嘴挡板间隙增加近似呈线性减小,喷嘴挡板间隙不变时射流力随喷嘴入口压力增加而增大,这与式(9.28)所得结论一致。实验中发现随喷嘴挡板间隙增加射流力逐渐减小后保持不变,此时液压弹簧效应消失。故仅当喷嘴挡板间隙在一定范围内变化时(如 0 ～ 30 μm),射流力作用可等效为线性液压弹簧。由 Matlab 曲线拟合功能可得不同喷嘴入口压力下液压弹簧刚度的实验值为

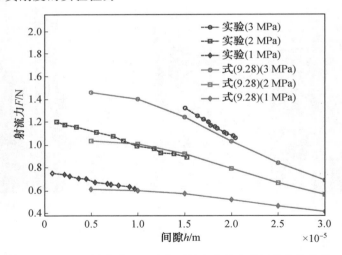

图 10.17　不同喷嘴入口压力下射流力随喷嘴间隙变化关系

$$\begin{cases} K_{h_1\,MPa} = 1.55 \times 10^4 (N \cdot m^{-1}) \\ K_{h_2\,MPa} = 2.28 \times 10^4 (N \cdot m^{-1}) \\ K_{h_3\,MPa} = 4.78 \times 10^4 (N \cdot m^{-1}) \end{cases} \tag{10.17}$$

对比式(9.30)和式(10.17)可知,液压弹簧刚度计算值略低于实验结果。这是由于本实验所采用测试方法仅能定量测量喷嘴挡板间隙在较小范围内变动时射流力变化规律,这势必引起液压弹簧刚度辨识误差。

10.3　射流流场中衔铁组件的模态实验

10.3.1　实验原理及组成

射流流场中衔铁组件的模态实验原理图如图 10.18 所示。该实验系统由液压回路和控制回路两部分组成。液压回路中由溢流阀控制泵输出压力为喷嘴提供稳定的压力油源。控制回路中采用正弦扫频法获取衔铁组件模态特性,由计算机控制力矩马达产生幅值恒定、频率连续变化的电磁激励驱动衔铁组件振动,用激光位移传感器测量衔铁末端 z 向位移,由位移信号功率谱密度图即可辨识出射流力作用下衔铁组件的固有频率。实验台照片如图 10.19 所示。

由射流力作用下衔铁组件模态特性有限元分析结果可知,液压弹簧主要影响衔铁组件第一、六、九阶固有频率。由于实验中仅能测试衔铁末端 z 向位移,高阶模态下 z 向谐振微弱且基本与流场噪声同级,导致高阶模态频率无法辨识。故本实验只进行了衔铁组件第一阶固有频率的测试。

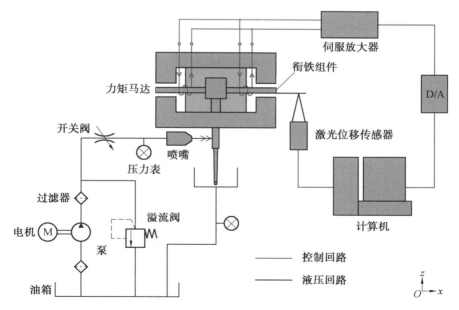

图 10.18　射流力作用下模态实验原理图

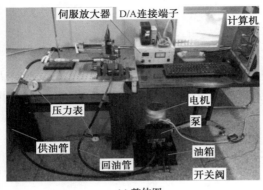 

(a) 整体图 　　　　　　　　　　　　　(b) 局部图

图 10.19　　射流力作用下模态测试实验台

10.3.2　实验结果及讨论

1. 静态油液中的模态实验

物体在流体中加速振动时,会受到周围流体加速运动产生的反作用力,该力又被称为附加惯性力。附加惯性力与物体加速度之比即流体附加质量,其值与流体密度、物体结构、运动形式有关。研究物体在流体介质包围中的模态特性,一般需考虑附加质量的影响。为研究船体运动,David Clarke 对浅海域中半圆柱体的附加质量进行研究和计算,采用 3 种方法推导出浅海域中半圆柱体的附加质量系数公式。Wakaba 对刚性球体周围突然加速的均匀来流进行数值仿真研究,研究结果显示加速流中球体的附加质量系数为 0.5,与加速度和加速前流体状态无关。

在无限流域中,圆柱体在理想流体中的附加质量由以下经验计算公式估算

$$m_a = \rho \pi R^2 l \tag{10.18}$$

式中　　ρ——流体密度,kg/m^3;

　　　　R——圆柱体的半径,m;

　　　　l——圆柱体的长度,m。

由式(10.18)可知,圆柱体在理想流体中的附加质量即圆柱体振动时所排开与自身等体积流体的质量。

为研究流体附加质量对衔铁组件模态特性的影响进行了静态油液中衔铁组件的模态实验。采用正弦扫频法分别测试衔铁组件在空气和静态油液中的模态特性,由激光位移传感器测得衔铁末端 z 向位移在 $0 \sim 4\,500$ Hz 内的功率谱密度如图 10.20 所示。可以看到,衔铁末端 z 向位移功率谱密度曲线中第一阶模态占据主导作用,空气和静态油液中衔铁组件第一阶固有频率分别为 541 Hz 和 535.5 Hz,流体附加质量的影响使得第一阶固有频率降低 5.5 Hz。将衔铁组件油中部分看作圆柱体,由式(10.18)可知油液附加质量近似等于与反馈杆同体积油液质量。由于反馈杆体积较小且油液密度仅为反馈杆密度的 1/10,油液附加质量对衔铁组件模态特性的影响可忽略不计。

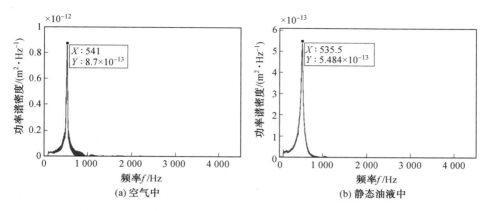

图 10.20　空气与静态油液中衔铁末端 z 方向位移功率谱密度图

2. 射流力下的模态实验

为验证喷嘴射流液压弹簧效应对衔铁组件振动特性的影响,进行了射流力作用下衔铁组件的模态实验。由于液压弹簧效应仅当喷嘴挡板间隙在足够小的范围内有效,故模态实验中需限制挡板的运动范围。当喷嘴入口压力一定时,喷嘴挡板间隙由喷嘴初始位移 d_1' 和力矩马达输入电流 Δi 确定。下面以喷嘴入口压力为 3 MPa 为例,分别讨论 d_1' 和 Δi 对模态实验结果的影响。

假定中位右侧位移为正,分别令喷嘴初始位移为 d_{11}' 和 d_{12}' 且 $d_{12}' < d_{11}' < 0$。此时挡板处于中位,喷嘴挡板间隙处于较大的范围。在扫频电磁力(Δi 幅值为 6 mA)作用下衔铁末端 z 向位移功率谱密度图如图 10.21 所示。可以看到随 d_1' 绝对值增加,喷嘴挡板间隙增大,液压弹簧刚度逐渐减小,衔铁组件第一阶固有频率值逐渐降低,直至接近空气中的固有频率,此时液压弹簧效应几近消失。这与射流力静态特性实验所得结论相吻合。

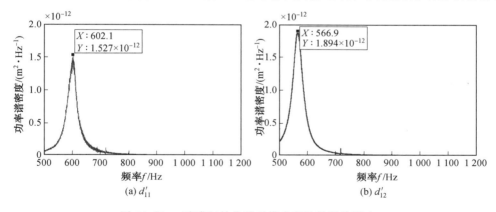

图 10.21　喷嘴初始位移对模态实验结果的影响

当 $d_1' = 4\ \mu\text{m}$ 时,分别令 Δi 幅值为 2 mA 和 10 mA,在扫频电磁力作用下衔铁末端 z 向位移功率谱密度如图 10.22 所示。Δi 幅值直接决定挡板运动范围,由图 10.22 可以看到,当 Δi 幅值较小时,衔铁末端谐振能量微弱,位移信号信噪比较低,使得固有频率辨识误差增大。反之,当 Δi 幅值较大时,挡板振幅增加导致挡板与喷嘴位移干涉,此时位移功率谱密度图发生畸变,固有频率无法辨识。综上可知,选择合理的 d_1' 和 Δi 对获取精确的模态实验结果至关重要。

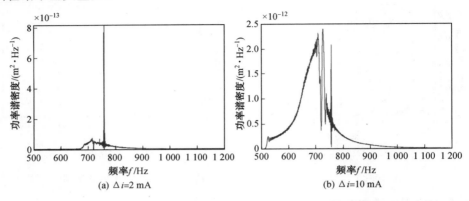

(a) $\Delta i=2$ mA　　　　　　　　　　(b) $\Delta i=10$ mA

图 10.22　力矩马达输入电流幅值对模态实验结果的影响

　　为将喷嘴挡板间隙限制在足够小的范围内,实验中选定 $d_1'=4$ μm,喷嘴入口压力为 1 MPa、2 MPa 和 3 MPa 时的输入电流幅值分别为 2 mA、4 mA 和 6 mA。为分辨衔铁组件谐振频率和流场噪声频率,分别测定不同喷嘴入口压力下施加和未施加扫频电磁力时衔铁末端 z 向位移,500～1 200 Hz 内的位移功率谱密度分别如图 10.23 和图 10.24 所示。

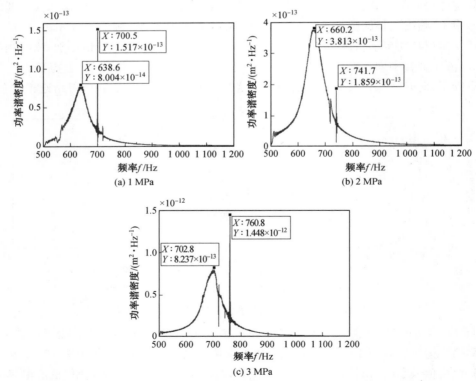

(a) 1 MPa　　　　　　　　　　(b) 2 MPa

(c) 3 MPa

图 10.23　扫频电磁力作用下衔铁末端 z 向位移功率谱密度图

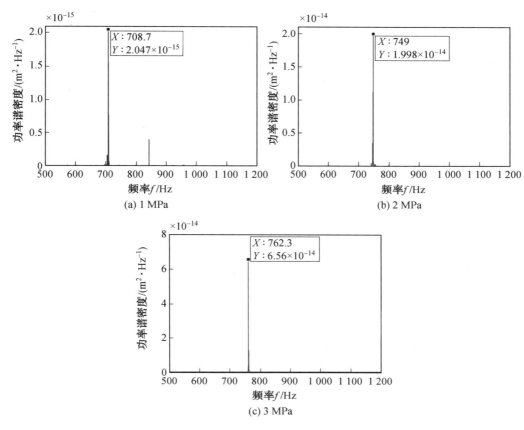

图 10.24　无电磁力作用时衔铁末端 z 向位移功率谱密度图

由图 10.23 和图 10.24 可知,扫频电磁激励下位移功率谱密度图共出现 2 处明显谐振峰,对比无电磁激励时功率谱密度图发现第二处谐振峰频率与流场噪声频率相近,该处谐振峰应为流场噪声引发衔铁组件受迫振动所致。喷嘴入口压力为 1 MPa、2 MPa 和 3 MPa 时衔铁组件第一阶固有频率分别为 638.6 Hz、660.2 Hz 和 702.8 Hz,随喷嘴入口压力增加第一阶固有频率值逐渐增大。由图 10.24 可知射流流场中存在强烈的流场噪声,噪声频率随喷嘴入口压力增加而增大,其频率值分别为 708.7 Hz、749 Hz 和 762.3 Hz。射流流场噪声的产生往往是由于流场中剪切层振荡或气穴现象引起的压力脉动所致,压力脉动的幅值及频率与流体速度、管路材料及流场结构参数(如泵、阀、管路内径和喷嘴直径等)均有关。

当流场噪声的频率与衔铁组件固有频率耦合时,会引发衔铁组件强烈共振,反过来衔铁组件的共振又使得流场振荡加强,流场与结构体的耦合效应会激发强烈的流致振动与噪声,甚至引起衔铁组件弹簧管的破裂,使得伺服阀失效。欲抑制此耦合效应,可适当改变衔铁组件和流场的结构、材料参数,从而改变流场中衔铁组件固有频率及流场压力脉动频率,从根本上消除流致振动的发生。

由射流力静态特性实验测试所得液压弹簧刚度,基于图 9.23 所示射流力作用下衔铁组件有限元模型,经模态分析可得不同喷嘴入口压力下衔铁组件第一阶固有频率,与实验结果对比见表 10.7。由于仿真结果基于液压弹簧刚度测试值,将该方法称为半实验仿真法。由表 10.7 可知,半实验仿真结果与实验结果吻合良好,与实验值最大偏差低于 5%。衔铁组件第一阶固有频率均随喷嘴入口压力增加而增大,这充分说明喷嘴挡板处射流力可等效为正刚度液压弹簧且液压弹簧刚度随喷嘴入口压力增加而增大。同时可以看出,半实验仿真结果普遍大于实验值,这是由于静态特性实验所测得射流力为稳态值,而模态实验中应考虑射流力的瞬态特性,由稳态射流力所得液压弹簧刚度高于瞬态值所致。

表 10.7　实验与仿真所得衔铁组件第一阶固有频率对比

喷嘴入口压力 /MPa	实验 /Hz	半实验仿真 /Hz	偏差 /%	半解析仿真 /Hz	偏差 /%
1	638.6	645	1	606.6	5
2	660.2	673	1.9	667.5	1.1
3	702.8	735	4.6	695.7	1

由式(9.30)所得液压弹簧刚度计算值,经模态分析可得不同喷嘴入口压力下衔铁组件第一阶固有频率,与实验结果对比见表 10.7。由于仿真结果基于理论分析所得液压弹簧刚度,将该方法称为半解析仿真法。半解析仿真结果与实验所得结论一致,与实验值最大偏差为 5%。分析表 10.7 可知,采用静态液压弹簧刚度近似分析射流力下衔铁组件的振动特性亦可达到较满意计算精度。

10.4　本章小结

本章推导了考虑变截面屈曲变形的 Timoshenko 梁理论以精确计算衔铁组件弹性元件的刚度及射流力下挡板与衔铁偏转位移的几何关系。同时进行了衔铁组件弹性元件的刚度测试,验证了理论模型的准确性。基于弹性元件刚度计算模型,进行了射流力静态特性实验并获取了射流力随喷嘴挡板间隙的变化规律。实验结果表明,当喷嘴挡板间隙在一定范围内变化时,射流力的作用可等效为线性液压弹簧,同时给出了不同喷嘴入口压力下的液压弹簧刚度。实验结果与理论分析结论基本一致。采用正弦扫频法进行了射流流场中衔铁组件的模态实验。静态油液中的模态实验结果显示油液附加质量对衔铁组件模态特性的影响可忽略不计。由射流力作用下的模态实验获取了不同喷嘴入口压力时衔铁组件的一阶固有频率,实验结果显示固有频率随喷嘴入口压力增加而不断增大,充分验证了射流力的正刚度液压弹簧效应。仿真与实验结果对比可知,采用静态液压弹簧刚度近似分析射流力下衔铁组件振动特性亦可达到较满意计算精度。

第11章 添加磁流体的力矩马达衔铁组件振动抑制研究

前述研究表明,对衔铁组件或流场结构进行参数优化以避免衔铁组件固有频率及流场压力脉动频率的耦合,是抑制流致振动发生的有效途径之一。然而由于压力脉动频率的不确定性,该方法需对特定伺服阀进行针对性的参数优化设计,通用性较差,为此本书提出了一种更具通用性的抑振方法。

磁流体作为一种新型功能性流体,其在外加磁场作用下表现出较大的黏度和较高的饱和磁化强度。当添加磁流体至力矩马达工作间隙,即衔铁与上下导磁体之间时,磁流体受挤压将产生较大的阻尼力。添加磁流体的双喷嘴挡板伺服阀结构原理图如图 11.1 所示。考虑衔铁末端挤压位移微弱,此外由于永久磁铁的作用,无论有无输入电流,磁流体将始终受到永磁吸力作用。故衔铁挤压或伺服阀断电时,磁流体均保持在工作间隙内,无须采取密封措施防止磁流体的溢出。本章将利用磁流体的上述优异特性实现衔铁组件的自激振动抑制并研究磁流体对衔铁组件的抑振效果和抑振机理。首先推导并简化了挤压模式下磁流体阻尼力的数学模型,其次对添加磁流体后衔铁组件的振动特性进行了仿真分析和实验研究,验证了磁流体等效模型的有效性以及磁流体对衔铁组件的阻尼效应。

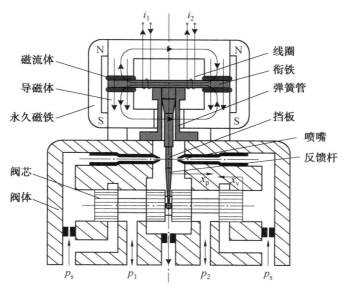

图 11.1 添加磁流体的双喷嘴挡板伺服阀结构原理图

11.1　挤压模式下磁流体阻尼力数学模型

当伺服阀工作时,力矩马达工作气隙内磁流体将处于挤压模式。本节采用双黏度模型描述磁流体的本构关系,对挤压模式下磁流体的流动特性进行理论研究。建立了挤压流场的压力、速度分布数学模型,同时推导了磁流体阻尼力的解析表达式。

11.1.1　磁流体挤压模型

伺服阀工作时,衔铁组件在中位附近摆动,磁流体在衔铁与导磁体的挤压作用下沿径向做辐射流动。由于摆动振幅较小(几十微米),衔铁端部对磁流体的挤压运动可视为平动。同时,考虑导磁体端面为正方形,为便于理论推导,可将磁流体的运动等效为平行圆盘间的对称挤压流动,如图 11.2 所示。取挤压流场中心为坐标原点,Z 和 V_0 分别表示导磁体和衔铁的挤压位移和挤压速度,其值为衔铁实际挤压位移和挤压速度的一半。L 和 h 分别为衔铁与导磁体所形成工作气隙的长度和实时高度的一半。

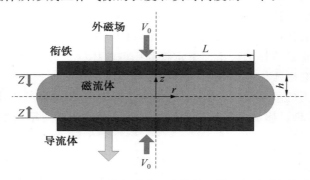

图 11.2　工作气隙内磁流体挤压模式示意图

由于衔铁的挤压速度较小,可将磁流体的挤压流动假设为定常、不可压的小雷诺数蠕流流动。忽略惯性力和重力作用,又注意到 hR,通过量纲分析可以取 $u_r = u_r(r,z)$,$u_z = u_z(z)$,$p = p(r)$。

由上述假设,该挤压流动的连续性方程可简化为

$$\frac{1}{r}\frac{\partial(ru_r)}{\partial r} + \frac{\mathrm{d}u_z}{\mathrm{d}z} = 0 \tag{11.1}$$

对小雷诺数蠕流问题,动量守恒方程可近似为

$$\frac{\partial \tau_{zr}}{\partial z} = \frac{\mathrm{d}p}{\mathrm{d}r} \tag{11.2}$$

式中　　τ_{zr}——作用在垂直于 z 轴平面上的 r 方向切应力,Pa。

对不可压缩流体,由质量守恒方程可得

$$\int_{-h}^{0} 2u_r \mathrm{d}z = rV_0 \tag{11.3}$$

11.1.2　磁流体本构关系数学模型

为避免采用宾厄姆模型分析磁流体挤压流动特性时出现的"屈服面佯谬"现象,本章采用双黏度模型描述磁流体的本构关系:

$$\begin{cases} \tau_{zr} = \eta \dfrac{\partial u_r}{\partial z}, \ |\tau_{zr}| < \tau_1 \\[3mm] \tau_{zr} = \mathrm{sgn}\left(\dfrac{\partial u_r}{\partial z}\right)\tau_0 + k\dfrac{\partial u_r}{\partial z}, \ |\tau_{zr}| \geqslant \tau_1 \end{cases} \tag{11.4}$$

式中　　η——磁流体未屈服时的黏度,Pa·s;

　　　　k——磁流体屈服时的黏度,Pa·s;

　　　　τ_1——磁流体屈服应力,Pa;

　　　　τ_0——磁流体动态屈服应力,Pa,$\tau_0 = \tau_1\left(1 - \dfrac{k}{\eta}\right)$。

双黏度模型中剪切应力与剪切速率的关系如图 11.3 所示。当 $\tau < \tau_1$ 时,磁流体处于未屈服状态,其流体特性符合牛顿黏性定律。磁流体在未屈服区的黏度保持为常值 η,且不随剪切速率改变。当 $\tau > \tau_1$ 时,磁流体处于屈服状态。此时磁流体的黏度 k 大大降低,比未屈服区黏度约小两个数量级。磁流体动态屈服应力 τ_0 往往与磁场强度有关,其随磁场强度增加而增大。当磁场强度继续增加至磁流体磁化饱和时,τ_0 将逐渐趋于稳定。

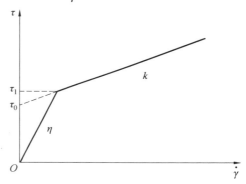

图 11.3　双黏度模型中剪切应力与剪切速率的关系

分析图 11.2 所示柱坐标系可知,磁流体在 $z < 0$ 区域内剪切速率 $\dfrac{\partial u_r}{\partial z}$ 为正值。为避免大量负号的出现,本节在 $z < 0$ 区域内推导磁流体挤压流场理论,此时磁流体本构关系表达式可写为

$$\begin{cases} \tau_{zr} = \eta \dfrac{\partial u_r}{\partial z}, & 0 < \tau_{zr} < \tau_1 \\[3mm] \tau_{zr} = \tau_0 + k\dfrac{\partial u_r}{\partial z}, & \tau_{zr} \geqslant \tau_1 \end{cases} \tag{11.5}$$

11.1.3　挤压模式下磁流体流动特性分析

磁流体在平板间被挤压时,其内部流场会有屈服面产生,屈服面与壁面相交于 $r = R_0$ 处,挤压流被分为屈服区和未屈服区两个区域。下面将分别针对牛顿区($r < R_0$)和双黏度区($r > R_0$)分析挤压流场流动特性。

1. 牛顿区挤压流动分析

质量守恒方程(11.3)可写为

$$\int_{-h}^{0} \frac{u_r}{r} \mathrm{d}z = \frac{V_0}{2} \tag{11.6}$$

分析上式可知，u_r 可写为

$$u_r = r\sigma(z) \tag{11.7}$$

磁流体在牛顿区处于未屈服状态，即 $0 < \tau_{zr} < \tau_1$。令牛顿区流场压强为 $p_1(r)$，联合本构方程(11.5)和动量守恒方程(11.2)，可得

$$\eta \frac{\partial^2 u_r}{\partial z^2} = \frac{\mathrm{d}p_1}{\mathrm{d}r} \tag{11.8}$$

式(11.8)两边对变量 z 积分，并根据该挤压流场的对称性有初始条件 $z=0$ 时 $\frac{\partial u_r}{\partial z}=0$，则有

$$\eta \frac{\partial u_r}{\partial z} = \frac{\mathrm{d}p_1}{\mathrm{d}r} z \tag{11.9}$$

将式(11.7)代入式(11.9)，整理后得

$$\frac{\eta}{z} \frac{\mathrm{d}\sigma}{\mathrm{d}z} = \frac{1}{r} \frac{\mathrm{d}p_1}{\mathrm{d}r} \tag{11.10}$$

由式(11.10)可知，等号两端分别为 z 和 r 的函数，若使等式成立两端应均为常数，故

$$\frac{\mathrm{d}p_1}{\mathrm{d}r} = Cr \tag{11.11}$$

将式(11.11)代入式(11.9)，两边对变量 z 积分，并根据无滑移边界条件下 $u_r \big|_{z=\pm h}=0$，可得

$$u_r = \frac{Cr}{2\eta}(z^2 - h^2) \tag{11.12}$$

将式(11.12)代入式(11.3)，可得积分常数为

$$C = \frac{3\eta V_0}{-2h^3} \tag{11.13}$$

故牛顿区径向速度为

$$u_r = \frac{3rV_0}{4h}\left(1 - \frac{z^2}{h^2}\right) \tag{11.14}$$

将式(11.14)代入式(11.1)，两边对变量 z 积分且由初始条件 $u_z(z)\big|_{z=0}=0$ 可得

$$u_z = \frac{3V_0}{2h}\left(\frac{z^3}{3h^2} - z\right) \tag{11.15}$$

将式(11.13)代入式(11.11)得

$$\frac{\mathrm{d}p_1}{\mathrm{d}r} = \frac{3\eta rV_0}{-2h^3} \tag{11.16}$$

对式(11.16)中变量 r 积分后可得

$$p_1 = \frac{3\eta V_0 r^2}{-4h^3} + C_1 \tag{11.17}$$

由式(11.5)和式(11.14)可得

$$\tau_{zr} = \frac{3\eta V_0 rz}{-2h^3} \tag{11.18}$$

令 $z = -h$ 时 $\tau_{zr} = \tau_1$，求解可得屈服面与壁面相交于

$$R_0 = \frac{2\tau_1 h^2}{3\eta V_0} \tag{11.19}$$

2. 双黏度区挤压流动分析

$r > R_0$ 时，挤压流场同时存在未屈服区和屈服区，此时流场内存在两种黏度 η 和 k，故称之为双黏度区。令双黏度区流场压强为 $p_2(r)$。

式(11.2)两边对变量 z 积分，并且根据挤压流场的对称性有初始条件 $\tau_{zr}|_{r=0,z=0} = 0$，则有

$$\tau_{zr} = z\frac{\mathrm{d}p}{\mathrm{d}r} \tag{11.20}$$

屈服面上剪切应力满足 $\tau_{zr} = \tau_1$，由式(11.20)可得屈服面坐标方程为

$$z_1 = \tau_1\left(\frac{\mathrm{d}p_2}{\mathrm{d}r}\right)^{-1} \tag{11.21}$$

当 $z < 0$ 时，$r < R_0$ 区域和 $r > R_0$ 且 $z_1 \leqslant z \leqslant 0$ 区域为磁流体未屈服区，$r > R_0$ 且 $-h \leqslant z \leqslant z_1$ 区域为磁流体屈服区。令屈服区和未屈服区径向流速分别为 $u_{r1}(r,z)$ 和 $u_{r2}(r,z)$。

在屈服区有 $\tau_{zr} \geqslant \tau_1$，将式(11.5)代入式(11.20)有

$$\tau_0 + k\frac{\partial u_r}{\partial z} = z\frac{\mathrm{d}p_2}{\mathrm{d}r} \tag{11.22}$$

式(11.22)两边对变量 z 积分，由初始条件 $u_r(r, -h) = 0$ 可得屈服区径向流速为

$$u_{r1}(r,z) = \frac{1}{2k}\left[\frac{\mathrm{d}p_2}{\mathrm{d}r}(z^2 - h^2) - 2\tau_0(z + h)\right], \quad -h \leqslant z \leqslant z_1 \tag{11.23}$$

式(11.9)两边对变量 z 积分，根据屈服面上流速连续性，即 $u_{r1}(r,z_1) = u_{r2}(r,z_1)$，可得双黏度区未屈服状态磁流体径向流速为

$$u_{r2}(r,z) = \frac{1}{2\eta}\frac{\mathrm{d}p_2}{\mathrm{d}r}(z^2 - z_1^2) + \frac{1}{2k}\left[\frac{\mathrm{d}p_2}{\mathrm{d}r}(z_1^2 - h^2) - 2\tau_0(z_1 + h)\right], \quad z_1 \leqslant z \leqslant 0 \tag{11.24}$$

因此可以得到 $z < 0$ 时双黏度区磁流体径向流速为

$$u_r(r,z) = \begin{cases} \dfrac{1}{2k}\left[\dfrac{\mathrm{d}p_2}{\mathrm{d}r}(z^2 - h^2) - 2\tau_0(z + h)\right], & -h \leqslant z < z_1 \\[3mm] \dfrac{1}{2\eta}\dfrac{\mathrm{d}p_2}{\mathrm{d}r}(z^2 - z_1^2) + \dfrac{1}{2k}\left[\dfrac{\mathrm{d}p_2}{\mathrm{d}r}(z_1^2 - h^2) - 2\tau_0(z_1 + h)\right], & z_1 \leqslant z \leqslant 0 \end{cases} \tag{11.25}$$

将式(11.21)及式(11.25)代入质量守恒方程(11.3)可得

$$\frac{-2h^3}{3k}\frac{\mathrm{d}p_2}{\mathrm{d}r} + \frac{\tau_0\tau_1^2}{3k}\left(\frac{\mathrm{d}p_2}{\mathrm{d}r}\right)^{-2} - \frac{\tau_0 h^2}{k} = rV_0 \tag{11.26}$$

式(11.26)可整理为

$$r = \frac{1}{kV_0} \left[\frac{-2h^3}{3} \frac{\mathrm{d}p_2}{\mathrm{d}r} + \frac{\tau_0 \tau_1^2}{3} \left(\frac{\mathrm{d}p_2}{\mathrm{d}r} \right)^{-2} - \tau_0 h^2 \right] \tag{11.27}$$

当 $L \gg h$ 且 r 取值较大时，可忽略式（11.27）中高阶项，有

$$r = \frac{1}{kV_0} \left[\frac{-2h^3}{3} \frac{\mathrm{d}p_2}{\mathrm{d}r} - \tau_0 h^2 \right] \tag{11.28}$$

由式（11.28）可得双黏度区压力梯度关于 r 的线性表达式为

$$\frac{\mathrm{d}p_2}{\mathrm{d}r} = \frac{-3kV_0}{2h^3} r - \frac{3\tau_0}{2h} \tag{11.29}$$

假设伺服阀环境压力为大气压，则磁流体挤压流场出口处相对压力为 0，故有

$$p_2(L) + \tau_{rr} \Big|_{\substack{r=L \\ z=0}} = 0 \tag{11.30}$$

当 $r = L$、$z = 0$ 时，磁流体处于未屈服区，由式（11.24）和式（11.29）可求 r 方向正应变率为

$$\dot{\varepsilon}_{rr} = \frac{\partial u_r}{\partial r} \Big|_{\substack{r=L \\ z=0}} = \frac{3V_0}{4h} - \frac{3V_0 \tau_0 \tau_1}{4h^3} \left(\frac{3kV_0 L}{2h^3} + \frac{3\tau_0}{2h} \right)^{-2} \tag{11.31}$$

则流场边缘处 r 方向正应力为

$$\tau_{rr} \Big|_{\substack{r=L \\ z=0}} = -2\eta \left| \dot{\varepsilon}_{rr} \right| = -2\eta \left| \frac{3V_0}{4h} - \frac{3V_0 \tau_0 \tau_1}{4h^3} \left(\frac{3kV_0 L}{2h^3} + \frac{3\tau_0}{2h} \right)^{-2} \right| \tag{11.32}$$

式（11.29）两边分别对变量 r 积分，并结合式（11.30）、式（11.32）确定积分常数，从而可得双黏度区挤压流场压强为

$$p_2(r) = -\frac{3kV_0}{4h^3}(r^2 - L^2) - \frac{3\tau_0}{2h}(r - L) - \tau_{rr} \tag{11.33}$$

根据流场压强连续性有 $p_1(R_0) = p_2(R_0)$，由此可确定式（11.17）中积分常数，从而可得牛顿区挤压流场压强为

$$p_1(r) = \frac{3\eta V_0 (R_0^2 - r^2)}{4h^3} - \frac{3kV_0}{4h^3}(R_0^2 - L^2) - \frac{3\tau_0}{2h}(R_0 - L) - \tau_{rr} \tag{11.34}$$

当 $z < 0$ 时，由式（11.1）、式（11.23）及式（11.15）可得 z 方向正应变率为

$$\dot{\varepsilon}_{zz} = \frac{\mathrm{d}u_z}{\mathrm{d}z} = \begin{cases} \dfrac{3V_0}{2h}\left(\dfrac{z^2}{h^2} - 1\right), & 0 \leqslant r < R_0 \\[3mm] \dfrac{3\tau_0}{4khr}(z^2 - h^2) + \dfrac{\tau_0(z+h)}{kr}, & R_0 \leqslant r \leqslant L \end{cases} \tag{11.35}$$

故无滑移边界条件下，$z = -h$ 处正应变率 $\dot{\varepsilon}_{zz}$ 和正应力 τ_{zz} 均为 0。

因此，牛顿区磁流体对衔铁的阻尼力可写为

$$F_1 = \int_0^{R_0} 2\pi r p_1(r) \mathrm{d}r \tag{11.36}$$

在双黏度区，磁流体对衔铁的阻尼力为

$$F_2 = \int_{R_0}^{L} 2\pi r p_2(r) \mathrm{d}r \tag{11.37}$$

综上，挤压流场对衔铁的总作用力为

$$F = F_1 + F_2$$
$$= \frac{3\pi V_0 R_0^4 (\eta - k)}{8h^3} + \frac{3\pi k V_0 L^4}{8h^3} + \frac{\pi \tau_0}{2h}(L^3 - R_0^3) + \frac{3\pi k V_0 L^2 R_0^2}{2h^3} +$$
$$2\pi \eta L^2 \left| \frac{3V_0}{4h} - \frac{3V_0 \tau_0 \tau_1}{4h^3} \left(\frac{3k V_0 L}{2h^3} + \frac{3\tau_0}{2h} \right)^{-2} \right| \tag{11.38}$$

11.1.4　磁流体的等效模型

式 (11.38) 中 τ_0、τ_1、η 和 k 等参数是表征磁流体黏磁特性的关键参数,其在不同磁感应强度、不同磁流体浓度等条件下变化显著。故欲研究磁流体阻尼效应,准确测定其黏磁特性十分必要。本书所采用酯基 Fe_3O_4 磁流体由黑龙江省化工研究院研制,本书作者的课题组曾采用美国 Brookfield 公司生产的 RVDV－Ⅱ＋Pro 型旋转黏度计详细测定了该磁流体黏磁特性,测试结果如图 11.4 所示。由图 11.4 可得磁流体动态屈服应力(剪切速率为 0 时所对应剪切应力)随磁感应强度变化关系,如图 11.5 所示。

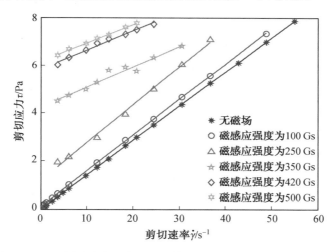

图 11.4　不同磁感应强度下磁流体剪切应力随剪切速率变化关系

由图 11.4 可知,磁感应强度不变时,磁流体剪切应力随剪切速率增加而线性增大。剪切速率一定时,磁流体剪切应力和表观黏度($\eta = \tau / \dot{\gamma}$)均随磁感应强度增加而增加,磁流体在磁场条件下表现出非牛顿流体特征。由图 11.5 可以看到,随磁感应强度增加,磁流体动态屈服应力逐渐增大并最终趋于稳定,此时磁流体处于磁化饱和状态。磁流体的饱和磁感应强度为 450 Gs 左右。

采用高斯计测试力矩马达正常工作时工作气隙内磁感应强度,其变化范围为 2 100 ~ 2 500 Gs,此时磁流体处于磁化饱和状态。由图 11.4 可得磁饱和状态下($B = 500$ Gs)磁流体黏磁特性参数见表 11.1。

衔铁位于中位时,力矩马达工作气隙高度的一半 h 为 0.375 mm、长度的一半 L 为 2.5 mm。力矩马达工作时,衔铁末端 z 向最大位移和速度分别为 76.9 μm 和 0.54 m/s,故仿真时分别取挤压位移 Z 和挤压速度 V_0 的变化范围为 $0 \leqslant Z \leqslant 40$ μm、0.05 m/s $\leqslant V_0 \leqslant 0.3$ m/s。将以上参数代入式 (11.38) 可求解磁流体阻尼力随挤压速度和挤压位移

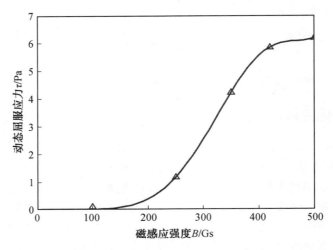

图 11.5　磁流体动态屈服应力随磁感应强度变化关系

的变化规律如图 11.6 所示。

表 11.1　磁化饱和状态下磁流体黏磁特性参数

参数	值
动态屈服应力 τ_0/Pa	6.168
屈服应力 τ/Pa	6.23
屈服区黏度 k/(Pa·s)	0.077 6
未屈服区黏度 η/(Pa·s)	7.76

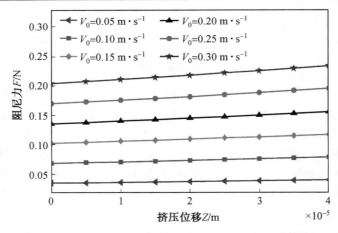

图 11.6　不同挤压速度下磁流体阻尼力随挤压位移变化关系

由图 11.6 可以看出,在一定范围内磁流体阻尼力随衔铁挤压位移和挤压速度近似呈线性变化,故可将磁流体的作用等效为线性弹簧阻尼器。于是,阻尼力数学表达式可简化为

$$F = K_c z + B_c v \tag{11.39}$$

式中　　K_c——磁流体等效弹簧刚度，$N \cdot m^{-1}$；

　　　　B_c——磁流体等效阻尼系数，$(N \cdot s)/m$；

　　　　z——衔铁实际挤压位移，m，$z=2Z$；

　　　　v——衔铁实际挤压速度，m/s，$v=2V_0$。

由图 11.6 所示计算结果经曲线拟合可知，当衔铁挤压位移和挤压速度均在较小范围内变动时，K_c 和 B_c 的平均值分别为 218 $N \cdot m^{-1}$ 和 0.34 $N \cdot s/m$。

11.2　添加磁流体的衔铁组件振动特性仿真

衔铁位于中位时，其上下两侧磁流体处于初始状态对衔铁无作用力。衔铁偏离中位时，一侧工作间隙减小，衔铁承受挤压阻尼力；另一侧工作间隙增加，衔铁受到拉伸阻尼力。与挤压阻尼力相比，磁流体拉伸阻尼力可忽略不计。以弹簧单元 COMBIN40 模拟衔铁两端弹簧阻尼器，添加磁流体的衔铁组件有限元模型如图 11.7 所示。

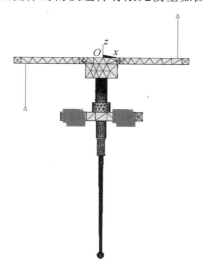

图 11.7　添加磁流体的衔铁组件有限元模型

11.2.1　模态分析

添加磁流体的力矩马达衔铁组件振动特性分析时需综合考虑磁弹簧与磁流体等效弹簧的影响，此时衔铁一端总的线弹簧刚度为 $K=K_s+K_c=-3\,982\ N \cdot m^{-1}$。采用 Block Lanczos 法对添加磁流体的衔铁组件进行模态分析，固有频率计算结果见表 11.2，工作平面内振型如图 11.8 所示。

表 11.2　磁流体等效弹簧刚度对固有频率的影响

$K_c/(N \cdot m^{-1})$	1	2	3	4	5	6	7	8	9
0	516.7	729.6	783.7	1 103.7	1 288.1	2 648.9	2 858	3 758.4	3 796.5
218	521.8	729.6	783.7	1 104.1	1 288.1	2 649.1	2 858	3 760.2	3 796.6

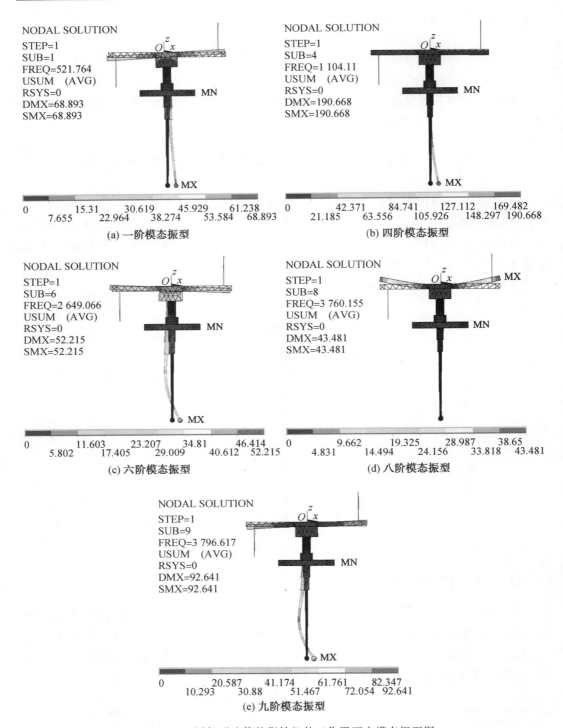

图 11.8　添加磁流体的衔铁组件工作平面内模态振型图

由表 11.2 所示添加磁流体前后衔铁组件在 0 ~ 4 500 Hz 内固有频率计算结果可知，磁流体等效弹簧刚度主要影响衔铁组件工作平面内固有频率。其中，第一阶固有频率增加 5.1 Hz,第四、六、八、九阶固有频率增幅小于 2 Hz,非工作平面内固有频率未受影响。对比图 7.7 和图 11.8 可以看到,添加磁流体前后衔铁组件振型图未发生变化。以上分析显示磁流体所引入等效弹簧刚度对衔铁组件模态特性影响微弱。

11.2.2　谐响应分析

为研究挤压模式下磁流体对衔铁组件的阻尼效应,采用模态叠加法分析添加磁流体后衔铁组件的谐响应特性。添加磁流体的衔铁组件共包含两种阻尼:结构阻尼及单元阻尼。由 Block Lanczos 法模态分析基于无阻尼自由振动方程求解,弹簧单元 COMBIN40 中黏性阻尼系数将被忽略,这势必影响模态叠加所得谐响应分析结果。

QR 阻尼法是一种求解完整矩阵振动方程获取有阻尼模态参数的模态分析方法,该方法通过线性合并无阻尼系统少量数目的特征向量以近似表示前几阶复阻尼特征值,相比其他阻尼法具有更高的计算效率。QR 阻尼法所输出模态参数为复数特征值(固有频率)以及实数特征向量(模态振型)。其中特征值的虚部 ω 代表系统的稳态固有频率,实部 σ 表征系统的稳定性。如果 σ 小于 0,系统的瞬态响应将按指数规律递减,此时系统稳定;反之系统不稳定。特征值的实部与虚部之比为模态阻尼比,即 $\zeta = \dfrac{\sigma}{\omega}$。如果不存在阻尼,特征值实部将为 0。由 QR 阻尼法所得添加磁流体的衔铁组件固有频率及模态阻尼比见表 11.3。

表 11.3　QR 阻尼法所得添加磁流体的衔铁组件模态参数

阶数	1	2	3	4	5	6	7	8	9
实部 σ	−25.9	0	0	−5.3	0	−5.9	0	−63.1	−17.3
虚部 ω/Hz	521.3	729.6	783.7	1 103.8	1 288.1	2 649	2 858	3 757.9	3 796.1
阻尼比 ζ/%	4.97	0	0	0.48	0	0.22	0	1.68	0.46

由表 11.3 可以看到,磁流体等效阻尼系数仅影响衔铁组件工作平面内模态参数。与无阻尼固有频率相比,第八阶固有频率降幅为 2.3 Hz,其余阶次固有频率降幅小于 1 Hz,可见磁流体等效阻尼系数对衔铁组件固有频率影响较弱。在模态实验中,当结构阻尼比较小时,完全可以用有阻尼固有频率近似代替无阻尼固有频率。QR 阻尼法可实现单元阻尼至模态阻尼的转化,表 11.3 所列等效模态阻尼比直观地显示了磁流体对各阶模态的阻尼效应。其中,第一、八阶阻尼效应最为显著,其等效模态阻尼比分别为 4.97% 和 1.68%。第四、九、六阶模态阻尼效应依次降低,其等效模态阻尼比分别为 0.48%、0.46% 和 0.22%。磁流体对非工作平面内模态无阻尼效应,其等效模态阻尼比为 0。

衔铁组件结构阻尼采用第 8 章测试所得模态阻尼比,此时总模态阻尼比为单元阻尼与结构阻尼的线性叠加。当电磁力在 $0 \sim 4\,500$ Hz 内谐变时,由模态叠加法计算三关键点在 x、z 方向的稳态响应,结果如图 11.9 所示。衔铁组件未添加磁流体时,仅考虑结构阻尼的影响。由模态叠加法计算三关键点在 x、z 方向的稳态响应,结果如图 11.10 所示。

对比图 11.9 和图 11.10 可知,无论添加磁流体与否,衔铁组件谐响应曲线均出现 4 处谐振峰,分别对应第一、四、六、九阶固有频率。这是由于磁流体的添加并未影响衔铁组件

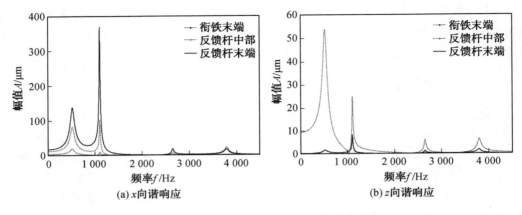

(a) x 向谐响应　　　　　　　　　　　(b) z 向谐响应

图 11.9　　添加磁流体时三关键点处谐响应

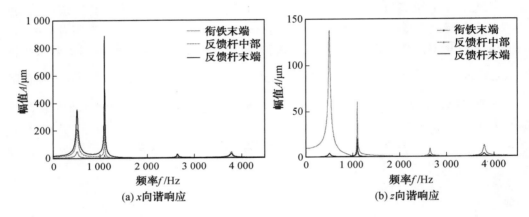

(a) x 向谐响应　　　　　　　　　　　(b) z 向谐响应

图 11.10　　未添加磁流体时三关键点处谐响应

振型,第一、四、六、九阶模态分别表现为 xOz 平面内的转动和二阶、三阶弯曲振动,关键点在 x、z 向振动显著。磁流体的添加使得各阶谐振峰值明显降低,下面以反馈杆末端 x 向以及衔铁末端 z 向谐响应为例,说明磁流体对各阶模态的阻尼效应。

　　添加磁流体前后反馈杆 x 向谐响应对比如图 11.11 所示,各阶谐振峰值对比在表 11.4 中列出。可以看到,磁流体的添加可有效抑制反馈杆 x 向谐振能量。其中,第一、四

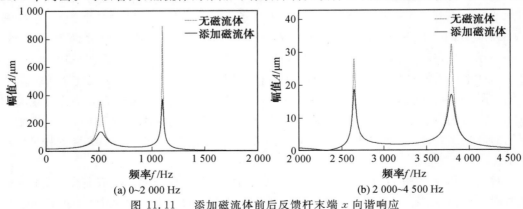

(a) 0~2 000 Hz　　　　　　　　　　　(b) 2 000~4 500 Hz

图 11.11　　添加磁流体前后反馈杆末端 x 向谐响应

阶谐振峰值下降最为显著,降幅分别为 60.8% 和 58.4%。其次为第九和第六阶谐振,降幅分别为 47.2% 和 33%。这与表 11.3 所示磁流体对各阶模态的阻尼效应分布趋势一致。

表 11.4　添加磁流体前后反馈杆末端谐振峰值对比

阶数	无磁流体		添加磁流体		降幅 /%
	谐振峰 /μm	阻尼比 /%	谐振峰 /μm	阻尼比 /%	
1	351.9	3.29	138.1	8.26	60.8
4	886.3	0.34	369	0.82	58.4
6	27.92	0.45	18.71	0.67	33
9	32.36	0.51	17.09	0.97	47.2

添加磁流体前后衔铁 z 向谐响应对比如图 11.12 所示,各阶谐振峰值对比在表 11.5 中列出。可以看到,磁流体的添加亦使得衔铁末端 z 向谐振得到了有效抑制。第一、四、九、六阶谐振抑制程度依次降低,降幅分别为 61%、58.3%、49.2% 和 33%,与反馈杆末端 x 向谐振降幅相近。可见,添加磁流体后衔铁组件不同关键点处谐振抑制程度基本一致。

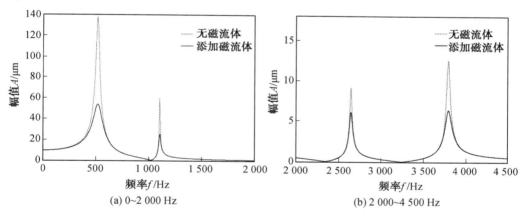

(a) 0~2 000 Hz　　　　　　　　　　　(b) 2 000~4 500 Hz

图 11.12　添加磁流体前后衔铁末端 z 向谐响应

表 11.5　添加磁流体前后衔铁末端谐振峰值对比

阶数	无磁流体		添加磁流体		降幅 /%
	谐振峰 /μm	阻尼比 /%	谐振峰 /μm	阻尼比 /%	
1	137.6	3.29	53.7	8.26	61
4	59.7	0.34	24.9	0.82	58.3
6	9.1	0.45	6.1	0.67	33
9	12.6	0.51	6.4	0.97	49.2

11.3　添加磁流体的衔铁组件振动特性实验

本节将对添加磁流体的力矩马达衔铁组件进行振动特性实验,由静态特性测试研究磁流体对力矩马达输出力矩的影响,通过模态实验获取衔铁组件关键点处的谐响应和自由衰减响应,并辨识得到衔铁组件工作平面内的谐振频率、谐振峰值以及模态阻尼比。通过对比添加磁流体前后衔铁组件的振动特性验证并分析磁流体的抑振机理。

11.3.1　实验原理

添加磁流体的衔铁组件振动特性测试原理图如图 11.13 所示。磁流体由注射器注入力矩马达工作间隙中,添加磁流体前后的力矩马达如图 11.14 所示。

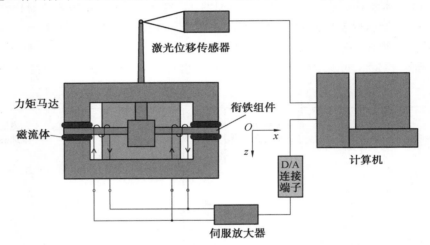

图 11.13　添加磁流体的衔铁组件振动特性测试原理图

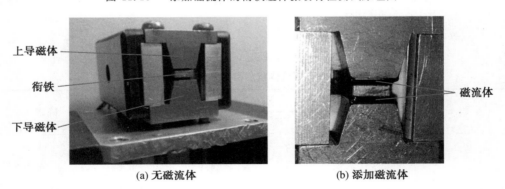

(a) 无磁流体　　　　　　　　　(b) 添加磁流体

图 11.14　添加磁流体前后的力矩马达

衔铁组件的静态特性测试原理为:由计算机产生顺序变化的阶跃信号,经伺服放大器放大后转换为电流信号,输入线圈产生阶跃变化的电磁力,衔铁组件在电磁力矩和弹簧管反力矩作用下转至不同的平衡位置。以初始位移作为零位,由激光位移传感器记录不同平衡位置下衔铁组件关键点处 x 向位移,即可获取力矩马达输出力矩随输入电流的变化关系。模态实验主要包括电磁激励下逐点扫频式谐响应测试和谐振自由衰减响应测试,实验原理与第 8 章所述相同。由 11.2.2 节仿真结果可知,磁流体对衔铁组件不同关键点处谐振抑制程度基本一致,同时考虑添加磁流体后衔铁末端 z 向位移难以测试,本实验主要以反馈杆末端 x 向位移研究衔铁组件的振动特性。

11.3.2　静态特性实验

由计算机产生阶跃信号,使伺服放大器输出电流以 2 mA 为间隔按以下顺序改变: 0 mA—10 mA—0 mA—10 mA—0 mA,实验测得添加磁流体前后反馈杆末端 x 向位移随输入电流变化关系如图 11.15 所示。

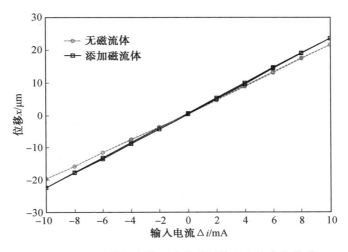

图 11.15　反馈杆末端 x 向位移随输入电流变化关系

由图 11.15 可知,无论添加磁流体与否,力矩马达静态特性曲线均具有较小的滞环和良好的线性度。由于力矩马达输出力矩与衔铁组件转角成正比,可知随输入电流增加,力矩马达输出力矩亦不断增大。当输入电流相同时,添加磁流体后力矩马达输出力矩较未添加磁流体时有所增加。这是由于空气磁导率小于磁流体,添加磁流体后漏磁减小、磁路效率升高,从而使得力矩马达输出力矩和输出位移增加。

11.3.3　模态实验

1. 谐响应测试

实验中由计算机产生幅值恒定、频率在 0 ～ 4 500 Hz 内逐步变化的一系列正弦信号,分别激励衔铁组件振动并记录其稳态响应。采用基于傅里叶级数的拟合方法获取整频段的稳态振幅,绘制添加磁流体后衔铁组件 x 向谐响应曲线,并与未添加磁流体时谐响应对比,如图 11.16 所示。

由图 11.16 可以看到,无论添加磁流体与否,在 0 ～ 4 500 Hz 内衔铁组件谐响应曲线均出现 4 处谐振峰,分别对应仿真结果中第一、四、六、九阶固有频率,谐振能量主要集中在 0 ～

2 000 Hz,力矩马达工作间隙中添加磁流体后谐振峰值比未添加磁流体时明显降低,这与仿真结果相吻合。添加磁流体前后,衔铁组件固有频率和谐振峰值对比见表11.6。

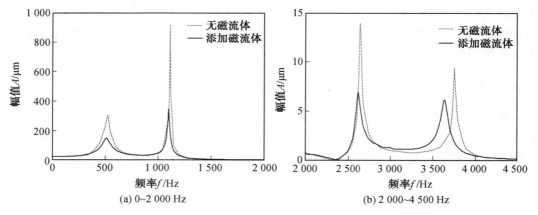

图 11.16　　添加磁流体前后反馈杆末端 x 向谐响应

表 11.6　　添加磁流体前后衔铁组件固有频率及谐振峰值对比

阶数	无磁流体		添加磁流体		降幅 /%	
	频率 /Hz	峰值 /μm	频率 /Hz	峰值 /μm	频率	峰值
1	523	301.9	512	147.6	2.1	51.1
4	1 114	916.5	1 101	341	1.17	62.8
6	2 646	13.9	2 623	6.9	0.87	50.4
9	3 752	9.3	3 646	6.1	2.83	34.4

从表 11.6 可以看出,磁流体的添加有效抑制了衔铁组件 x 向谐振能量,反馈杆末端 x 向谐曲线中 4 处谐振峰值降幅分别为 51.1%、62.8%、50.4%、34.4%。同时可以看到,添加磁流体后衔铁组件各阶固有频率亦出现一定程度的降低,4 处谐振频率降幅分别为 2.1%、1.17%、0.87%、2.83%。这是由于添加磁流体后衔铁组件阻尼及质量均有所增加所致,结合仿真结果可知衔铁组件质量增加应为固有频率降低的主要原因。

在电磁力简谐激励下添加磁流体后反馈杆末端 x 向谐响应仿真与实验结果对比见表 11.7。由表 11.7 可知,仿真所得添加磁流体后衔铁组件固有频率普遍大于实验值,且仿真结果未出现添加磁流体后衔铁组件固有频率降低的现象,这主要是由于仿真时未考虑磁流体所引入附加质量所致。添加磁流体后仿真与实验所得谐振峰值均下降明显。第一、四阶谐振峰值吻合较好,最大偏差为 7.6%。第六、九阶谐振峰值偏差均大于 60%,除去磁流体等效模型误差,应为高频谐振峰测量误差所致。

表 11.7　　仿真与实验所得固有频率和谐振峰值对比

阶数	仿真		实验		偏差 /%	
	频率 /Hz	峰值 /μm	频率 /Hz	峰值 /μm	频率	峰值
1	521.8	138.1	512	147.6	1.91	6.9
4	1 104.1	369	1 101	341	0.28	7.6
6	2 649.1	18.71	2 623	6.9	1	63.12
9	3 796.6	17.09	3 646	6.1	4.13	64.3

2. 谐振自由衰减响应测试

为研究磁流体的阻尼效应并验证磁流体等效模型的有效性,利用基于谐振自由衰减响应的阻尼比辨识方法,获取添加磁流体后力矩马达衔铁组件的模态阻尼比。实验中分别采用谐振频率下的电磁激励衔铁组件振动,待衔铁组件达到稳定谐振后停止电磁激励,由激光位移传感器记录激励停止前后 10 秒内反馈杆末端动态响应。

分别采用图 8.6 所示流程辨识衔铁组件工作平面内各阶模态阻尼比,辨识结果见表 11.8。由辨识所得衰减系数绘制指数拟合曲线,与谐振自由衰减响应对比,结果如图 11.17 所示。

表 11.8　阻尼比辨识结果

阶数	1	4	6	9
阻尼比 /%	9.1	0.84	0.96	1.1

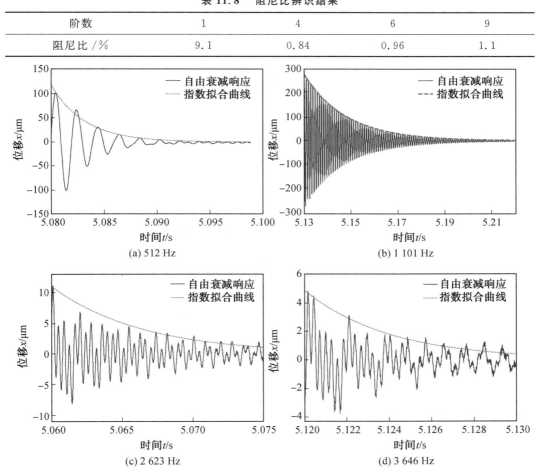

图 11.17　辨识所得指数衰减曲线与谐振自由衰减响应的对比

由图 11.17 可以看到,添加磁流体后的自由响应信号衰减更为迅速,辨识所得指数衰减曲线与系统峰值衰减趋势吻合良好。由第六、九阶高阶模态自由衰减响应可以看到,由于高频响应衰减迅速,随时间推移信号中低频成分逐渐占据主导作用,这在一定程度上影响了高阶模态阻尼比的辨识精度。为减小辨识误差,本书主要采用衰减响应起始段谐振频率占主导作用信号域进行阻尼比辨识。由表 11.8 和表 8.6 中测试所得添加磁流体前后衔铁组件各阶模态阻尼比相减可得磁流体等效模态阻尼比分别为 5.81%、0.5%、0.51% 和 0.59%，所得结果略高于磁流体等效模型计算结果，这是由于计算中未计及磁流体剪切阻尼及拉伸阻尼所致。

11.3.4 修正模型仿真结果与实验结果比较

由上述分析可知，仿真与实验所得添加磁流体的衔铁组件模态参数有一定差异，这主要是仿真模型未考虑磁流体质量、磁流体磁化特性对磁路效率的影响以及磁流体等效阻尼比误差引起。本节将对相关仿真参数予以修正，以得到更为精确的仿真模型。

经精密电子秤称量，添加磁流体后衔铁组件质量增加约 0.2 g，则单个工作气隙内磁流体质量约为 0.05 g。考虑磁流体与上下导磁体的黏附特性，设置衔铁单端磁弹簧的质量为 0.05 g。由于空气磁导率小于磁流体，添加磁流体后磁路效率升高，相关磁路参数将发生改变。假设磁流体相对空气的磁导率为 μ_r，添加磁流体后力矩马达力矩常数 K'_t 及磁弹簧刚度 K'_m 将变为

$$\begin{cases} K'_t = \mu_r K_t \\ K'_m = \mu_r K_m \end{cases} \tag{11.40}$$

由式（10.4）和式（10.8）可得电磁力矩作用下反馈杆末端位移为

$$x_e = l_e \left[\frac{l_{s1}}{E_s I_{AB}} (K'_t \Delta i + K'_m \theta - 2K_c a^2 \theta) - c_1 + \theta_3 \right] + c_4 \tag{11.41}$$

式中　l_e——反馈杆末端小球中心至 A—A' 截面的 z 向距离。

由添加磁流体的衔铁组件静态特性实验结果，求解式（11.40）和式（11.41）可得 $\mu_r = 1.076$，则 $K'_t = 0.31$ N·m/A、$K'_m = 2.536$ N·m/rad^{-1}。当控制电流幅值为 0.01 A 时，由公式 $F = \dfrac{K'_t \Delta i}{2a}$ 计算可知衔铁一端电磁力大小为 0.093 N。考虑磁弹簧与磁流体等效弹簧刚度的综合作用，由公式 $K = K_c - \dfrac{K'_m}{2a^2}$ 计算可得衔铁一端总的弹簧刚度为 $-4\,301$ N·m^{-1}。采用表 11.8 所示阻尼比辨识结果，基于修正后的仿真模型，由模态叠加法谐响应分析可得反馈杆末端 x 向谐响应曲线，与实验结果对比如图 11.18 所示。仿真与实验所得固有频率和谐振峰值对比见表 11.9。

表 11.9　仿真与实验所得固有频率和谐振峰值对比

阶数	仿真		实验		偏差 /%	
	频率 /Hz	峰值 /μm	频率 /Hz	峰值 /μm	频率	峰值
1	502.3	137.2	512	147.6	1.93	7.6
4	1 098.3	372.2	1 101	341	0.25	8.4
6	2 634.9	13.24	2 623	6.9	0.45	47.9
9	3 740.7	15.5	3 646	6.1	2.53	60.6

由图 11.18 和表 11.9 可知，修正后仿真结果与实验数据基本吻合。其中固有频率偏差低于 3%，磁流体质量的引入使得添加磁流体后衔铁组件固有频率出现一定程度降低。添加磁流体后仿真与实验所得谐振峰值均下降显著，然而实验与仿真所得高阶谐振

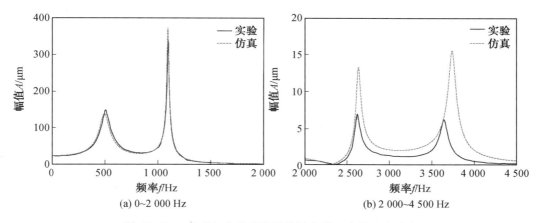

(a) 0~2 000 Hz　　　　　　　　　(b) 2 000~4 500 Hz

图 11.18　仿真与实验所得反馈杆末端 x 向谐响应对比

峰值偏差依然较大。这是由于高频谐振能量较弱且衰减迅速,导致高频参量测量误差增加所致。

11.4　本　章　小　结

为抑制衔铁组件的自激振动,本章提出了在力矩马达工作间隙添加磁流体的抑振措施,同时对磁流体的抑振效果和抑振机理进行了理论和实验研究。基于双黏度模型对挤压模式下磁流体的流动特性进行理论研究,推导了挤压流场的压力、速度分布数学模型以及磁流体阻尼力的解析表达式。基于磁化饱和状态下磁流体的黏磁特性,分析了磁流体阻尼力随挤压速度和挤压位移的变化规律,并由此得出磁流体的等效物理模型,给出了磁流体的等效弹簧刚度和等效黏度系数。

以弹簧单元 COMBIN40 模拟磁流体的弹簧阻尼效应,采用有限元法分析了添加磁流体后衔铁组件的振动特性,仿真结果显示磁流体主要影响衔铁组件工作平面内的模态特性。其等效弹簧刚度使固有频率值略有升高,但影响微弱。等效阻尼系数使各阶谐振峰值显著降低,由 QR 阻尼法实现了等效黏度系数至模态阻尼比的转化,量化分析了磁流体对各阶模态的阻尼效应。

采用电磁激励法对添加磁流体的衔铁组件进行了振动特性实验。由静态特性实验获取磁流体对力矩马达输出力矩的影响,通过模态实验辨识得到添加磁流体后衔铁组件工作平面内的模态参数。实验结果表明,磁流体的磁化特性使磁路效率升高、力矩马达输出力矩增大。磁流体的添加大大降低了衔铁组件的谐振峰值,提高了力矩马达的稳定性。磁流体质量的引入使衔铁组件固有频率出现一定程度降低。由于仿真模型未考虑磁流体磁化特性、磁流体质量以及磁流体剪切和拉伸阻尼的影响,仿真结果与实验数据有一定偏差。由实验结果对相关仿真参数予以修正,除去高阶谐振峰值偏差,修正后仿真结果与实验数据基本吻合。

参 考 文 献

［1］ ABDALLAH H K，PENG J H，LI S J. Analysis of pressure oscillation and structural parameters on the performance of deflector jet servo valve［J］. Alexandria Engineering Journal，2023，63：675-692.

［2］ ZHANG L，LUO J，YUAN R B，et al. The CFD analysis of twin flapper-nozzle valve in pure water hydraulic［J］. Procedia Engineering，2012，31：220-227.

［3］ LI B R，GAO L L，YANG G. Evaluation and compensation of steady gas flow force on the high-pressure electro-pneumatic servo valve direct-driven by voice coil motor［J］. Energy Conversion and Management，2013，67：92-102.

［4］ DASGUPTA K，MURRENHOFF H. Modelling and dynamics of a servo-valve controlled hydraulic motor by bondgraph［J］. Mechanism and Machine Theory，2011，46(7)：1016-1035.

［5］ URATA E，SUZUKI K. Stiffness of the elastic system in a servo-valve torque motor［J］. Proceedings of the Institution of Mechanical Engineers，Part C：Journal of Mechanical Engineering Science，2011，225(8)：1963-1972.

［6］ PENG Z F，SUN C G，YUAN R B，et al. The CFD analysis of main valve flow field and structural optimization for double-nozzle flapper servo valve［J］. Procedia Engineering，2012，31：115-121.

［7］ PAN X D，WANG G L，LU Z S. Flow field simulation and a flow model of servo-valve spool valve orifice［J］. Energy Conversion and Management，2011，52(10)：3249-3256.

［8］ MU D J，LI C C. A new mathematical model of twin flapper-nozzle servo valve based on input-output linearization approach［C］//2011 2nd International Conference on Artificial Intelligence，Management Science and Electronic Commerce (AIMSEC). DengFeng，China. IEEE，2011：3662-3666.

［9］ JACOB，MCHENYA M，ZHANG S Z，et al. A study of flow-field distribution between the flapper and nozzle in a hydraulic servo-valve［C］//Proceedings of 2011 International Conference on Fluid Power and Mechatronics. Beijing，China. IEEE，2011：658-662.

［10］ 袁建光，郑继贵，肖林，等. 电液伺服阀自激现象分析［J］. 质量与可靠性，2013(3)：12-14.

［11］ 母东杰. 双喷嘴挡板伺服阀流固耦合特性分析及振动抑制［D］. 北京：北京交通大学，2015.

［12］ ECKER H，TONDL A. On the suppression of flow-generated self-excited vibrations of a valve[C]//VibrationProblemsICOVP2011. Dordrecht: Springer, 2011: 793-799.

[13] YONEZAWA K, OGAWA R, OGI K, et al. Flow-induced vibration of a steam control valve[J]. Journal of Fluids and Structures, 2012, 35: 76-88.

[14] PORTER M A, MARTENS D, HARRYLAL R, et al. Valve-induced piping vibration [C]//Proceedings of ASME 2011 Pressure Vessels and Piping Conference, July17-21, 2011, Baltimore, Maryland, USA. 2012: 899-904.

[15] GLAUN A. Avoiding flow-induced sympathetic vibration in control valves[J]. Power, 2012(2): 80-83.

[16] WATANABE M, NISHINO K, KITAJIMA Y, et al. Flow-induced vibration of a control valve in a cavitating flow[C]//Proceedings of ASME 2009 Pressure Vessels and Piping Conference, July 26-30, 2009, Prague, Czech Republic. 2010: 239-246.

[17] 陈元章. 基于CFD的电液伺服阀衔铁组件啸叫研究[J]. 液压气动与密封, 2012, 32(9): 9-12.

[18] 陆向辉, 赵建华, 高殿荣. 双喷嘴挡板力反馈伺服阀的阀芯振荡分析[J]. 应用力学学报, 2014, 31(3): 452-456.

[19] 刘宝刚. 关于液压伺服控制系统的振荡解析[J]. 数字技术与应用, 2013(3): 13.

[20] XIE Y D, WANG Y, LIU Y J, et al. Unsteady analyses of a control valve due to fluid-structure coupling[J]. Mathematical Problems in Engineering, 2013: 1-7.

[21] TU S, LI M H, WANG C, et al. Investigation of flow-induced vibration in sleeve preopening control valve[J]. Journal of Enhanced Heat Transfer, 2012, 19(6): 571-575.

[22] TU S, LI M H, WANG C, et al. Study on characteristics of flow-induced vibration in pre-opening sleeve valve[J]. Advanced Materials Research, 2012, 562-564: 1182-1185.

[23] TU S, WANG C, TANG Y L, et al. Experimental study on the flow and vibration characteristics of dual spool sleeve valve[J]. Applied Mechanics and Materials, 2013, 347-350: 529-534.

[24] MEHRZAD S, JAVANSHIR I, RANJI A R, et al. Modeling of fluid-induced vibrations and identification of hydrodynamic forces on flow control valves[J]. Journal of Central South University, 2015, 22(7): 2596-2603.

[25] GALBALLY D, GARCÍA G, HERNANDO J, et al. Analysis of pressure oscillations and safety relief valve vibrations in the main steam system of a Boiling Water Reactor[J]. Nuclear Engineering and Design, 2015, 293: 258-271.

[26] STOSIAK M. Ways of reducing the impact of mechanical vibrations on hydraulic valves[J]. Archives of Civil and Mechanical Engineering, 2015, 15(2): 392-400.

[27] CHERN M J, HSU P H, CHENG Y J, et al. Numerical study on cavitation

occurrence in globe valve[J]. Journal of Energy Engineering, 2013, 139(1): 25-34.

[28] BERNADS I, SUSAN-RESIGA R. Numerical model for cavitational flow in hydraulic poppet valves[J]. Modelling and Simulation in Engineering, 2012, 2012: 10.

[29] 李志杰. 自传感驱动水压射流管伺服阀研究[D]. 北京：北京工业大学，2013.

[30] LIU J M, ZHANG T, ZHANG Y O. Numerical study on flow-induced noise for a steam stop-valve using large eddy simulation[J]. Journal of Marine Science and Application, 2013, 12(3): 351-360.

[31] MCHENYA J M, ZHANG S Z, LI S J. Visualization of flow-field between the flapper and nozzle in a hydraulic servo-valve[J]. Advanced Materials Research, 2011, 402: 407-411.

[32] LI S J, JACOB, MCHENYA M, et al. Study of jet flow with vortex and pressure oscillations between the flapper-nozzle in a hydraulic servo-valve[C]//World Automation Congress. Puerto Vallarta, Mexico. IEEE, 2012: 1-4.

[33] LI S J, PENG J H, ZHANG S Z, et al. Depression of self-excited pressure oscillations and noise in the pilot stage of a hydraulic jet-pipe servo-valve using magnetic fluids[J]. Advanced Materials Research, 2011, 378/379: 632-635.

[34] LI S J, AUNG N Z, ZHANG S Z, et al. Experimental and numerical investigation of cavitation phenomenon in flapper-nozzle pilot stage of an electrohydraulic servo-valve[J]. Computers & Fluids, 2013, 88: 590-598.

[35] AUNG N Z, LI S J. A numerical study of cavitation phenomenon in a flapper-nozzle pilot stage of an electrohydraulic servo-valve with an innovative flapper shape[J]. Energy Conversion and Management, 2014, 77: 31-39.

[36] AUNG N Z, YANG Q J, CHEN M, et al. CFD analysis of flow forces and energy loss characteristics in a flapper-nozzle pilot valve with different null clearances[J]. Energy Conversion and Management, 2014, 83: 284-295.

[37] YANG Q J, AUNG N Z, LI S J. Confirmation on the effectiveness of rectangle-shaped flapper in reducing cavitation in flapper-nozzle pilot valve[J]. Energy Conversion and Management, 2015, 98: 184-198.

[38] ZHANG S Z, AUNG N Z, LI S J. Reduction of undesired lateral forces acting on the flapper of a flapper-nozzle pilot valve by using an innovative flapper shape[J]. Energy Conversion and Management, 2015, 106: 835-848.

[39] ZHANG S Z, LI S J. Cavity shedding dynamics in a flapper-nozzle pilot stage of an electro-hydraulic servo-valve: experiments and numerical study[J]. Energy Conversion and Management, 2015, 100: 370-379.

[40] COUTIER-DELGOSHA O, FORTES-PATELLA R, REBOUD J L, et al. Experimental and numerical studies in a centrifugal pump with two-dimensional curved

blades in cavitating condition[J]. Journal of Fluids Engineering, 2003, 125(6): 970-978.

[41] AMROMIN E L. Design approach for cavitation tolerant hydrofoils and blades[J]. Journal of Fluids and Structures, 2014, 45: 96-106.

[42] GOHIL P, SAINI R. Numerical study of cavitation in francis turbine of a small hydro power plant[J]. Journal of Applied Fluid Mechanics, 2016, 9(1): 357-365.

[43] GAO H, FU X, YANG H, et al. Numerical and experimental investigation of cavitating flow within hydraulic poppet valve[J]. Chinese Journal of Mechanical Engineering, 2002, 38(8): 27-30.

[44] NIE S L, HUANG G H, LI Y P, et al. Research on low cavitation in water hydraulic two-stage throttle poppet valve[J]. Proceedings of the Institution of Mechanical Engineers, Part E: Journal of Process Mechanical Engineering, 2006, 220(3): 167-179.

[45] AMIRANTE R, DISTASO E, TAMBURRANO P. Experimental and numerical analysis of cavitation in hydraulic proportional directional valves [J]. Energy Conversion and Management, 2014, 87: 208-219.

[46] QIAN J Y, LIU B Z, JIN Z J, et al. Numerical analysis of flow and cavitation characteristics in a pilot-control globe valve with different valve core displacements [J]. Journal of Zhejiang University: Science A, 2016, 17(1): 54-64.

[47] WANG G, OSTOJA-STARZEWSKI M. Large eddy simulation of a sheet/cloud cavitation on a NACA0015 hydrofoil[J]. Applied Mathematical Modelling, 2007, 31(3): 417-447.

[48] JI B, LUO X W, WU Y L, et al. Numerical analysis of unsteady cavitating turbulent flow and shedding horse-shoe vortex structure around a twisted hydrofoil[J]. International Journal of Multiphase Flow, 2013, 51: 33-43.

[49] GAVAISES M, VILLA F, KOUKOUVINIS P, et al. Visualisation and lessimulation of cavitation cloud formation and collapse in an axisymmetric geometry[J]. International Journal of Multiphase Flow, 2015, 68: 14-26.

[50] DITTAKAVI N, CHUNEKAR A, FRANKEL S. Large eddy simulation of turbulent-cavitation interactions in a venturi nozzle [J]. Journal of Fluids Engineering, 2010, 132(12): 121301.

[51] SHAMS E, APTE S V. Prediction of small-scale cavitation in a high speed flow over an open cavity using large-eddy simulation[J]. Journal of Fluids Engineering, 2010, 132(11): 111301.

[52] WIENKEN W, STILLER J, KELLER A. A method to predict cavitation inception using large-eddy simulation and its application to the flow past a square cylinder[J]. Journal of Fluids Engineering, 2006, 128(2): 316-325.

[53] HUANG B, ZHAO Y, WANG G Y. Large eddy simulation of turbulent vortex-

cavitation interactions in transient sheet/cloud cavitating flows[J]. Computers & Fluids, 2014, 92: 113-124.

[54] GOPALAN S, KATZ J. Flow structure and modeling issues in the closure region of attached cavitation[J]. Physics of Fluids, 2000, 12(4): 895-911.

[55] CALLENAERE M, FRANC J P, MICHEL J M, et al. The cavitation instability induced by the development of a re-entrant jet[J]. Journal of Fluid Mechanics, 2001, 444: 223-256.

[56] STANLEY C, BARBER T, ROSENGARTEN G. Re-entrant jet mechanism for periodic cavitation shedding in a cylindrical orifice[J]. International Journal of Heat and Fluid Flow, 2014, 50: 169-176.

[57] LU N X, BENSOW R E, BARK G. Large eddy simulation of cavitation development on highly skewed propellers[J]. Journal of Marine Science and Technology, 2014, 19(2): 197-214.

[58] MOIN P. Advances in large eddy simulation methodology for complex flows[J]. International Journal of Heat and Fluid Flow, 2002, 23(5): 710-720.

[59] ROOHI E, ZAHIRI A P, PASSANDIDEH-FARD M. Numerical simulation of cavitation around a two-dimensional hydrofoil using VOF method and LES turbulence model[J]. Applied Mathematical Modelling, 2013, 37(9): 6469-6488.

[60] SALVADOR F J, MARTÍNEZ-LÓPEZ J, ROMERO J V, et al. Computational study of the cavitation phenomenon and its interaction with the turbulence developed in diesel injector nozzles by large eddy simulation (LES) [J]. Mathematical and Computer Modelling, 2013, 57(7/8): 1656-1662.

[61] HU C L, WANG G Y, HUANG B, et al. The inception cavitating flows over an axisymmetric body with a blunt head-form[J]. Journal of Hydrodynamics, 2015, 27(3): 359-366.

[62] WU Q, HUANG B, WANG G Y, et al. Experimental and numerical investigation of hydroelastic response of a flexible hydrofoil in cavitating flow[J]. International Journal of Multiphase Flow, 2015, 74: 19-33.

[63] 刘双科, 王国玉, 王建飞, 等. 绕水翼超空化阶段空泡相分布的定量图像分析[J]. 中国体视学与图像分析, 2004, 9(3): 186-188.

[64] OPITZ K, SCHLÜCKER E. Detection of cavitation phenomena in reciprocating pumps using a high-speed camera[J]. Chemical Engineering & Technology, 2010, 33(10): 1610-1614.

[65] ALTURKI F A, ABOUEL-KASEM A, AHMED S M. Characteristics of cavitation erosion using image processing techniques[J]. Journal of Tribology, 2013, 135(1): 23-030.

[66] 李其弢, 何友声, 杨英强. 超空泡实验中的数字图像检测[J]. 水动力学研究与进展, 2007, 22(2): 208-214.

［67］陈伟政，张宇文，邓飞，等. 水洞实验中空泡图象的一种修正方法［J］. 水动力学研究与进展，2004,19(5)：682-686.

［68］STUTZ B, REBOUD J L. Experiments on unsteady cavitation［J］. Experiments in Fluids，1997，22(3)：191-198.

［69］DOJCINOVIC M，VOLKOV-HUSOVIC T. Cavitation damage of the medium carbon steel：implementation of image analysis［J］. Materials Letters，2008，62(6/7)：953-956.

［70］BERKOOZ G，HOLMES P，LUMLEY J L. The proper orthogonal decomposition in the analysis of turbulent flows［J］. Annual Review of Fluid Mechanics，1993，25：539-575.

［71］UTTURKAR Y，WU J Y，WANG G，et al. Recent progress in modeling of cryogenic cavitation for liquid rocket propulsion［J］. Progress in Aerospace Sciences，2005，41(7)：558-608.

［72］UTTURKAR Y，ZHANG B N，SHYY W. Reduced-order description of fluid flow with moving boundaries by proper orthogonal decomposition［J］. International Journal of Heat and Fluid Flow，2005，26(2)：276-288.

［73］DANLOS A，RAVELET F，COUTIER-DELGOSHA O，et al. Cavitation regime detection through proper orthogonal decomposition：dynamics analysis of the sheet cavity on a grooved convergent-divergent nozzle［J］. International Journal of Heat and Fluid Flow，2014，47：9-20.

［74］WANG Z，BOVIK A C，SHEIKH H R，et al. Image quality assessment：from error visibility to structural similarity［J］. IEEE Transactions on Image Processing，2004，13(4)：600-612.［PubMed］

［75］ZHAO P H，LIU Y W，LIU J X，et al. Low-complexity content-adaptive Lagrange multiplier decision for SSIM-based RD-optimized video coding［C］// 2013 IEEE International Symposium on Circuits and Systems (ISCAS). Beijing，China. IEEE，2013：485-488.

［76］CEN F，LU Q L，XU W S. SSIM basedrate-distortion optimization forintra-only coding in HEVC［C］//2014 IEEE International Conference on Consumer Electronics (ICCE). LasVegas,NV, USA. IEEE，2014：17-18.

［77］ZANFORLIN M，MUNARETTO D，ZANELLA A，et al. SSIM-Based video admission control and resource allocation algorithms［C］// Proceedings of the 2014 12th International Symposium on Modeling and Optimization in Mobile, Ad Hoc, and Wireless Networks(Wiopt). Hammamet：IEEE，2014：656-661.

［78］ZHAO P H，LIU Y W，LIU J X，et al. SSIM-based error-resilient rate-distortion optimization of H. 264/avc video coding for wireless streaming ［J］. Signal Processing-Image Communication，2014，29(3)：303-315.

［79］ZHAO T S，WANG J H，WANG Z，et al. SSIM-based coarse-grain scalable video coding[J]. IEEE Transactions on Broadcasting, 2015, 61(2): 210-221.

[80] IYER C O, CECCIO S L. The influence of developed cavitation on the flow of a turbulent shear layer[J]. Physics of Fluids, 2002, 14(10): 3414-3431.

[81] FOETH E J, VAN DOORNE C W H, VAN TERWISGA T, et al. Time resolved PIV and flow visualization of 3D sheet cavitation[J]. Experiments in Fluids, 2006, 40(4): 503-513.

[82] FOETH E J, VAN TERWISGA T, VAN DOORNE C. On the collapse structure of an attached cavity on a three-dimensional hydrofoil[J]. Journal of Fluids Engineering, 2008, 130(7): 7-13.

[83] GONCALVÈS E. Numerical study of unsteady turbulent cavitating flows[J]. European Journal of Mechanics-B/Fluids, 2011, 30(1): 26-40.

[84] LI S C, ZHANG Y J, HAMMITT F G. Characteristics of cavitation bubble collapse pulses, associated pressure fluctuations, and flow noise[J]. Journal of Hydraulic Research, 1986, 24(2): 109-122.

[85] HAMMITT F G. Correlation of cavitation erosion and sound pressure level-discussion [J]. Journal of Fluids Engineering Transactions of the ASME, 1985, 107(1): 148-148.

[86] LEROUX J B, ASTOLFI J A, BILLARD J Y. An experimental study of unsteady partial cavitation[J]. Journal of Fluids Engineering, 2004, 126(1): 94-101.

[87] AUSONI P, FARHAT M, ESCALER X, et al. Cavitation influence on von Kármán Vortex shedding and induced hydrofoil vibrations[J]. Journal of Fluids Engineering, 2007, 129(8): 966-973.

[88] HUANG B, WU Q, WANG G Y. Numerical simulation of unsteady cavitating flows around a transient pitching hydrofoil [J]. Science China Technological Sciences, 2014, 57(1): 101-116.

[89] DAI S S, YOUNIS B A, SUN L P. Large-eddy simulations of cavitation in a square surface cavity [J]. Applied Mathematical Modelling, 2014, 38 (23): 5665-5683.

[90] LI X F, ZHENG L X, LIU Z X. Balancing of flexible rotors without trial weights based on finite element modal analysis[J]. Journal of Vibration and Control, 2013, 19(3): 461-470.

[91] CHAKRAVARTY U K, ALBERTANI R. Modal analysis of a flexible membrane wing of micro air vehicles[J]. Journal of Aircraft, 2011, 48(6): 1960-1967.

[92] TUDOR D, PĂRĂUȘANU I, HADAR A. Validation of models of plates with discontinuities made of plastic materials, through modal analysis[J]. 2012, 49 (3):166-170.

[93] CHEN W H, LU Z R, LIN W, et al. Theoretical and experimental modal analysis of the Guangzhou new TV tower[J]. Engineering Structures, 2011, 33 (12):

3628-3646.

[94] ZHANG B, LIU P K, DINGH, et al. Modeling of board-level package by finite element analysis and laser interferometer measurements [J]. Microelectronics Reliability, 2010, 50(7): 1021-1027.

[95] LÓPEZ-AENLLE M, BRINCKER R, PELAYO F, et al. On exact and approximated formulations for scaling-mode shapes in operational modal analysis by mass and stiffness change[J]. Journal of Sound and Vibration, 2012, 331(3): 622-637.

[96] CAKIR F, UYSAL H. Experimental modal analysis of brick masonry arches strengthened prepreg composites[J]. Journal of Cultural Heritage, 2015, 16(3): 284-292.

[97] REN W X, ZHAO T, HARIK I E. Experimental and analytical modal analysis of steel arch bridge [J]. Journal of Structural Engineering, 2004, 130 (7): 1022-1031.

[98] LEE Y C, WANG B T, LAI Y S, et al. Finite element model verification for packaged printed circuit board by experimental modal analysis [J]. Microelectronics Reliability, 2008, 48(11/12): 1837-1846.

[99] HE X H, HUA X G, CHEN Z Q, et al. EMD-based random decrement technique for modal parameter identification of an existing railway bridge[J]. Engineering Structures, 2011, 33(4): 1348-1356.

[100] ARDA GOZEN B, BURAK OZDOGANLAR O. Characterization of three-dimensional dynamics of piezo-stack actuators [J]. Mechanical Systems and Signal Processing, 2012, 31: 268-283.

[101] YAN B F, MIYAMOTO A, BRÜHWILER E. Wavelet transform-based modal parameter identification considering uncertainty [J]. Journal of Sound and Vibration, 2006, 291(1/2): 285-301.

[102] CARESTA M, WASSINK D. Parameters identification by a single point free response measurement[J]. Mechanical Systems and Signal Processing, 2012, 28: 379-386.

[103] LIAO Y B, Wells V. Modal parameter identification using the log decrement method and band-pass filters[J]. Journal of Sound and Vibration, 2011, 330 (21): 5014-5023.

[104] MUCCHI E, DI GREGORIO R, DALPIAZ G. Elastodynamic analysis of vibratory bowl feeders: modeling and experimental validation[J]. Mechanism and Machine Theory, 2013, 60: 60-72.

[105] CHAKRAVARTY U K, ALBERTANI R. Experimental and finite element modal analysis of a pliant elastic membrane for micro air vehicles applications [J]. Journal of Applied Mechanics, 2012, 79(2): 021004.

[106] 葛新波，陈建春. 基于 ANSYS 大型矿砂船舱口盖的模态分析[J]. 江苏船舶，2013，30(5)：11-12.

[107] 朱佳斌，黎申，于俊，等. 液压管路消波器模态分析与结构设计[J]. 机床与液压，2013，41(21)：115-118.

[108] 陈果，罗云，郑其辉，等. 复杂空间载流管道系统流固耦合动力学模型及其验证[J]. 航空学报，2013，34(3)：597-609.

[109] 李彤，周建佳，袁寿其. 基于流场计算的螺旋离心泵叶轮静力学分析[J]. 流体机械，2013，41(12)：22-26.

[110] DOWELL E H, HALL K. Modeling of fluid-structure interaction [M]//A Modern Coursein Aeroelasticity. Cham：Springer，2022：439-478.

[111] FIROUZ-ABADI R D, NOORIAN M A, HADDADPOUR H. A fluid-structure interaction model for stability analysis of shells conveying fluid[J]. Journal of Fluids and Structures，2010，26(5)：747-763.

[112] SEO J H, MITTAl R. A high-order immersed boundary method for acoustic wave scattering and low-Mach number flow-induced sound in complex geometries [J]. Journal of Computational Physics，2011，230(4)：1000-1019.

[113] JAVADZADEGAN A, FAKHIM B, BEHNIA M, et al. Fluid-structure interaction investigation of spiral flow in a model of abdominal aortic aneurysm [J]. European Journal of Mechanics-B/Fluids，2014，46：109-117.

[114] CHIASTRA C, MIGLIAVACCA F, MARTÍNEZ M Á, et al. On the necessity of modelling fluid-structure interaction for stented coronary arteries[J]. Journal of the Mechanical Behavior of Biomedical Materials，2014，34：217-230.

[115] HSU M C, KAMENSKY D, BAZILEVS Y, et al. Fluid-structure interaction analysis of bioprosthetic heart valves：significance of arterial wall deformation [J]. Computational Mechanics，2014，54(4)：1055-1071.

[116] SARPKAYA T. A critical review of the intrinsic nature of vortex-induced vibrations[J]. Journal of Fluids and Structures，2004，19(4)：389-447.

[117] KHALAK A, WILLIAMSON C H K. Motions, forces and mode transitions in vortex-induced vibrations at low mass-damping [J]. Journal of Fluids and Structures，1999，13(7/8)：813-851.

[118] STAPPENBELT B, O'NEILL L. Vortex-induced vibration of cylindrical structures with low mass ratio[C]//The Seventeenth International Offshore and Polar Engineering Conference. International Society of Offshore and Polar Engineers，2007.

[119] PLACZEK A, SIGRIST J F, HAMDOUNI A. Numerical simulation of an oscillating cylinder in a cross-flow at low Reynolds number：forced and free oscillations[J]. Computers & Fluids，2009，38(1)：80-100.

[120] KERAMAT A, TIJSSELING A S, HOU Q, et al. Fluid-structure interaction

with pipe-wall viscoelasticity during water hammer[J]. Journal of Fluids and Structures, 2012, 28: 434-455.

[121] RIEDELMEIER S, BECKERS, SCHLÜCKERE. Damping of water hammer oscillations-comparison of 3D CFD and 1D calculations using two selected models for pipe friction[J]. PAMM, 2014, 14(1): 705-706.

[122] GOMES DA ROCHA R, BASTOS DE FREITAS RACHID F. Numerical solution of fluid-structure interaction in piping systems by Glimm's method[J]. Journal of Fluids and Structures, 2012, 28: 392-415.

[123] HIREMATH S S, SINGAPERUMAL M. Fluid Structure Interaction in Electro-hydraulic Servovalve: a Finite Element Approach [C]//ICMIT 2009: Mechatronics and Information Technology. International Society for Optics and Photonics, 2009: 75000D-75000D-11.

[124] 刘君, 徐春光, 张帆. 电磁阀颤振的流固耦合模拟研究[J]. 航空学报, 2014, 35 (7): 1922-1930.

[125] 王文全, 梁林, 闫妍. 基于投影浸入边界法的流固耦合计算模型[J]. 北京工业大学学报, 2014, 40(6): 819-824.

[126] 陈汝刚, 陈韬, 龚超. 箔片动压止推气体轴承流固耦合数值模拟[J]. 西安交通大学学报, 2014, 48(5): 72-77.

[127] 吕倩, 尹明德, 王发稳. 基于流固耦合的液力变矩器的泵轮叶片强度分析[J]. 机械工程与自动化, 2014(3): 23-25.

[128] AI H X, WANG D H, LIAO W H. Design and modeling of a magnetorheological valve with both annular and radial flow paths[J]. Journal of Intelligent Material Systems and Structures, 2006, 17(4): 327-334.

[129] YAZID I I M, MAZLAN S A, KIKUCHI T, et al. Design of magnetorheological damper with a combination of shear and squeeze modes[J]. Materials & Design, 2014, 54: 87-95.

[130] SAPIŃSKI B, GOŁDASZ J. Development and performance evaluation of an MR squeeze-mode damper [J]. Smart Materials and Structures, 2015, 24 (11): 115007.

[131] GUGLIELMINO E, STAMMERS C W, STANCIOIU D, et al. Hybrid variable structure-fuzzy control of a magnetorheological damper for a seat suspension[J]. International Journal of Vehicle Autonomous Systems, 2005, 3(1): 34-46.

[132] LEE C H, JANG M G. Virtual surface characteristics of a tactile display using magneto-rheological fluids[J]. Sensors, 2011, 11(3): 2845-2856.

[133] SHIMADA K, SHUCHI S, SHIBAYAMA A, et al. Effect of a magnetic cluster on the magnetic pressure of a magnetic compound fluid[J]. Fluid Dynamics Research, 2004, 34(1): 21-32.

[134] ZHANG B, NAKAJIMA A. Dynamics of magnetic fluid support grinding of

Si₃N₄ ceramic balls for ultraprecision bearings and its importance in spherical surface generation[J]. Precision Engineering, 2003, 27(1): 1-8.

[135] TĂMAŞ A, GROPŞIAN Z, MINEA R. Magnetic fluids-materials with remarkable applications[J]. Studia Universitatis Babes-Bolyai, Chemia, 2009 (1): 143-150.

[136] ZHOU Y, ZHANG Y L. Optimal design of a shear magnetorheological damper for turning vibration suppression[J]. Smart Materials and Structures, 2013, 22 (9): 095012.

[137] 陈方誉，樊玉光，王嫒. 磁流体密封中黏性损耗对密封性能的影响[J]. 润滑与密封，2010，35(7): 65-67.

[138] ZU P, CHIUC C, GONG T X, et al. Magneto-optical fiber sensor based on bandgap effect of photonic crystal fiber infiltrated with magnetic fluid[J]. Applied Physics Letters, 2012, 101(24): 241118.

[139] FERRÁS L L, NÓBREGA J M, PINHO F T. Analytical solutions for Newtonian and inelastic non-Newtonian flows with wall slip[J]. Journal of Non-Newtonian Fluid Mechanics, 2012, 175: 76-88.

[140] 杨士普. 电流变液平行圆盘挤压流的理论分析[D]. 北京: 清华大学，2005.

[141] KULKARNI P, CIOCANEL C, VIEIRA S L, et al. Study of the behavior of MR fluids in squeeze, torsional and valve modes[J]. Journal of Intelligent Material Systems and Structures, 2003, 14(2): 99-104.

[142] GHAFFARI A, HASHEMABADI S H, ASHTIANI M. A review on the simulation and modeling of magnetorheological fluids[J]. Journal of Intelligent Material Systems and Structures, 2015, 26(8): 881-904.

[143] KOZISSNIK B, BOHORQUEZ A C, DOBSON J, et al. Magnetic fluid hyperthermia: advances, challenges, and opportunity[J]. International Journal of Hyperthermia, 2013, 29(8): 706-714.

[144] BARANWAL D, DESHMUKH T S. MR-Fluid technology and its application: a review[J]. International Journal of Emerging Technology and Advanced Engineering, 2012, 2(12): 563-569.

[145] WANG D H, LIAO W H. Magnetorheological fluid dampers: a review of parametric modelling[J]. Smart Materials and Structures, 2011, 20 (2): 023001.

[146] VICENTE J D, KLINGENBERG D J, HIDALGO-ALVAREZ R. Magnetorheological fluids: a review[J]. Soft Matter, 2011, 7(8): 3701-3710.

[147] DOGRUER U, GORDANINEJAD F, EVRENSEL C A. A new magneto-rheological fluid damper for high-mobility multi-purpose wheeled vehicle (HMMWV)[J]. Journal of Intelligent Material Systems and Structures, 2008, 19(6): 641-650.

[148] BAE H S, PARK M K. A study of the torque characteristics of small disk brake using magnetic fluid[J]. Journal of Mechanical Science and Technology, 2011, 25 (2): 349-355.

[149] WANG D H, WANG T. Principle, design and modeling of an integrated relative displacement self-sensing magnetorheological damper based on electromagnetic induction[J]. Smart Materials and Structures, 2009, 18(9): 095025.

[150] MOHAMMADI N, MAHJOOB M J, KAFFASHI B, et al. An experimental evaluation of pre-yield and post-yield rheological models of magnetic field dependent smart materials[J]. Journal of Mechanical Science and Technology, 2010, 24(9): 1829-1837.

[151] PINHO M, BROUARD B, GÉNEVAUX J M, et al. Investigation into ferrofluid magnetoviscous effects under an oscillating shear flow[J]. Journal of Magnetism and Magnetic Materials, 2011, 323(18/19): 2386-2390.

[152] YAMAGUCHI H, NIU X D, YE X J, et al. Dynamic rheological properties of viscoelastic magnetic fluids in uniform magnetic fields[J]. Journal of Magnetism and Magnetic Materials, 2012, 324(20): 3238-3244.

[153] YANG W M, LI D C, FENG Z H. Hydrodynamics and energy dissipation in a ferrofluid damper[J]. Journal of Vibration and Control, 2013, 19(2): 183-190.

[154] YAO J, CHANG J J, LI D C, et al. The dynamics analysis of a ferrofluid shock absorber[J]. Journal of Magnetism and Magnetic Materials, 2016, 402: 28-33.

[155] DING Y, ZHANGL, ZHU H T, et al. Simplified design method for shear-valve magnetorheological dampers [J]. Earthquake Engineering and Engineering Vibration, 2014, 13(4): 637-652.

[156] 杨光, 陈祝平. 磁流体阻尼器的动态特性研究[J]. 功能材料, 2007, 38(S3): 1221-1223.

[157] BECNEL A C, SHERMAN S G, HU W, et al. Squeeze strengthening of magnetorheological fluids using mixed mode operation[J]. Journal of Applied Physics, 2015, 117(17): 17C708.

[158] NGUYEN T M, CIOCANEL C, ELAHINIA M H. A squeeze-flow mode magnetorheological mount: design, modeling, and experimental evaluation [J]. Journal of Vibration and Acoustics, 2012, 134(2): 021013.

[159] SUN S S, CHEN Y, YANG J, et al. The development of an adaptive tuned magnetorheological elastomer absorber working in squeeze mode[J]. Smart Materials and Structures, 2014, 23(7): 075009.

[160] KALUVAN S, SHAH K, CHOI S B. A new resonant based measurement method for squeeze mode yield stress of magnetorheological fluids[J]. Smart Materials and Structures, 2014, 23(11): 115017.

[161] LIN C J, YAU H T, LEE C Y, et al. System identification and semiactive

control of a squeeze-mode magnetorheological damper [J]. IEEE/ASME Transactions on Mechatronics, 2013, 18(6): 1691-1701.

[162] MAZLAN S A, ISMAIL I, ZAMZURI H, et al. Compressive and tensile stresses of magnetorheological fluids in squeeze mode[J]. International Journal of Applied Electromagnetics and Mechanics, 2011, 36(4): 327-337.

[163] GONG X L, RUAN X H, XUAN S H, et al. Magnetorheological damper working in squeeze mode [J]. Advances in Mechanical Engineering, 2014, 6: 410158.

[164] SUN S S, DENG H X, YANG J, et al. Performance evaluation and comparison of magnetorheological elastomer absorbers working in shear and squeeze modes [J]. Journal of Intelligent Material Systems and Structures, 2015, 26 (14): 1757-1763.

[165] XU Y G, GONG X L, LIU T X, et al. Squeeze flow behaviors of magnetorheological plastomers under constant volume[J]. Journal of Rheology, 2014, 58(3): 659-679.

[166] SMYRNAIOS D N, TSAMOPOULOS J A. Squeeze flow of Bingham plastics [J]. Journal of Non-Newtonian Fluid Mechanics, 2001, 100(1-3): 165-189.

[167] AYADI A. Exact analytic solutions of the lubrication equations for squeeze-flow of a biviscous fluid between two parallel disks[J]. Journal of Non-Newtonian Fluid Mechanics, 2011, 166(21/22): 1253-1261.

[168] FARJOUD A, AHMADIAN M, MAHMOODI N, et al. Nonlinear modeling and testing of magneto-rheological fluids in low shear rate squeezing flows[J]. Smart Materials and Structures, 2011, 20(8): 085013.

[169] FARJOUD A, MAHMOODI N, AHMADIAN M. Nonlinear model of squeeze flow of fluids with yield stress using perturbation techniques[J]. Modern Physics Letters B, 2012, 26(7): 1150040.

[170] 李洪人. 液压控制系统[M]. 北京: 国防工业出版社, 1981.

[171] LI G N, ZHENG Y Q, HU G L, et al. Convective heat transfer enhancement of a rectangular flat plate by an impinging jet in cross flow[J]. Chinese Journal of Chemical Engineering, 2014, 22(5): 489-495.

[172] WAE-HAYEE M, TEKASAKUL P, EIAMSA-ARD S, et al. Effect of cross-flow velocity on flow and heat transfer characteristics of impinging jet with low jet-to-plate distance[J]. Journal of Mechanical Science and Technology, 2014, 28 (7): 2909-2917.

[173] ZHANG X C, HU L H, ZHU W, et al. Flame extension length and temperature profile in thermal impinging flow of buoyant round jet upon a horizontal plate[J]. Applied Thermal Engineering, 2014, 73(1): 15-22.

[174] LIU G, WANG Y S, ZANG G J, et al. Viscous Kelvin-Helmholtz instability

analysis of liquid-vapor two-phase stratified flow for condensation in horizontal tubes[J]. International Journal of Heat and Mass Transfer, 2015, 84: 592-599.

[175] WAN W C, MALAMUD G, SHIMONY A, et al. Observation of single-mode, Kelvin-Helmholtz instability in a supersonic flow[J]. Physical Review Letters, 2015, 115(14): 145001. [PubMed]

[176] YUE T, PEARCE F, KRUISBRINK A, et al. Numerical simulation of two-dimensional Kelvin-Helmholtz instability using weakly compressible smoothed particle hydrodynamics[J]. International Journal for Numerical Methods in Fluids, 2015, 78(5): 283-303.

[177] HUANG R F, JI B, LUO X W, et al. Numerical investigation of cavitation-vortex interaction in a mixed-flow waterjet pump[J]. Journal of Mechanical Science and Technology, 2015, 29(9): 3707-3716.

[178] PENNINGS P C, WESTERWEEL J, VAN TERWISGA T J C. Flow field measurement around vortex cavitation[J]. Experiments in Fluids, 2015, 56(11): 1-13.

[179] ZHANG D S, SHI L, SHI W D, et al. Numerical analysis of unsteady tip leakage vortex cavitation cloud and unstable suction-side-perpendicular cavitating vortices in an axial flow pump[J]. International Journal of Multiphase Flow, 2015, 77: 244-259.

[180] FUZISAWA N. Curvature effects ontwo-dimensional turbulent wall jets: numerical analysis with two-equation model of turbulence[J]. Bulletin of JSME, 1986, 29(248): 416-421.

[181] KOLMOGOROV A N. The local structure of turbulence in incompressible viscous fluid for very large Reynolds numbers[J]. Proceedings of the Royal Society of London Series A: Mathematical and Physical Sciences, 1991, 434 (1890): 9-13.

[182] ROBINSON D F, HASSAN H A. Two-equation turbulence closure model for wall bounded and free shear flows[J]. AIAA Journal, 1998, 36(1): 109-111.

[183] SCHUMANN U. Algorithms for direct numerical simulation of shear-periodic turbulence[M]//Ninth International Conference on Numerical Methods in Fluid Dynamics. Berlin, Heidelberg: Springer Berlin Heidelberg, 2008: 492-496.

[184] HERRING J R, MCWILLIAMS J C. Comparison of direct numerical simulation of two-dimensional turbulence with two-point closure: the effects of intermittency[J]. Journal of Fluid Mechanics, 1985, 153: 229-242.

[185] HUNT J C R. Studying turbulence using direct numerical simulation: 1987 center for turbulence research NASA ames/stanford summer programme[J]. Journal of Fluid Mechanics, 1988, 190: 375-392.

[186] PIOMELLI U, MOIN P, FERZIGER J H. Model consistency in large eddy

simulation of turbulent channel flows[J]. The Physics of Fluids, 1988, 31(7): 1884-1891.

[187] GHOSAL S, LUND T S, MOIN P, et al. A dynamic localization model for large-eddy simulation of turbulent flows[J]. Journal of Fluid Mechanics, 1995, 286: 229-255.

[188] PARK G I, MOIN P. An improved dynamic non-equilibrium wall-model for large eddy simulation[J]. Physics of Fluids, 2014, 26(1): 10-15.

[189] ÖRLEY F, TRUMMLER T, HICKEL S, et al. Large-eddy simulation of cavitating nozzle flow and primary jet break-up[J]. Physics of Fluids, 2015, 27 (8): 086101.

[190] BATCHELOR G K. An introduction to fluid dynamics[M]. Cambridge, UK: Cambridge University Press, 2000.

[191] GERMANO M. Turbulence: the filtering approach [J]. Journal of Fluid Mechanics, 1992, 238: 325-336.

[192] GHOSAL S, MOIN P. The basic equations for the large eddy simulation of turbulent flows in complex geometry[J]. Journal of Computational Physics, 1995, 118(1): 24-37.

[193] SAGAUT P, GERMANO M. On the filtering paradigm for LES of flows with discontinuities[J]. Journal of Turbulence, 2005, 6(23): 1-9.

[194] LÉVÊQUE E, TOSCHI F, SHAO L, et al. Shear-improved Smagorinsky model for large-eddy simulation of wall-bounded turbulent flows[J]. Journal of Fluid Mechanics, 2007, 570: 491-502.

[195] NICOUD F, DUCROS F. Subgrid-scale stress modelling based on the square of the velocity gradient tensor[J]. Flow, Turbulence and Combustion, 1999, 62 (3): 183-200.

[196] LIU M, CHEN X P, PREMNATH K N. Comparative study of the large eddy simulations with the lattice boltzmann method using the wall-adapting local eddy-viscosity and vreman subgrid scale models[J]. Chinese Physics Letters, 2012, 29 (10): 104706.

[197] YUEN A C Y, YEOH G H, YUEN R K K, et al. Development of wall-adapting local eddy viscosity model for study of fire dynamics in a large compartment[J]. AppliedMechanics and Materials, 2013, 444/445: 1579-1591.

[198] SAUER J, SCHNERR G H. Development of a new cavitation model based on bubble dynamics[J]. ZAMM-Journalof Applied Mathematics and Mechanics, 2001, 81(S3): 561-562.

[199] SAUER J, WINKLER G, SCHNERR G H. Cavitation and condensation-common aspects of physical modeling and numerical approach[J]. Chemical Engineering & Technology, 2000, 23(8): 663-666.

[200] ZHANG X B，QIU L M，QI H，et al. Modeling liquid hydrogen cavitating flow with the full cavitation model[J]. International Journal of Hydrogen Energy，2008，33(23)：7197-7206.

[201] LEBON G B，PERICLEOUS K，TZANAKIS I，et al. Application of the "Full Cavitation Model" to the fundamental study of cavitation in liquid metal processing[J]. IOP Conference Series：Materials Scienceand Engineering，2015，72(5)：052050.

[202] 张兆顺，崔桂香，许春晓. 湍流理论与模拟[M]. 北京：清华大学出版社，2005.

[203] 张兆顺，崔桂香，许春晓. 湍流大涡数值模拟的理论与应用[M]. 北京：清华大学出版社，2007.

[204] CITAVICIUS A，KNYVA V. Measurement of the root-mean-square value of periodic signals on the basis of frequency measurement [C]. Proceedings of the The 8th Biennial Baltic Electronic Conference. Tallinn：Tallinn Technical University，2002：199-202.

[205] VENKATAKRISHNAN V，MAVRIPLIS D J. Implicit solvers for unstructured meshes[J]. Journal of Computational Physics，1993，105(1)：83-91.

[206] LUO H，BAUM J D，LOHNER R. Compressible turbulence modelling using adaptive finite element methods on unstructured meshes [J]. Proceedings of the Second International Conference on Fluid Mechanics，1993，15(2)：137-142.

[207] MOSTAGHIMI P，TOLLIT B S，NEETHLING S J，et al. A control volume finite element method for adaptive mesh simulation of flow in heap leaching[J]. Journal of Engineering Mathematics，2014，87(1)：111-121.

[208] MOHAMED K. A finite volume method for numerical simulation of shallow water models with porosity[J]. Computers & Fluids，2014，104：9-19.

[209] COUTIER-DELGOSHA O，REBOUD J L，DELANNOY Y. Numerical simulation of the unsteady behaviour of cavitating flows [J]. International Journal for Numerical Methods in Fluids，2003，42(5)：527-548.

[210] ANDERSOND A，TANNEHILLJC，PLETCHERRH. Computational fluid mechanics and heat transfer [M]. 2nd ed. Washington，DC：Taylor & Francis，1997.

[211] GHIDAOUI M S. On the fundamental equations of water hammer[J]. Urban Water Journal，2004，1(2)：71-83.

[212] 魏超，周俊杰，苑士华. 液压油体积弹性模量稳态模型与动态模型的对比[J]. 兵工学报，2015，36(7)：1153-1159.

[213] 冯斌. 液压油有效体积弹性模量及测量装置的研究[D]. 杭州：浙江大学，2011：43-53.

[214] PENG J H，LI S J，HAN H. Damping properties for vibration suppression in electrohydraulic servo-valve torque motor using magnetic fluid [J]. Applied

Physics Letters，2014，104(17)：1-4.

[215] 彭敬辉. 多场耦合的伺服阀力矩马达衔铁组件振动特性研究[D]. 哈尔滨：哈尔滨工业大学，2011：22-25.

[216] MARTIN C S，MEDLARZ H，WIGGERT D C，et al. Cavitation inception in spool valves[J]. Journal of Fluids Engineering，1981，103(4)：564-575.

[217] BAGMANOV V K，ZAINULLIN A R，MESHKOV I K，et al. Filter designing for image processing based on multidimensional linear extrapolation[C]//Optical Technologies for Telecommunications 2013. Samara，RussianFederation. SPIE，2014：336-341.

[218] WANG Y F，WU G C，CHEN G，et al. Data mining based noise diagnosis and fuzzy filter design for image processing[J]. Computers & Electrical Engineering，2014，40(7)：2038-2049.

[219] ZHONG Z，GAO P J，SHAN M G，et al. Real-time image edge enhancement with a spiral phase filter and graphic processing unit[J]. Applied Optics，2014，53(19)：4297-4300. [PubMed]

[220] LIU Y C，MA Y D，DU Z H. Automatic Lumbar tracking based on image processing and particle filter[C]//Proceedings of the International Seminar on Computation，Communication and Control，Advances in Computer Science Research. March 28-29，2015. Sydney，Australia. Paris，France：Atlantis Press，2015：17-21.

[221] LIU L M，YANG N，LAN J H，et al. Image segmentation based on gray stretch and threshold algorithm[J]. Optik，2015，126(6)：626-629.

[222] 陆鑫森. 高等结构动力学[M]. 上海：上海交通大学出版社，1992：134-136.

[223] 陈宇峰，陈务军，何艳丽，等. 柔性飞艇主气囊干湿模态分析与影响因素[J]. 上海交通大学学报，2014，48(2)：234-238.

[224] YANG J N，LEI Y，PAN S W，et al. System identification of linear structures based on Hilbert-Huang spectral analysis. Part 1：Normal modes[J]. Earthquake Engineering & Structural Dynamics，2003，32(9)：1443-1467.

[225] YANG J N，LEI Y，PAN S W，et al. System identification of linear structures based on Hilbert-Huang spectral analysis. Part 2：Complex modes [J]. Earthquake Engineering & Structural Dynamics，2003，32(10)：1533-1554.

[226] 王春行. 液压控制系统[M]. 北京：机械工业出版社，2004：81-111.

[227] FONTES S R，GIORGETTI M F. Mathematical modelling of the laminar entrance flow into a circular tube using a Fourier series approximation[J]. International Journal of Mechanical Engineering Education，2005，33(1)：55-63.

[228] LUNDGREN T S，SPARROW E M，STARR J B. Pressure drop due to the entrance region in ducts of arbitrary cross section [J]. Journal of Basic Engineering，1964，86(3)：620-626.

[229] 张祝新,程晓新,齐中华. 从能量变化的角度分析层流起始段的影响[J]. 润滑与密封,2002,27(2):81-83.

[230] WANG X,CHANG J,SUN S,Et al. Theoretical and simulative study on hydraulic bridge of water hydraulic servo valve[J]. Advanced Materials Research,2011,181/182:305-309.

[231] WANG T,CAI M L,KAWASHIMA K,et al. Modelling of a nozzle-flapper type pneumatic servo valve including the influence of flow force[J]. International Journal of Fluid Power,2005,6(3):33-43.

[232] 贾国涛. 水压桥路流动特性及水压伺服阀静态特性研究[D]. 武汉:华中科技大学,2007:45-48.

[233] URATA E,YAMASHINA C. Influence of flow force on the flapper of a water hydraulic servovalve[J]. JSME International Journal Series B,1998,41(2):278-285.

[234] LI H,LI S J,PENG J H. Study of self-excited noise and pressure oscillations in a hydraulic jet-pipe servo-valve with magnetic fluids[C]//2010 3rd International Symposium on Systems and Control in Aeronautics and Astronautics. Harbin,China. IEEE,2010:1237-1241.

[235] 闵鹏,赵金城. 考虑剪切变形影响的短深钢梁跨中挠度计算[J]. 建筑科学,2013,29(3):21-24.

[236] 王兆强. 考虑剪切变形影响的薄壁钢梁分析方法与应用[D]. 上海:上海交通大学,2012.

[237] HUTCHINSON J R. Shear coefficients for Timoshenko beam theory[J]. Journal of Applied Mechanics,2001,68(1):87-92.

[238] FRANCO-VILLAFAÑE J A,MÉNDEZ-SÁNCHEZ R A. On the accuracy of the Timoshenko beam theory above the critical frequency:best shear coefficient[J]. Journal of Mechanics,2016,32(5):515-518.

[239] 王乐,王亮. 一种新的计算 Timoshenko 梁截面剪切系数的方法[J]. 应用数学和力学,2013,34(7):756-763.

[240] 铁摩辛柯,盖尔. 材料力学[M]. 胡人礼,译. 北京:科学出版社,1978.

[241] CLARKE D. Calculation of the added mass of circular cylinders in shallow water[J]. Ocean Engineering,2001,28(9):1265-1294.

[242] WAKABA L,BALACHANDAR S. On the added mass force at finite Reynolds and acceleration numbers[J]. Theoretical and Computational Fluid Dynamics,2007,21(2):147-153.

[243] 于肖宇,张继革,顾卫国,等. 薄壁圆筒结构附加质量的实验研究[J]. 水动力学研究与进展 A 辑,2010,25(5):655-659.

[244] ROUSSEL N. Correlation between yield stress and slump:comparison between numerical simulations and concrete rheometers results[J]. Materials and

Structures，2006，39(4)：501-509.

[245] XU C H，ZHANG M，XU Y，et al. Analysis of squeeze flow of a Bi-viscosity fluid between two rigid spheres［M］//Particle Science and Engineering. Cambridge：Royal Society of Chemistry，2014：6-14.

[246] HUANG J，WANG P，WANG G C. Squeezing force of the magnetorheological fluid isolating damper for centrifugal fan in nuclear power plant[J]. Science and Technology of Nuclear Installations，2012，2012：175703.

[247] YANG S P，ZHU K Q. Analytical solutions for squeeze flow of Bingham fluid with Navier slip condition[J]. Journal of Non-Newtonian Fluid Mechanics，2006，138(2/3)：173-180.

[248] 韩哈斯敖其尔. 添加磁流体的力矩马达衔铁组件振动特性研究[D]. 哈尔滨：哈尔滨工业大学，2013.

[249] 宋彦伟. 采用磁流体的力矩马达动态特性研究［D］. 哈尔滨：哈尔滨工业大学，2006.

名 词 索 引